HELMUT KIESEWETTER / GERHARD MAESS

Elementare Methoden der numerischen Mathematik

Elementare Methoden der numerischen Mathematik

Prof. Dr. Helmut Kiesewetter
und Dr. Gerhard Maeß
Universität Rostock

Springer-Verlag
Wien New York 1974

Gemeinschaftsausgabe
des Springer-Verlages Wien · New York und des
Akademie-Verlages GmbH, Berlin

Vertriebsrechte für alle Staaten mit Ausnahme der
sozialistischen Länder:
Springer-Verlag Wien · New York

Vertriebsrechte für die sozialistischen Länder:
Akademie-Verlag GmbH, Berlin

Mit 33 Abbildungen

Library of Congress Catalog Card Number 73-19581

ISBN-13:978-3-211-81214-3 e-ISBN-13:978-3-7091-8357-1
DOI: 10.1007/978-3-7091-8357-1

Vorwort

Die numerische Mathematik gehört zu denjenigen mathematischen Disziplinen, deren Ergebnisse in besonderem Maße in anderen Wissenschaften wirksam werden. Sie schlägt die Brücke zwischen den grundlegenden Begriffen und Modellen der Analysis und ihren Anwendungen in Naturwissenschaft, Technik, Ökonomie und in anderen Bereichen. Immer stärker erhebt sich deshalb die Forderung breiter Kreise nach besseren und leistungsfähigeren numerischen Verfahren. Gleichzeitig vollzieht sich ein grundlegender Wandel von der „manuellen numerischen Mathematik" zur „computer-gestützten numerischen Mathematik". Alles das trägt dazu bei, daß Bedeutung und Anziehungskraft der numerischen Mathematik ständig zunehmen.

Wir versuchen in unserem Buch, dieser Entwicklung Rechnung zu tragen. Das Buch ist aus Vorlesungen entstanden, die beide Verfasser in den letzten fünf Jahren an der Universität Rostock für Studenten der Mathematik und der technischen Wissenschaften gehalten haben. Es ist für Studenten der ersten Studienjahre gedacht und setzt lediglich Grundkenntnisse aus der Analysis, der linearen Algebra und der Rechentechnik voraus. Es wendet sich besonders an die Studenten der Mathematik und entspricht in seinem Umfang den Anforderungen der Grundausbildung nach dem Studienplan der Grundstudienrichtung Mathematik an den Universitäten und Hochschulen der DDR. Es kann aber ebenso interessierten Studenten der Naturwissenschaften, der technischen und ökonomischen Wissenschaften für ein tieferes Eindringen in die Grundlagen der numerischen Mathematik empfohlen werden. Auch der Praktiker, der im Zusammenhang mit dem Einsatz der Rechentechnik numerische Verfahren benötigt, wird aus der Lektüre dieses Buches Nutzen ziehen und Anregungen für die Auswahl geeigneter numerischer Verfahren erhalten.

Die Verfasser haben sich bemüht, aus der Vielzahl der bekannten numerischen Verfahren die wichtigsten auszuwählen und unter einheitlichem Gesichtspunkt darzustellen. Die dabei verwendeten elementaren Hilfsmittel aus der Funktionalanalysis werden im ersten Kapitel bereitgestellt. In der Regel gehen wir induktiv vor: Das Verfahren wird anhand eines Beispiels oder eines wichtigen Spezialfalles eingeführt. Daran schließen sich die allgemeinen Formeln sowie Betrachtungen über Konvergenz und Gültigkeitsbereich an. Schließlich werden die Formeln noch einmal in Form eines Algorithmus zusammengestellt, der sich leicht in die eine oder andere Programmiersprache übertragen läßt. Damit hoffen wir auch denjenigen Anwendern der numerischen Mathematik entgegenzukommen, die in erster Linie an effektiven Algorithmen und erst in zweiter Linie an deren Begründung interessiert sind.

Die Übungsaufgaben sollen dem Leser nicht nur die Möglichkeit bieten, die Verfahren anzuwenden, sondern ihn anregen, sie weiterzuentwickeln und auf allgemeinere Probleme auszudehnen.

Wir haben versucht, eine bestimmte Linie durchzusetzen, die durch folgende Grundaufgaben der numerischen Mathematik gekennzeichnet ist:

Lineare Gleichungssysteme — Nichtlineare Gleichungen — Eigenwertprobleme — Interpolation — Approximation — Integration — Anfangswertaufgaben für Differentialgleichungen — Randwertaufgaben für Differentialgleichungen.

Viele Probleme können entsprechend dem Charakter des Buches als einer Einführung nur gestreift werden. Die meisten Kapitel enthalten Hinweise auf weiterführende Lehrbücher. Gelegentlich wird auch auf Spezialarbeiten in wissenschaftlichen Zeitschriften verwiesen, deren Studium dem tiefer eindringenden Studenten und Diplomanden sehr zu empfehlen ist.

Abschließend möchten wir Frau W. Kiesewetter für das zuverlässige Schreiben des Manuskripts, Fräulein K. Arent für die sorgfältige Anfertigung der Abbildungen und dem Verlag für die gute Zusammenarbeit herzlich danken.

Rostock, im September 1973

H. Kiesewetter und G. Maess

Inhaltsverzeichnis

1. Einführung

1.1. *Numerische Berechnungen und Fehlertypen*

Die numerische Mathematik beschäftigt sich mit der zahlenmäßigen Berechnung von Größen, die durch Formeln, Gleichungen, als Grenzwerte oder in anderer Form gegeben sind. Sie setzt gewöhnlich dort ein, wo ein Problem der Analysis als gelöst angesehen werden kann, insofern als die Existenz einer Lösung gesichert ist und mitunter auch Mittel zur Konstruktion von Lösungen bereitgestellt werden. Dann handelt es sich „bloß" noch darum, die Lösungen „auszurechnen". Es muß nicht besonders betont werden, daß gerade diese letzte Etappe bei der Lösung eines Problems von entscheidender Bedeutung für die Anwendung des entsprechenden mathematischen Modells ist. Dabei treten aber eine ganze Reihe von Schwierigkeiten auf: Man kann nicht mit reellen Zahlen rechnen, denn jede Rechenmaschine hat nur eine endliche Stellenzahl. Die reellen Zahlen müssen durch endliche Dual- oder Dezimalbrüche approximiert werden. Man kann auch nicht unendlich lange rechnen, sondern muß sich mit endlich vielen Rechenschritten begnügen. Als Ergebnis erhält man dann im allgemeinen auch nicht die exakte Lösung, sondern eine Näherung. In der numerischen Mathematik ist man auf Schritt und Tritt dazu gezwungen, Fehler zu machen. Das Problem besteht also weniger darin, die Fehler zu vermeiden, als vielmehr die Fehler in angebbaren Schranken zu halten.

Wenn wir in der numerischen Mathematik von Fehlern sprechen, dann meinen wir damit nicht Fehler, die auf Irrtum, falschem Vorgehen und falschen Schlußweisen beruhen. Solche Art von „Fehlern" sind natürlich auch in der numerischen Mathematik auszuschließen.

Wir interessieren uns für den Fehler zwischen einem Näherungswert und dem exakten Wert.

Definition:

$$\textit{Absoluter Fehler} := |\textit{Näherungswert} - \textit{exakter Wert}|$$

$$\textit{Relativer Fehler} := \frac{\textit{absoluter Fehler}}{|\textit{exakter Wert}|}$$

Welche Fehler können bei der mathematischen Behandlung eines Problems auftreten?

1. *Modellfehler*, die dadurch entstehen, daß das mathematische Modell von bestimmten Seiten eines Problems abstrahiert (z. B. das Weglassen von Reibungseffekten in den Gleichungen für den „freien Fall" eines Körpers).

2. *Datenfehler*, die durch Ungenauigkeiten der Anfangswerte (Eingangsdaten) gegeben sind.

3. Rechenfehler in Form von *Rundungsfehlern*, die durch eine vorgegebene endliche Zahlenlänge in einem Rechenautomaten bedingt sind, von *Verfahrensfehlern*, die z. B. durch Abbruch einer TAYLOR-Entwicklung (*Abbruchfehler*) oder bei der Ersetzung eines Grenzprozesses durch einen finiten[1]) Prozeß (*Diskretisierungsfehler*) hervorgerufen werden, und andere Fehlertypen.

Anstelle von allgemeinen Definitionen betrachten wir einige typische Beispiele für numerische Aufgabenstellungen und mögliche Fehlertypen.

1.1.1. Datenfehler

Löst man das lineare Gleichungssystem $\boldsymbol{A x} = \boldsymbol{b}$ mit den Größen

$$A := \begin{pmatrix} \frac{1}{2} & \frac{1}{3} & \frac{1}{4} \\ \frac{1}{3} & \frac{1}{4} & \frac{1}{5} \\ \frac{1}{4} & \frac{1}{5} & \frac{1}{6} \end{pmatrix}, \qquad \boldsymbol{b} := \begin{pmatrix} b_1 \\ b_2 \\ b_3 \end{pmatrix} \tag{1}$$

nach der CRAMERschen Regel, so ergibt sich für die dritte Komponente von $\boldsymbol{x} := (x_1, x_2, x_3)^t$

$$x_3 = 180 b_1 - 720 b_2 + 600 b_3 .$$

Wählt man als rechte Seite $\boldsymbol{b} = \left(\frac{1}{2}, \frac{1}{3}, \frac{1}{4}\right)^t$, so ist $x_3 = 0$. Ersetzt man aber die rechte Seite durch $\tilde{\boldsymbol{b}} = \left(\frac{1}{2} + \varepsilon, \frac{1}{3} - \varepsilon, \frac{1}{4} + \varepsilon\right)^t$, so ergibt sich $\tilde{x}_3 = 1500\varepsilon$. Eine kleine Ungenauigkeit ε der Eingangsdaten b_1, b_2, b_3 führt zu einem Fehler

$$|\tilde{x}_3 - x_3| = 1500\, |\varepsilon| ,$$

wird also bei der Lösung des Problems vervielfacht.

---

[1]) finit — endlich, im Gegensatz zu den infinitesimalen Grenzprozessen der Analysis.

Das Polynom

$$P(x) = (x-1)(x-2)\cdots(x-20) = x^{20} - 210x^{19} + - \cdots + 20!$$

hat, wie man aus der Produktdarstellung sofort abliest, Nullstellen bei $x = 1, 2, \ldots, 20$. Ändert man in der Summendarstellung den Koeffizienten von x^{19} geringfügig ab,

$$\tilde{a}_1 = -210 - 2^{-23},$$

so erhält man für die Nullstellen x_{16} und x_{17} die Näherungswerte (vgl. Wilkinson [1])

$$\tilde{x}_{16} = 16.73 - i\,2.81\,, \qquad \tilde{x}_{17} = 16.73 + i\,2.81\,.$$

Der relativ kleine Eingangsfehler

$$|\tilde{a}_1 - a_1| = 2^{-23} < 0.00000012$$

hat einen Ergebnisfehler vom Betrag

$$|\tilde{x}_{16} - x_{16}| = |0.73 - i\,2.81| < 2.91\,,$$

also einen relativen Fehler von über 18% zur Folge.

Probleme, bei denen kleine Fehler der Eingangsgrößen zu großen Fehlern des Ergebnisses führen, heißen *schlecht konditioniert* oder auch *instabil*, ihre numerische Lösung ist schwierig, z. T. sogar unmöglich.

1.1.2. *Rundungsfehler*

In elektronischen Datenverarbeitungsanlagen ist für die Darstellung von Zahlen eine feste (manchmal unter mehreren Möglichkeiten wählbare) Anzahl von Ziffern vorgesehen. Bei normalisierter Gleitkommadarstellung

$$a \cdot 10^k,\ 0.1 \leqq |a| < 1.0,$$

mit der Mantissenlänge m ist der Rundungsfehler betragsmäßig höchstens gleich

$$0.5 \cdot 10^{k-m}.$$

Zum Beispiel wird der Zahl $a_1 = 4.641$ bei dreistelliger Rechnung die Maschinenzahl $\tilde{a}_1 = 0.464 \cdot 10^1$ zugeordnet. Bereits bei der Eingabe tritt also ein Rundungsfehler auf:

$$|\tilde{a}_1 - a_1| = 0.001 < 0.5 \cdot 10^{1-3} = 0.005\,.$$

In der Regel kommen bei jeder Rechenoperation neue Rundungsfehler hinzu, die in ungünstigen Fällen sehr schnell auch die vorderen Ziffern beeinflussen können. Ein Beispiel ist die sogenannte *Auslöschung gültiger Ziffern*, die bei der Subtraktion nahezu gleicher Zahlen auftritt: Wir addieren zu a_1 die Zahl $a_2 = -4.624$, die in der Maschine durch $\tilde{a}_2 = -0.462 \cdot 10^1$ dargestellt wird. Die Summe ist in normalisierter Darstellung

$$\tilde{s} = \tilde{a}_1 + \tilde{a}_2 = 0.200 \cdot 10^{-1}.$$

Der Fehler ist nicht, wie man hieraus schließen könnte, kleiner als $0.5 \cdot 10^{-1-3}$, vielmehr ist bereits die erste Ziffer unsicher:

$$|\tilde{s} - s| = 0.3 \cdot 10^{-2}.$$

Aufg. 1.1: Man zeige am Beispiel der Addition der Zahlen $a_1 = 4.641$, $a_2 = -4.624$, $a_3 = -0.0159$, daß die Addition von Maschinenzahlen (bei Gleitkommadarstellung mit in unserem Falle dreistelliger Mantisse) im allgemeinen nicht assoziativ ist, daß also $(\tilde{a}_1 + \tilde{a}_2) + \tilde{a}_3 \neq \tilde{a}_1 + (\tilde{a}_2 + \tilde{a}_3)$ gilt.

1.1.3. Verfahrensfehler

Das bestimmte Integral

$$I = \int_a^b f(x)\, \mathrm{d}x$$

kann näherungsweise durch die Trapezregel berechnet werden (vgl. Abschnitt 7.2.):

$$Q = \frac{b-a}{2}\,[f(a) + f(b)].$$

In Abb. 1.1 ist der Wert des Integrals I und der bei der Verwendung der Trapezregel auftretende Verfahrensfehler (*Quadraturfehler*) $Q - I$ geometrisch dargestellt.

Ein Automat benötige im Verlauf einer Rechnung gewisse Werte der Tangens-Funktion aus dem Intervall $\left[-\frac{\pi}{4}, \frac{\pi}{4}\right]$. Wie soll er sich die Werte mit der erforderlichen Genauigkeit am schnellsten verschaffen? Eine tan-Tabelle benötigt zuviel Speicherplatz. Eine Möglichkeit bietet die TAYLOR-Entwicklung

$$x(t) = \tan\frac{\pi}{4}t = \frac{\pi}{4}t + \frac{1}{3}\left(\frac{\pi}{4}t\right)^3 + \frac{2}{15}\left(\frac{\pi}{4}\vartheta t\right)^5, \quad 0 < \vartheta < 1.$$

Man erhält einen Näherungswert aus

$$y(t) = \frac{\pi}{4}t + \frac{1}{3}\left(\frac{\pi}{4}t\right)^3,$$

und für den Abbruchfehler liefert die Abschätzung des Restglieds

$$|y(t) - f(t)| = \left|\frac{2}{15}\left(\frac{\pi}{4}\vartheta t\right)^5\right| < 0.04 \quad \text{für} \quad |t| \leqq 1.$$

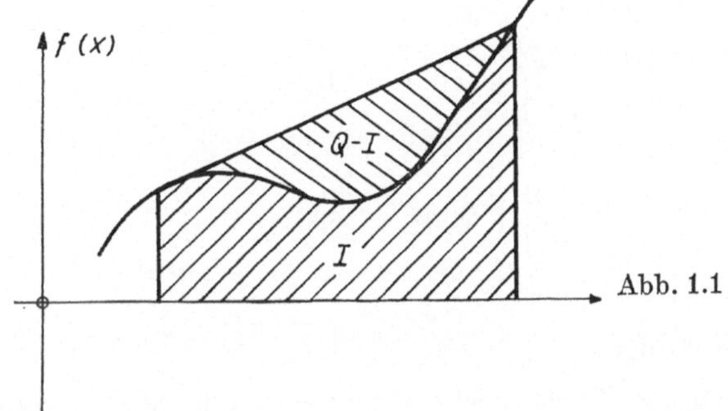

Abb. 1.1

Es ergibt sich die Frage, ob $y(t)$ die beste Näherung ist, die man aus den Potenzen t und t^3 linear zusammensetzen kann. Die Approximationstheorie zeigt, daß

$$p(t) = 0.7661t + 0.2299t^3$$

eine bessere Näherung ist. Der Approximationsfehler ist hier um fast eine Dezimale kleiner:

$$|p(t) - f(t)| < 0.0043 \text{ für } |t| \leqq 1.$$

1.1.4. *Fehlerfortpflanzung*

Nahezu jedes numerische Rechnen ist ein Rechnen mit Näherungswerten, also mit fehlerbehafteten Größen. Wir bezeichnen mit x den exakten Wert, mit $\tilde{x}$ einen Näherungswert und setzen

$$\Delta x := \tilde{x} - x.$$

Da man den exakten Wert x im allgemeinen nicht kennt, muß man sich mit Abschätzungen des Betrages von Δx begnügen.

Aufg. 1.2: Man beweise die folgenden Relationen für den absoluten und den relativen Fehler von Summe, Differenz, Produkt und Quotient zweier Zahlen x und y:

$$|\Delta(x+y)| \leqq |\Delta x| + |\Delta y|, \quad |\Delta(x-y)| \leqq |\Delta x| + |\Delta y|, \tag{2}$$

$$|\Delta(x \cdot y)| \leqq |\tilde{y}|\,|\Delta x| + |\tilde{x}|\,|\Delta y| + |\Delta x| \cdot |\Delta y|, \tag{3}$$

$$\left|\Delta\left(\frac{x}{y}\right)\right| \leqq \frac{|\tilde{y}|\,|\Delta x| + |\tilde{x}|\,|\Delta y|}{\tilde{y}^2} + \frac{1}{\tilde{y}^2}\,|\Delta x| \cdot |\Delta y| + \left|\frac{\tilde{x}}{\tilde{y}^3}\right|(\Delta y)^2 + \cdots, \tag{4}$$

$$\left|\frac{\Delta(x \pm y)}{x \pm y}\right| \leqq \frac{|\Delta x| + |\Delta y|}{|x \pm y|}, \tag{5}$$

$$\left|\frac{\Delta(x \cdot y)}{x \cdot y}\right| \leqq \left|\frac{\Delta x}{x}\right| + \left|\frac{\Delta y}{y}\right| + O(|\Delta x| + |\Delta y|)^2, \tag{6}$$

$$\left|\frac{\Delta\left(\frac{x}{y}\right)}{\frac{x}{y}}\right| \leqq \left|\frac{\Delta x}{x}\right| + \left|\frac{\Delta y}{y}\right| + O(|\Delta x| + |\Delta y|)^2. \tag{7}$$

Dazu einige Bemerkungen:

1. Aus Ungleichung (5) ist leicht abzulesen, daß bei der Subtraktion nahezu gleicher Zahlen der relative Fehler stark anwächst, weil dann der Nenner der rechten Seite sehr groß wird (*Auslöschung gültiger Ziffern*).

2. Das gleiche gilt für den absoluten Fehler bei der Division durch (betragsmäßig) kleine Zahlen: Ist in (4) $\tilde{y}$ klein, so ist $\dfrac{|\tilde{y}|\,|\Delta x| + |\tilde{x}|\,|\Delta y|}{\tilde{y}^2}$ groß.

3. Die O-Terme in (6) und (7) haben in der Regel keinen Einfluß auf die Fehlerschranken und können deshalb unberücksichtigt bleiben: Sind z. B. Δx und Δy von der Größenordnung 10^{-6}, so sind die vernachlässigten Glieder von der Größenordnung 10^{-12} und würden erst in Erscheinung treten, wenn man die Fehlerschranken 6stellig angeben wollte (was im allgemeinen unsinnig ist).

4. Das Landausche O-Symbol wird wie folgt definiert: Eine Funktion $f_1(x)$ heißt für $x \to 0$ von der Größenordnung $f_2(x)$

$$f_1(x) = O\big(f_2(x)\big),$$

wenn eine positive Konstante c existiert, so daß in einer Umgebung von $x = 0$ die Ungleichung

$$|f_1(x)| \leqq c\,|f_2(x)|$$

erfüllt ist.

5. Nach Definition wird der relative Fehler durch $\left|\frac{\Delta x}{x}\right|$ ausgedrückt. Da der exakte Wert meist nicht bekannt ist, verwendet man für Fehlerabschätzungen $\tilde{x}$ statt x:

$$\frac{\Delta x}{\tilde{x}} = \frac{\Delta x}{x + \Delta x} = \frac{\Delta x}{x} \cdot \frac{1}{1 + \frac{\Delta x}{x}}$$

$$= \frac{\Delta x}{x} \cdot \left(1 - \frac{\Delta x}{x} + \left(\frac{\Delta x}{x}\right)^2 - + \cdots\right) = \frac{\Delta x}{x} + O\left(\frac{\Delta x}{x}\right)^2.$$

Aufg. 1.3: Man weise nach, daß man bei Festkommarechnungen aus dem absoluten und bei Gleitkommarechnungen aus dem relativen Fehler auf die Anzahl der noch gültigen Ziffern des Ergebnisses schließen kann.

Für differenzierbare Funktionen gibt der TAYLORsche Satz Aufschluß über die Fehlerfortpflanzung:

$$f(\tilde{x}) = f(x + \Delta x) = f(x) + f'(x + \vartheta \Delta x) \Delta x \quad (0 < \vartheta < 1),$$

also

$$|\Delta f(x)| .= |f(\tilde{x}) - f(x)| \leqq M \cdot |\Delta x|, \tag{8}$$

falls

$$|f'(x + \vartheta \Delta x)| \leqq M$$

gilt.

Entsprechend gilt für eine Funktion mehrerer Veränderlicher

$$f(\tilde{x}_1, \tilde{x}_2, \ldots, \tilde{x}_N) = f(x_1, x_2, \ldots, x_N) + \sum_{n=1}^{N} \frac{\partial f(x_1 + \vartheta \Delta x_1, \ldots, x_N + \vartheta \Delta x_N)}{\partial x_n} \Delta x_n$$

und folglich

$$|\Delta f(x)| .= |f(\tilde{x}_1, \ldots, \tilde{x}_N) - f(x_1, \ldots, x_N)| \leqq \sum_{n=1}^{N} M_n \, |\Delta x_n|, \tag{9}$$

falls

$$\left|\frac{\partial f(x_1 + \vartheta \Delta x_1, \ldots, x_N + \vartheta \Delta x_N)}{\partial x_n}\right| \leq M_n$$

gilt.

Dabei sind M und M_n Betragsschranken für die Ableitungen f' und $\frac{\partial f}{\partial x_n}$.

1.1.5. Numerische Instabilität

Der Begriff Instabilität ist uns bereits im Abschnitt über Datenfehler begegnet. Es gibt Probleme, bei denen kleine Fehler der Eingangsgrößen zu großen Fehlern des Ergebnisses führen. Instabiles Verhalten kann aber auch eine Folge des verwendeten numerischen Verfahrens sein. Man spricht dann von numerischer Instabilität. Wir betrachten einige Beispiele:

Gegeben sei das lineare Gleichungssystem

$$0.0003x_1 + 0.1000x_2 = 0.1000, \qquad (10)$$
$$0.9000x_1 - 0.1000x_2 = 0.1000.$$

Addiert man das (—3000)fache der ersten Gleichung zur zweiten, so ergibt sich bei vierstelliger Rechnung

$$x_2 = 299.9/300.1 = 0.9993$$

und dazu aus der ersten Gleichung

$$x_1 = \frac{0.1000 - 0.1000 \cdot 0.9993}{0.0003} = 0.3333.$$

Addiert man dagegen das (—1/3000)fache der zweiten Gleichung zur ersten und bestimmt dann x_1 aus der zweiten Gleichung, so folgt

$$x_2 = 1.000, \quad x_1 = 0.2222.$$

Ein Vergleich mit der exakten Lösung

$$x_2 = 0.999333\ldots, \quad x_1 = 0.222148\ldots$$

zeigt: Obwohl in beiden Fällen mit gleicher Genauigkeit gerechnet wurde, haben die Ergebnisse unterschiedliche Fehler.

Gegeben sei das Anfangswertproblem

$$x'(t) = x(t) - 1, \quad x(0) = 1$$

für eine lineare Differentialgleichung erster Ordnung. Offenbar ist $x(t) = 1$ die exakte Lösung des Problems. Wir wollen versuchen, sie durch numerische Integration zu bestimmen. Dazu teilen wir die positive x-Achse in Intervalle der Länge h ein und schreiben zur Abkürzung

$$x_n .= x(nh) \quad (n = 0, 1, 2, \ldots).$$

Integriert man die Differentialgleichung über ein h-Intervall, so ergibt sich

$$\int_{nh}^{(n+1)h} x'(t)\,\mathrm{d}t = \int_{nh}^{(n+1)h} [x(t) - 1]\,\mathrm{d}t.$$

Das linke Integral kann exakt ausgerechnet werden, das rechte ersetzen wir mit Hilfe der oben schon verwendeten Trapezregel (vgl. Abschnitt 7.2.) näherungsweise durch

$$\frac{h}{2}\left\{x\big((n+1)h\big) - 1 + x(nh) - 1\right\} = \frac{h}{2}(x_{n+1} + x_n) - h,$$

$$x_{n+1} - x_n = \frac{h}{2}(x_{n+1} + x_n) - h$$

oder aufgelöst nach x_{n+1}

$$x_{n+1} = \frac{2+h}{2-h}x_n - \frac{2h}{2-h}.$$

Aus $x_n = 1$ ergibt sich offensichtlich

$$x_{n+1} = \frac{2+h}{2-h} - \frac{2h}{2-h} = 1.$$

Wir erhalten also für alle n die exakten Werte $x_n = x(nh) = 1$. Ersetzt man aber x_0 durch einen fehlerhaften Ausgangswert $\tilde{x}_0$, so ergibt sich für den Fehler der $(n+1)$-ten Näherung

$$\begin{aligned}\varepsilon_{n+1} .&= \tilde{x}_{n+1} - x_{n+1} = \tilde{x}_{n+1} - 1 = \frac{2+h}{2-h}\tilde{x}_n - \frac{2h}{2-h} - 1 \\ &= \frac{2+h}{2-h}(\tilde{x}_n - 1) = \frac{2+h}{2-h}\varepsilon_n\end{aligned}$$

oder mit dem Anfangsfehler $\varepsilon_0 .= \tilde{x}_0 - x_0$

$$\varepsilon_1 = q\varepsilon_0,\ \varepsilon_2 = q^2\varepsilon_0, \ldots, \varepsilon_n = q^n\varepsilon_0, \ldots,$$

wobei zur Abkürzung $q .= 2 + h/2 - h$ gesetzt wurde. Da q für positive h betragsmäßig größer als Eins ist, nimmt der Fehler bei jedem Schritt zu.

1.1.6. *Intervallarithmetik*

Eine einfache, leider aber meist sehr grobe Methode, den Fehler während einer numerischen Rechnung unter Kontrolle zu halten, bietet die Intervallarithmetik (Moore [1], Nickel [1]). Anstelle von Näherungswerten, die mit Fehlern behaftet sind, verwendet man Intervalle, in denen der exakte Wert liegt, z. B. rechnet man anstelle der durch Rundung entstandenen Zahl

$$\tilde{x} = 0.234$$

mit dem Intervall

$$I = [0.2335,\ 0.2345],$$

in dem bei Verwendung der üblichen Rundungsvorschrift der exakte Wert liegt. Wir wollen nun das Rechnen mit Intervallen erklären.

Definition: *Ist* $x \in [a, b]$ *und* $y \in [c, d]$, *so ist*

$$[a, b] \circ [c, d] .= \{x \circ y;\, x \in [a, b],\, y \in [c, d]\}.$$

Hierbei bezeichnet die geschweifte Klammer die Menge aller $x \circ y$, für die x und y den nach dem Semikolon angegebenen Einschränkungen genügen, und $\circ$ steht für die vier algebraischen Grundoperationen $+$, $-$, $\cdot$, $/$.

Für die *Addition* und *Subtraktion* gilt

$$[a, b] + [c, d] = [a + c, b + d], \tag{11}$$

$$[a, b] - [c, d] = [a, b] + [-d, -c] = [a - d, b - c]. \tag{12}$$

Um das einzusehen, braucht man nur

$$a \leqq x \leqq b \quad \text{und} \quad c \leqq y \leqq d$$

bzw.

$$a \leqq x \leqq b \quad \text{und} \quad -d \leqq y \leqq -c$$

zu addieren. Bei der Multiplikation und Division hängen die Intervallgrenzen des Ergebnis-Intervalls von den Vorzeichen von a, b, c, d ab, so daß man schreiben muß

$$[a, b] \cdot [c, d] = [\min(ac, ad, bc, bd), \max(ac, ad, bc, bd)], \tag{13}$$

$$[a, b]/[c, d] = \left[\min\left(\frac{a}{c}, \frac{a}{d}, \frac{b}{c}, \frac{b}{d}\right), \max\left(\frac{a}{c}, \frac{a}{d}, \frac{b}{c}, \frac{b}{d}\right)\right]. \tag{14}$$

Dabei muß natürlich vorausgesetzt werden, daß das Intervall $[c, d]$ die Null nicht enthält: $c \cdot d > 0$.

Aufg. 1.4: Man berechne das Intervall, in dem $z = \dfrac{x + y}{u \cdot v}$ liegt, wenn $x \in [1.45, 1.55]$, $y \in [-0.005, 0.005]$, $u \in [0.95, 1.05]$, $v \in [-2.05, -1.95]$.

Aufg. 1.5: Man berechne Intervalle für die Lösung x, y des linearen Gleichungssystems

$$[0.95, 1.05]\,x + [1.95, 2.05]\,y = [2.95, 3.05],$$
$$[1.95, 2.05]\,x - [0.95, 1.05]\,y = [0.95, 1.05].$$

Aufg. 1.6: Man zeige, daß a) Intervalladdition und -multiplikation kommutativ und assoziativ sind und b) statt des Distributivgesetzes die Relation

$$[a, b]\,([c, d] + [e, f]) \subseteqq [a, b]\,[c, d] + [a, b]\,[e, f] \tag{15}$$

gilt.

Die Intervallarithmetik enthält die Arithmetik der reellen Zahlen, denn man kann jede reelle Zahl als Intervall schreiben,

$$a = [a, a], \tag{16}$$

und erhält damit aus (11), (12), (13), (14) die vier arithmetischen Grundoperationen für reelle Zahlen. Setzt man in (14) $a = b = 1$, so ergibt sich speziell

$$\frac{1}{[c, d]} = \left[\frac{1}{d}, \frac{1}{c}\right], \qquad c \cdot d > 0. \tag{17}$$

Man kann die Intervallrechnung auf reelle Funktionen einer oder mehrerer reeller Variablen ausdehnen.

Definition: *Ist $x \in [a, b]$ und $f(x)$ eine über $[a, b]$ erklärte Funktion, so ist*

$$f([a, b]) \mathrel{.=} \{f(x);\, x \in [a, b]\}.$$

Definition: *Ist $x_i \in [a_i, b_i]$ $(i = 1, 2, \ldots, n)$ und $f(x_1, \ldots, x_n)$ eine für $x_i \in [a_i, b_i]$ erklärte Funktion, so ist*

$$f([a_1, b_1], \ldots, [a_n, b_n]) \mathrel{.=} \{f(x_1, \ldots, x_n);\, x_i \in [a_i, b_i], \quad i = 1, 2, \ldots, n\}.$$

Daraus ergibt sich

$$f([a, b]) = \left[\inf_{x \in [a,b]} f(x), \sup_{x \in [a,b]} f(x)\right] \tag{18}$$

bzw.

$$f([a_1, b_1], \ldots, [a_n, b_n]) = \left[\inf_{x_i \in [a_i,b_i]} f(x_1, \ldots, x_n), \sup_{x_i \in [a_i,b_i]} f(x_1, \ldots, x_n)\right]. \tag{19}$$

Das Ergebnis einer Intervallrechnung ist also ein Intervall

$$a \leqq x \leqq b.$$

Häufig verwendet man den Intervallmittelpunkt als Näherungswert und gibt das Resultat in der Form

$$\tilde{x} = \frac{a+b}{2}, \quad |\Delta x| = |\tilde{x} - x| = \frac{b-a}{2} \tag{20}$$

an. Damit ergibt sich das folgende Schema für die

Intervallrechnung:

1. Ersetzung aller fehlerhaften Eingangsgrößen x_i durch Intervalle $[a_i, b_i]$.
2. Durchführung der Rechnung mit den Intervallen $[a_i, b_i]$ anstelle der Zahlen x_i mit Hilfe der Regeln (11), (12), (13), (14), (18), (19).
3. Berechnung eines Näherungswertes $\tilde{x}$ und einer Fehlerschranke für Δx aus (20).

Als Beispiel rechnen wir die Polarkoordinaten (r, φ) eines Punktes P in kartesische Koordinaten (x, y) um:

1. $\tilde{\varphi} = 0.45 \Rightarrow \varphi \in [0.445, 0.455]$,
   $\tilde{r} = 0.92 \Rightarrow r \in [0.915, 0.925]$.
2. $x = r \cos \varphi \Rightarrow [a, b] = [0.915, 0.925] \cos [0.445, 0.455]$,
   $y = r \sin \varphi \Rightarrow [c, d] = [0.915, 0.925] \sin [0.445, 0.455]$,
   $\cos [\ldots] = [0.898, 0.903]$,
   $\sin [\ldots] = [0.430, 0.440]$,
   $[a, b] = [0.822, 0.835]$,
   $[c, d] = [0.393, 0.407]$.
3. $\tilde{x} = 0.828, \quad |\Delta x| \leqq 0.007, \quad \tilde{y} = 0.400, \quad |\Delta y| \leqq 0.007$.

Aufg. 1.7: Man berechne die Koordinaten des Punktes $P \sim (-0.75, 0.90)$ in einem um den Winkel $\varphi = 0.23$ gedrehten (x', y')-Koordinatensystem.
Hinweis: $x' = x \cos \varphi + y \sin \varphi$, $y' = -x \sin \varphi + y \cos \varphi$.

1.2. *Funktionalanalytische Grundlagen*

Auch in der numerischen Mathematik benutzt man mit Vorteil die Begriffsbildungen der Funktionalanalysis. Wir benötigen nur wenige Grundbegriffe und Beziehungen, mit denen der Studierende in der Regel in einem Grundkurs Analysis vertraut gemacht wird, die man sich aber auch ohne

Schwierigkeiten im Selbststudium aneignen kann. Die Zusammenfassung der benötigten Definitionen in der Einleitung soll uns den Verweis an späteren Stellen des Buches erleichtern.

1.2.1. Räume

Wir definieren drei Raumtypen: metrische, normierte und unitäre Räume. Mit X bezeichnen wir eine gegebene Menge und mit $x, x_1, x_2, \ldots$ ihre Elemente. Wir sagen, daß eine Eigenschaft „auf X" besteht, wenn sie für alle Elemente x aus X gültig ist.

Durch die folgenden vier Eigenschaften definieren wir eine

Metrik $d(x_1, x_2)$:

1. $d(x_1, x_2)$ ist eine reellwertige Funktion, die für alle Elementpaare x_1, x_2 aus X definiert ist.
2. $d(x_1, x_2) = 0$ ist äquivalent mit $x_1 = x_2$.
3. $d(x_1, x_2) = d(x_2, x_1)$ gilt für alle Elementpaare x_1, x_2 aus X.
4. Die Dreiecksungleichung

$$d(x_1, x_3) \leqq d(x_1, x_2) + d(x_2, x_3)$$

gilt für alle Elementtripel x_1, x_2, x_3 aus X.

Aus der zweiten, dritten und vierten Eigenschaft folgt, daß $d(x_1, x_2) \geqq 0$ gilt. Ein *metrischer Raum* ist per definitionem eine Menge X, die mit einer Metrik ausgestattet ist. In jedem metrischen Raum kann man eine Analysis aufbauen. Man definiert: Eine Folge $\{x_n\}$ $(n = 1, 2, \ldots)$ konvergiert gegen einen Grenzwert

$$x := \lim_{n \to \infty} x_n,$$

wenn für alle positiven Zahlen ε ein Index $n_0(\varepsilon)$ existiert, so daß die Ungleichung

$$d(x, x_n) < \varepsilon$$

für alle $n > n_0(\varepsilon)$ besteht.

Ein normierter Raum ist in zweifacher Weise ausgestattet, nämlich mit einer Vektoraddition und einer Norm. Wir definieren vorbereitend den Vektorraum als Menge von Elementen, für die eine Vektoraddition erklärt ist, und darauf aufbauend die Norm.

Vektorraum:

1. Für alle Elemente x_1, x_2 aus X existiert ein Element $x_1 + x_2$ aus X, das durch x_1 und x_2 eindeutig bestimmt ist.

2. Für alle x_1, x_2 aus X gilt das Kommutativgesetz

$$x_1 + x_2 = x_2 + x_1 .$$

3. Für alle x_1, x_2, x_3 aus X gilt das Assoziativgesetz

$$(x_1 + x_2) + x_3 = x_1 + (x_2 + x_3) .$$

4. Es existiert ein Element $\boldsymbol{O}$ aus X, so daß die Gleichung

$$x + \boldsymbol{O} = x$$

für alle x aus X erfüllt ist.

5. Für alle x aus X existiert ein Element $(-x)$ aus X mit der Eigenschaft

$$x + (-x) = \boldsymbol{O} .$$

6. Für alle x aus X und alle reellen Zahlen c existiert ein Element cx aus X, das durch x und c eindeutig bestimmt ist.

7. Für alle x_1, x_2 aus X und alle reellen Zahlen c gilt

$$c(x_1 + x_2) = cx_1 + cx_2 .$$

8. Für alle x aus X und alle reellen Zahlen c_1, c_2 gilt

$$(c_1 + c_2)x = c_1x + c_2x .$$

9. Für alle x aus X und alle reellen Zahlen c_1, c_2 gilt

$$c_1(c_2x) = (c_1c_2)x .$$

10. Für alle x aus X gilt

$$1x = x .$$

Wenn in einer Menge X eine Vektoraddition mit den angegebenen zehn Eigenschaften erklärt ist, dann bezeichnen wir die Elemente dieser Menge allgemein als Vektoren, denn für diese Elemente gelten die gleichen Rechenregeln wie in der üblichen dreidimensionalen Vektorrechnung. Auch die Begriffe „lineare Abhängigkeit" und „Dimension" können in der üblichen Weise eingeführt werden. Für die numerische Mathematik sind die endlich-dimensionalen Unterräume von entscheidender Bedeutung. In einem N-dimensionalen Unterraum kann jedes Element als Linearkombination von N linear unabhängigen Vektoren $\boldsymbol{v}_1, \boldsymbol{v}_2, \ldots, \boldsymbol{v}_N$, den sogenannten Basisvektoren, dargestellt werden. Numerische Algorithmen arbeiten grundsätzlich in endlich-dimensionalen Unterräumen. Dort können die für die

Konstruktion notwendigen Operationen wirklich ausgeführt und für digitale Rechenautomaten programmiert werden, wobei allerdings berücksichtigt werden muß, daß der Zahlenbereich in einem digitalen Rechenautomaten diskretisiert wird. Das bedeutet, daß der Zahlenbereich durch eine endliche Menge von Dezimalbrüchen bzw. Dualbrüchen approximiert wird. Die Dezimalbrüche werden mit Dezimalziffern $z_i \in \{0, 1, \ldots, 9\}$ z. B. in Festkommadarstellung

$$c = 0.z_1 z_2 \ldots z_m \tag{1}$$

oder in Gleitkommadarstellung

$$c = 0.z_1 z_2 \ldots z_m \cdot 10^k \qquad (z_1 \neq 0, \quad -K \leqq k \leqq K) \tag{2}$$

bereitgestellt. Im Automaten arbeitet man aber meist mit Dualbrüchen, d. h., die Ziffern z_i sind Elemente der Menge $\{0, 1\}$, und in der Gleitkommadarstellung (2) wird die Basis 10 durch die Basis 2 ersetzt:

$$c = 0.z_1 z_2 \ldots z_m \cdot 2^k \qquad (z_1 = 1, \quad -K \leqq k \leqq K). \tag{2'}$$

Die gegenwärtige Entwicklung in der numerischen Mathematik ist dadurch gekennzeichnet, daß man mit Hilfe der modernen Rechenautomaten in Unterräumen von beachtlicher Dimension ($N = 10^2, 10^3, \ldots$) arbeiten kann. Die Lösungen von Problemen in allgemeinen Räumen werden in endlich-dimensionalen Unterräumen approximiert. Für die Approximation braucht man einen Maßstab, um die Güte einer Approximation zu messen. Dafür verwendet man in den Vektorräumen vielfach eine Norm, die in Abhängigkeit von der Aufgabenstellung unterschiedlich gewählt werden kann. Wir definieren allgemein eine Norm $\|x\|$ auf einem Vektorraum X durch vier Eigenschaften.

Norm $\|x\|$:

1. $\|x\|$ ist eine reellwertige Funktion auf X.
2. Für alle x_1, x_2 aus X gilt die Dreiecksungleichung

$$\|x_1 + x_2\| \leqq \|x_1\| + \|x_2\|.$$

3. Für alle x aus X und alle reellen Zahlen c gilt

$$\|cx\| = |c| \, \|x\|.$$

4. $\|x\| = 0$ gilt nur für $x = \boldsymbol{O}$.

Ein *normierter Raum* ist per definitionem ein Vektorraum, der mit einer Norm ausgestattet ist. Es ist leicht nachzuprüfen, daß der Ausdruck

$$d(x_1, x_2) .= \|x_1 - x_2\| \tag{3}$$

eine Metrik definiert, wenn $\|x\|$ eine Norm ist, d. h., jeder normierte Raum ist ein metrischer Raum. Wenn ein normierter Raum vollständig ist, d. h., wenn jede CAUCHY-Folge einen Grenzwert besitzt, dann bezeichnet man den normierten Raum als BANACH-*Raum*.

Eine Norm kann speziell mit Hilfe eines Skalarproduktes eingeführt werden. Wir definieren allgemein ein Skalarprodukt (x_1, x_2) auf einem Vektorraum X durch fünf Eigenschaften.

Skalarprodukt (x_1, x_2).

1. (x_1, x_2) ist eine reellwertige Funktion auf X, die für alle Elementpaare x_1, x_2 aus X definiert ist.
2. Für alle x_1, x_2, x_3 aus X gilt

$$(x_1 + x_2, x_3) = (x_1, x_3) + (x_2, x_3).$$

3. Für alle x_1, x_2 aus X und alle reellen Zahlen c gilt

$$(cx_1, x_2) = c(x_1, x_2).$$

4. Für alle x_1, x_2 aus X gilt

$$(x_1, x_2) = (x_2, x_1).$$

5. Für alle $x \neq \boldsymbol{O}$ gilt $(x, x) > 0$.

Ein *unitärer Raum* ist definitionsgemäß ein Vektorraum, der mit einem Skalarprodukt ausgestattet ist. Für ein Skalarprodukt gilt die SCHWARZsche Ungleichung

$$(x_1, x_2)^2 \leqq (x_1, x_1)\,(x_2, x_2), \tag{4}$$

die man braucht, um nachzuweisen, daß der Ausdruck

$$\|x\| := \sqrt{(x, x)} \tag{5}$$

eine Norm definiert. Damit wird jeder unitäre Raum in natürlicher Weise zu einem normierten Raum und erst recht zu einem metrischen Raum. Einen vollständigen unitären Raum bezeichnet man als HILBERT-*Raum*.

1.2.2. Abbildungen

Bei vielen Problemen spielen Abbildungen

$$y = f(x) \qquad (x \in X,\ y \in Y) \tag{6}$$

eines Raumes X in einen Raum Y eine Rolle. Speziell für Vektorräume X und Y definieren wir additive Abbildungen als Lösungen der Funktionalgleichung

$$f(x_1 + x_2) = f(x_1) + f(x_2) \tag{7}$$

für alle x_1, x_2 aus X und homogene Abbildungen als Lösungen der Funktionalgleichung

$$f(cx) = cf(x) \tag{8}$$

für alle x aus X und alle reellen Zahlen c. Eine Abbildung $f(x)$ heißt linear, wenn sie additiv und homogen ist. Lineare Abbildungen erfüllen die Funktionalgleichung

$$f(c_1x_1 + c_2x_2) = c_1f(x_1) + c_2f(x_2) \tag{9}$$

für alle x_1, x_2 aus X und alle reellen Zahlen c_1, c_2. Die linearen Abbildungen eines Vektorraumes X in einen Vektorraum Y bilden ihrerseits einen Vektorraum.

Eine lineare Abbildung $f(x)$, die auf einem normierten Raum X erklärt ist und diesen in einen normierten Raum Y abbildet, ist genau dann stetig, wenn der Quotient

$$\|f\| .= \sup_{x \neq 0} \frac{\|f(x)\|_Y}{\|x\|_X} \tag{10}$$

beschränkt ist, wobei die Norm in X mit $\|x\|_X$ und in Y mit $\|y\|_Y$ bezeichnet wird. Der Quotient (10) erfüllt alle Eigenschaften einer Norm. Man bezeichnet $\|f\|$ als *Norm der Abbildung* $f(x)$. Die stetigen linearen Abbildungen eines normierten Raumes X in einen normierten Raum Y bilden ihrerseits einen normierten Raum.

Wir definieren: Eine stetige lineare Abbildung $f(x)$ ist auf einem Element z aus X *maximal*, wenn die Gleichung

$$\|f(z)\|_Y = \|f\| \, \|z\|_X \tag{11}$$

erfüllt ist.

Für Funktionen $x(t)$ auf einem Intervall $a \leqq t \leqq b$ betrachtet man beispielsweise die Normen

$$\|x\|_p .= \left(\int_a^b \mathrm{d}t \, |x(t)|^p \right)^{\frac{1}{p}} \tag{12}$$

für $p \geqq 1$ und

$$\|x\|_\infty .= \sup_{a \leqq t \leqq b} |x(t)|. \tag{13}$$

Von diesen wird nur die Norm $\|x\|_2$ durch ein Skalarprodukt

$$(x, y) .= \int_a^b \mathrm{d}t\, x(t)\, y(t) \tag{14}$$

erzeugt.

In der numerischen Mathematik hat man es vorwiegend mit endlichdimensionalen Vektorräumen zu tun. Ein Vektor $\boldsymbol{x}$ in einem N-dimensionalen Vektorraum kann immer durch seine Koordinaten $x_1, x_2, \ldots, x_N$ bezüglich einer Basis $\boldsymbol{v}_1, \boldsymbol{v}_2, \ldots, \boldsymbol{v}_N$ gegeben werden. Wir setzen

$$\boldsymbol{x} .= (x_1, x_2, \ldots, x_N)^t. \tag{15}$$

Für Vektoren definieren wir die Normen

$$\|\boldsymbol{x}\|_p .= \left(\sum_{k=1}^{N} |x_k|^p\right)^{\frac{1}{p}} \tag{16}$$

für $p \geqq 1$ und

$$\|\boldsymbol{x}\|_\infty .= \max_{1 \leqq k \leqq N} |x_k|. \tag{17}$$

Die Norm $\|\boldsymbol{x}\|_2$ bezeichnen wir als *euklidische Norm.* Sie wird durch das Skalarprodukt

$$(\boldsymbol{x}, \boldsymbol{y})_2 .= \sum_{k=1}^{N} x_k y_k \tag{18}$$

erzeugt, wobei mit $y_1, y_2, \ldots, y_N$ die Koordinaten von $\boldsymbol{y}$ bezüglich der Basis $\boldsymbol{v}_1, \boldsymbol{v}_2, \ldots, \boldsymbol{v}_N$ bezeichnet werden.

Die allgemeine Abbildung $\boldsymbol{y} = f(\boldsymbol{x})$ eines N-dimensionalen Vektorraumes X in einen M-dimensionalen Vektorraum Y ist durch das Gleichungssystem

$$y_i = f_i(x_1, x_2, \ldots, x_N) \qquad (i = 1, 2, \ldots, M) \tag{19}$$

gegeben, wobei mit $x_1, x_2, \ldots, x_N$ die Koordinaten von $\boldsymbol{x}$ bezüglich einer Basis $\boldsymbol{v}_1, \boldsymbol{v}_2, \ldots, \boldsymbol{v}_N$ von X und mit $y_1, y_2, \ldots, y_M$ die Koordinaten von $\boldsymbol{y}$ bezüglich einer Basis $\boldsymbol{w}_1, \boldsymbol{w}_2, \ldots, \boldsymbol{w}_M$ von Y bezeichnet werden. Für lineare

Abbildungen eines N-dimensionalen Vektorraumes X in einen M-dimensionalen Vektorraum Y besteht die Darstellung

$$y_i = \sum_{k=1}^{N} a_{ik} x_k \qquad (i = 1, 2, \ldots, M) \tag{20}$$

mit Hilfe einer Matrix

$$A := (a_{ik}) \qquad (i = 1, 2, \ldots, M;\; k = 1, 2, \ldots, N). \tag{21}$$

Für lineare Abbildungen von X in sich erhalten wir aus (10) die *Matrixnormen*

$$\|A\|_X := \sup_{\boldsymbol{x} \neq \boldsymbol{0}} \frac{\|A\boldsymbol{x}\|_X}{\|\boldsymbol{x}\|_X}. \tag{22}$$

Jede Vektornorm $\|\boldsymbol{x}\|_X$ auf X ist durch die Formel (22) einer Matrixnorm $\|A\|_X$ zugeordnet. Den Vektornormen (16) und (17) entsprechen beispielsweise die Matrixnormen

$$\|A\|_p := \sup_{\boldsymbol{x} \neq \boldsymbol{0}} \frac{\|A\boldsymbol{x}\|_p}{\|\boldsymbol{x}\|_p} \qquad (1 \leqq p \leqq \infty). \tag{23}$$

Für $p = \infty$ ergibt sich als Matrixnorm die *maximale Zeilensumme*

$$\|A\|_\infty = \max_{1 \leqq i \leqq N} \sum_{k=1}^{N} |a_{ik}|, \tag{24}$$

für $p = 1$ die *maximale Spaltensumme*

$$\|A\|_1 = \max_{1 \leqq k \leqq N} \sum_{i=1}^{N} |a_{ik}| \tag{25}$$

und für $p = 2$ die sogenannte *Spektralnorm*

$$\|A\|_2 = \sup_{\boldsymbol{x} \neq \boldsymbol{0}} \sqrt{\frac{(A\boldsymbol{x}, A\boldsymbol{x})_2}{(\boldsymbol{x}, \boldsymbol{x})_2}} = \sqrt{\tau_{\max}}, \tag{26}$$

wobei $\tau_{\max}$ den größten Eigenwert der Matrix $A^t A$ bezeichnet. Man sagt: Eine symmetrische Matrix $A = A^t$ ist positiv-definit, wenn die Bedingung

$$(A\boldsymbol{x}, \boldsymbol{x})_2 > 0$$

für alle $\boldsymbol{x} \neq \boldsymbol{O}$ erfüllt ist. Für symmetrische, positiv-definite Matrizen A gilt die Formel

$$\|A\|_2 = \sup_{\boldsymbol{x} \neq \boldsymbol{O}} \frac{\sum_{i,k=1}^{N} a_{ik} x_i x_k}{\sum_{k=1}^{N} x_k^2} = t_{\max}, \tag{26'}$$

in der mit $t_{\max}$ der größte Eigenwert der Matrix A bezeichnet wird.

Aufg. 1.8: Man beweise die Formeln (24), (25), (26) und (26').

Matrixnormen werden wir beispielsweise benutzen, um Konvergenzbedingungen für Iterationsverfahren aufzustellen.

1.2.3. Iteration

Viele Probleme der numerischen Mathematik werden durch Iterationsverfahren gelöst. Dabei geht man von einer Anfangsnäherung $x^{(0)}$ aus und bildet für $n = 0, 1, 2, \ldots$ nach der Iterationsvorschrift

$$x^{(n+1)} = g(x^{(n)}) \tag{27}$$

eine Folge $\{x^{(n)}\}$ von Näherungen. Wenn diese Folge konvergiert, dann erfüllt der Grenzwert

$$x^* := \lim_{n \to \infty} x^{(n)} \tag{28}$$

die Gleichung

$$x^* = g(x^*). \tag{29}$$

Man sagt: Der Grenzwert x^* ist Fixpunkt der Abbildung $y = g(x)$. Wir betrachten die Iterationsverfahren (27) gleich allgemein in einem normierten Raum X. Antwort auf die Frage nach der Konvergenz der Iteration (27) gibt der

BANACHsche Fixpunktsatz (das Prinzip der kontrahierenden Abbildungen):

1. Der Definitionsbereich D der Abbildung $g(x)$ sei abgeschlossen und Teilmenge eines BANACH*-Raumes X ($D \prec X$).*

2. $g(x)$ vermittle eine Abbildung von D in D.

3. Es existiere eine Konstante k, $0 \leqq k < 1$, so daß die Abbildung $g(x)$ für alle x, x' aus D einer LIPSCHITZ-*Bedingung*

$$\|g(x) - g(x')\| \leqq k \|x - x'\| \tag{30}$$

genügt.

Dann besitzt die Abbildung $y = g(x)$ in D genau einen Fixpunkt x^*, und die Folge (27) *konvergiert gegen x^* bei beliebiger Anfangsnäherung $x^{(0)}$ aus D.*

Wir führen den Beweis, indem wir zeigen:

1. Die Folge $\{x^{(n)}\}$ konvergiert.
2. Der Grenzwert x^* ist ein Fixpunkt.
3. x^* ist eindeutig bestimmt.

1. Aus der LIPSCHITZ-Bedingung (30) folgt für aufeinanderfolgende Näherungen die Abschätzung

$$\begin{aligned} \|x^{(n+1)} - x^{(n)}\| &= \|g(x^{(n)}) - g(x^{(n-1)})\| \leqq k \|x^{(n)} - x^{(n-1)}\| \\ &\leqq k^n \|x^{(1)} - x^{(0)}\|, \end{aligned} \tag{31}$$

und für beliebige Näherungen $x^{(n)}$, $x^{(m)}$ $(m > n)$ gilt

$$\begin{aligned} &\|x^{(m)} - x^{(n)}\| \\ &= \|x^{(m)} - x^{(m-1)} + x^{(m-1)} - + \cdots - x^{(n+1)} + x^{(n+1)} - x^{(n)}\| \\ &\leqq \|x^{(m)} - x^{(m-1)}\| + \|x^{(m-1)} - x^{(m-2)}\| + \cdots + \|x^{(n+1)} - x^{(n)}\| \\ &\leqq (k^{m-1} + k^{m-2} + \cdots + k^n) \|x^{(1)} - x^{(0)}\|, \end{aligned}$$

so daß wir die Ungleichung

$$\|x^{(m)} - x^{(n)}\| \leqq \frac{k^n - k^m}{1 - k} \|x^{(1)} - x^{(0)}\| \tag{32}$$

erhalten. Wegen der dritten Voraussetzung, $0 \leqq k < 1$, streben k^n und k^m für $n, m \to \infty$ gegen Null, d. h., die rechte Seite der Ungleichung (32) kann stets kleiner als jede vorgegebene positive Zahl ε gemacht werden. Nach dem CAUCHYschen Konvergenzkriterium konvergiert die Folge $\{x^{(n)}\}$. Da X nach Voraussetzung ein BANACH-Raum ist, gehört das Grenzelement x^* ebenfalls zum Raum X, und weil D abgeschlossen ist, gilt sogar

$$\lim_{n \to \infty} x^{(n)} =. x^* \in D.$$

2. Aus der Ungleichung

$$\begin{aligned}\|g(x^*) - x^*\| &= \|g(x^*) - g(x^{(n)}) + x^{(n+1)} - x^*\| \\ &\leqq \|g(x^*) - g(x^{(n)})\| + \|x^{(n+1)} - x^*\| \\ &\leqq k\,\|x^{(n)} - x^*\| + \|x^{(n+1)} - x^*\|\end{aligned}$$

und der Konvergenz der Folge $\{x^{(n)}\}$ schließen wir, daß die rechte Seite der letzten Ungleichung kleiner als jede positive Zahl ε gemacht werden kann, folglich ist $\|g(x^*) - x^*\| = 0$, also $x^* = g(x^*)$, d. h., x^* ist ein Fixpunkt.

3. Wir nehmen an, daß es außer x^* noch einen weiteren Fixpunkt x' gibt:

$$x^* = g(x^*), \qquad x' = g(x').$$

Dann gilt:

$$\|x^* - x'\| = \|g(x^*) - g(x')\| \leqq k\,\|x^* - x'\|$$

bzw.

$$(1 - k)\,\|x^* - x'\| \leqq 0.$$

Da die Zahl $1 - k$ positiv ist, muß $\|x^* - x'\| = 0$, also $x^* = x'$ sein, d. h., x^* ist eindeutig bestimmt. Damit ist der Beweis beendet.

Wir beweisen noch eine wichtige Formel für den Fehler der n-ten Näherung. Durch eine leichte Modifikation im zweiten Beweisschritt erhalten wir die Ungleichung

$$\begin{aligned}\|x^* - x^{(n)}\| &= \|g(x^*) - g(x^{(n)}) + g(x^{(n)}) - g(x^{(n-1)})\| \\ &\leqq k\,\|x^* - x^{(n)}\| + k\,\|x^{(n)} - x^{(n-1)}\|.\end{aligned}$$

Durch Auflösung nach $\|x^* - x^{(n)}\|$ ergibt sich die Fehlerabschätzung

$$\|x^* - x^{(n)}\| \leqq \frac{k}{1 - k}\,\|x^{(n)} - x^{(n-1)}\| \tag{33}$$

bzw. unter Beachtung von (31)

$$\|x^* - x^{(n)}\| \leqq \frac{k^n}{1 - k}\,\|x^{(1)} - x^{(0)}\|. \tag{34}$$

Aufg. 1.9: Wieviel Iterationsschritte sind erforderlich, um die Lösung x^* mit einer Genauigkeit $\varepsilon = 10^{-6}$ zu bestimmen, d. h., für welche n gilt $\|x^* - x^{(n)}\| < \varepsilon$? Als Beispiel berechne man die Schrittzahl n für $k = \frac{1}{2}$ und $\|g(x^{(0)}) - x^{(0)}\| = 2$.

Wenn man weiß, daß im Inneren von D ein Fixpunkt liegt, dann ist die zweite Voraussetzung zumindest in einem Teilbereich von D erfüllt.

Satz: *Wenn die 1. und 3. Voraussetzung des* Banach*schen Fixpunktsatzes gelten, und wenn im Inneren von D ein Fixpunkt x^* existiert, dann gibt es immer eine Umgebung*

$$U(x^*) .= \{x; \|x - x^*\| \leqq \delta, x \in D\},$$

in der die zweite Voraussetzung erfüllt ist.

Aufg. 1.10: Man beweise diesen Satz.

Alle Voraussetzungen des Banachschen Fixpunktsatzes sind erfüllt, wenn $g(x)$ eine stetige, lineare Abbildung eines Banach-Raumes X in sich ist und wenn die Abbildungsnorm (vgl. (10)) der Bedingung

$$\|g\| < 1 \tag{35}$$

genügt. Als Definitionsbereich D kann in diesem Fall jede Kugel $\|x\| \leqq R$ gewählt werden, denn eine stetige, lineare Abbildung ist immer auf dem gesamten Raum definiert. Die Lipschitz-Bedingung ergibt sich in diesem Fall unmittelbar aus der Ungleichung

$$\|g(x) - g(x')\| = \|g(x - x')\| \leqq \|g\| \, \|x - x'\|.$$

Die Abbildungsnorm $\|g\|$ für stetige, lineare Abbildungen $g(x)$ ist die bestmögliche Lipschitz-Konstante k in (30), und die Bedingung (35) ist hinreichend für die Konvergenz der entsprechenden linearen Iteration. Speziell für lineare Abbildungen in endlich-dimensionalen Vektorräumen geht die Abbildungsnorm (10) in die Matrixnorm (22) über, deren Bedeutung für die Konvergenz von linearen Iterationen in endlich-dimensionalen Vektorräumen damit nachgewiesen ist.

2. Lineare Gleichungssysteme

2.1. *Problemstellung*

Viele Probleme der numerischen Mathematik werden auf lineare Gleichungssysteme zurückgeführt. Das gilt allgemein für die numerische Behandlung von linearen Funktionalgleichungen, die u. a. als gewöhnliche und partielle Differentialgleichungen, Integralgleichungen und Integrodifferentialgleichungen bei vielen Problemen in Physik und Technik auftreten. Auch bei der numerischen Behandlung von nichtlinearen Funktionalgleichungen braucht man die Verfahren zur Auflösung linearer Gleichungssysteme, wenn die Lösungen der nichtlinearen Gleichungen schrittweise durch Auflösung approximierender, linearisierter Gleichungen konstruiert werden. Natürlich gibt es auch viele Aufgaben der Anwendungen, die direkt als lineare Gleichungssysteme formuliert werden können. Von besonderem Interesse sind Algorithmen für die Auflösung großer linearer Gleichungssysteme, bei denen die Anzahl der Unbekannten und Gleichungen die Größenordnungen 10^3, 10^4, 10^5, ... erreicht.

Wir betrachten den sogenannten Standardfall der Theorie der linearen Gleichungssysteme

$$\boldsymbol{A}\boldsymbol{x} = \boldsymbol{b} \tag{1}$$

oder anders geschrieben

$$\sum_{k=1}^{N} a_{ik} x_k = b_i \qquad (i = 1, 2, \ldots, N). \tag{1'}$$

In (1) ist A eine reguläre Matrix

$$A := \begin{pmatrix} a_{11} & \ldots & a_{1N} \\ a_{N1} & \ldots & a_{NN} \end{pmatrix} \qquad (\det A \neq 0)$$

und die rechte Seite $\boldsymbol{b}$ und die gesuchte Lösung $\boldsymbol{x}$ sind Spaltenvektoren

$$\boldsymbol{x} := \begin{pmatrix} x_1 \\ x_2 \\ \vdots \\ x_N \end{pmatrix}, \qquad \boldsymbol{b} := \begin{pmatrix} b_1 \\ b_2 \\ \vdots \\ b_N \end{pmatrix}.$$

Faßt man die Spalten von A als Vektoren auf,

$$\boldsymbol{s}_k := (a_{1k}, a_{2k}, \ldots, a_{Nk})^t \qquad (k = 1, 2, \ldots, N),$$

so kann man statt (1') schreiben:

$$\sum_{k=1}^{N} x_k \boldsymbol{s}_k = \boldsymbol{b}. \tag{1''}$$

Aufg. 2.1: Man zeige: Aus $\det A \neq 0$ folgt die lineare Unabhängigkeit der N Spalten von A und umgekehrt.

Sie bilden also eine Basis des N-dimensionalen Vektorraumes R_N. Das System (1'') zu lösen heißt demnach, den Vektor $\boldsymbol{b}$ als Linearkombination der $\boldsymbol{s}_k$ darzustellen, d. h. die Koordinaten von $\boldsymbol{b}$ bezüglich der Basis der $\boldsymbol{s}_k$ zu bestimmen (für den Fall $N = 2$ vgl. Abb. 2.1).

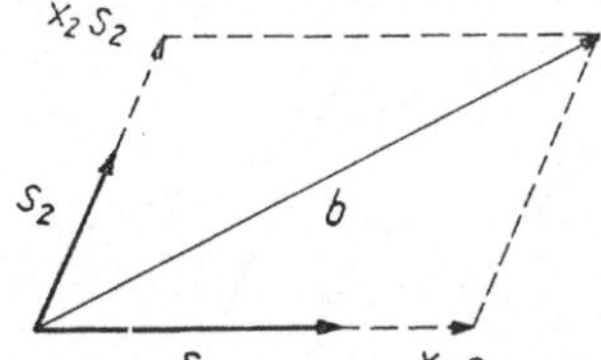

Abb. 2.1

Faßt man die Zeilen von A als Vektoren auf,

$$\boldsymbol{z}_i := (a_{i1}, a_{i2}, \ldots, a_{iN})^t \qquad (i = 1, 2, \ldots, N),$$

so kann man die Summe auf der linken Seite von (1') als Skalarprodukt der Vektoren $\boldsymbol{z}_i$ und $\boldsymbol{x}$ deuten:

$$\sum_{k=1}^{N} a_{ik} x_k = (\boldsymbol{z}_i, \boldsymbol{x})_2.$$

Die Gleichungen (1') bekommen damit die Gestalt

$$(\boldsymbol{z}_i, \boldsymbol{x})_2 = b_i \qquad (i = 1, 2, \ldots, N) \tag{1'''}$$

und beschreiben geometrisch Hyperebenen H_i mit den Normalenvektoren $\boldsymbol{z}_i$.

Wir wollen uns diesen aus der linearen Algebra bekannten Sachverhalt am Fall $N = 2$ noch einmal klarmachen. Man kann das Skalarprodukt $(\boldsymbol{z}_i, \boldsymbol{x})$ auch in der Form

$$\begin{aligned}(\boldsymbol{z}_i, \boldsymbol{x})_2 &= \|\boldsymbol{z}_i\|_2 \, \|\boldsymbol{x}\|_2 \cos \langle \boldsymbol{z}_i, \boldsymbol{x} \rangle \\ &= (\text{Betrag von } \boldsymbol{z}_i) \, (\text{Projektion von } \boldsymbol{x} \text{ auf die Richtung} \\ &\qquad \text{von } \boldsymbol{z}_i)\end{aligned}$$

schreiben. Gleichung (1‴) sagt also, daß die Projektion des variablen Vektors $\boldsymbol{x}$ auf die Richtung des festen Vektors $\boldsymbol{z}_i$ konstant gleich $\frac{b_i}{\|\boldsymbol{z}_i\|_2}$ ist (Abb. 2.2). In der Ebene ergibt sich als „Hyperebene" eine zu $\boldsymbol{z}_i$ orthogonale Gerade, die vom Nullpunkt den Abstand $\frac{|b_i|}{\|\boldsymbol{z}_i\|_2}$ hat.

Lösung des Gleichungssystems (1) ist derjenige Vektor $\boldsymbol{x}$, der alle N Hyperebenengleichungen (1‴) erfüllt, also der gemeinsame Schnittpunkt aller N Hyperebenen (für $N = 2$ vgl. Abb. 2.3).

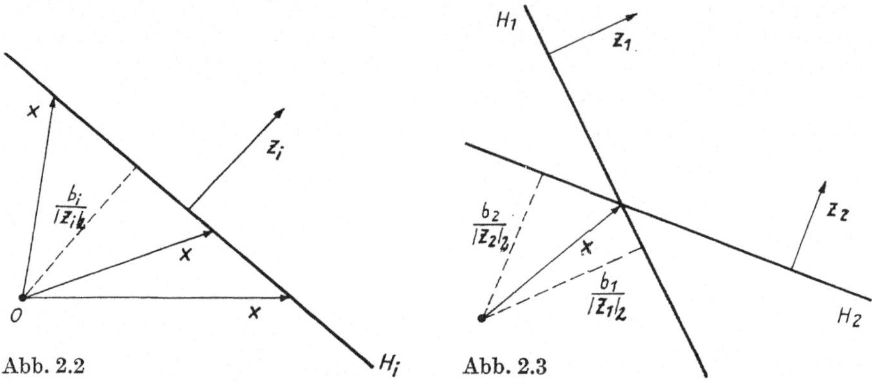

Abb. 2.2

Abb. 2.3

2.2. *Direkte Verfahren*

Bei der Auflösung linearer Gleichungssysteme unterscheidet man zwischen direkten Verfahren, die den Lösungsvektor $\boldsymbol{x}$ direkt berechnen, und iterativen Verfahren, die den Lösungsvektor $\boldsymbol{x}$ ausgehend von einer Anfangsnäherung $\boldsymbol{x}^{(0)}$ schrittweise durch wiederholte Anwendung einer bestimmten Rechenvorschrift annähern.

Aus der linearen Algebra ist bekannt, daß die Komponenten x_n des Lösungsvektors $\boldsymbol{x}$ nach der CRAMERschen Regel als Determinantenquotienten

$$x_n = \frac{1}{\det(A)} \det \begin{pmatrix} a_{11} & \dots & a_{1n-1} & b_1 & a_{1n+1} & \dots & a_{1N} \\ \vdots & & \vdots & \vdots & \vdots & & \vdots \\ a_{N1} & \dots & a_{Nn-1} & b_N & a_{Nn+1} & \dots & a_{NN} \end{pmatrix} \tag{1}$$

für $n = 1, 2, \dots, N$ dargestellt werden können. Ein direktes Verfahren könnte darin bestehen, daß die Formeln (1) numerisch ausgewertet werden. Dabei müßten aber $N + 1$ Determinanten berechnet werden. Wegen des großen Rechenaufwandes (vgl. Aufg. 2.3) kommt dieses Verfahren nicht in Betracht.

Günstiger für die numerischen Rechnungen sind die Eliminationsverfahren. Diesen Verfahren liegt der folgende Gedanke zugrunde: Man löst in einer Gleichung (z. B. in der p-ten Gleichung) nach einer Unbekannten (z. B. nach x_q) auf und setzt die sich ergebende Darstellung (für x_q) in die restlichen Gleichungen ein. Dann enthält das System der restlichen Gleichungen mindestens eine Unbekannte weniger. Mit dem System der restlichen Gleichungen wird der Eliminationsprozeß so lange fortgesetzt, bis entweder nach allen Unbekannten aufgelöst wurde oder bis das System der restlichen Gleichungen nur noch verschwindende Koeffizienten enthält. Der letzte Fall tritt nur ein, wenn die Matrix A singulär ist.

2.2.1. *Austauschalgorithmus*

Der Eliminationsprozeß kann in verschiedener Weise gelenkt werden. Wir beschreiben zwei Varianten, den Austauschalgorithmus und den GAUSSschen Algorithmus. Beim Austauschalgorithmus betrachten wir anstelle des Gleichungssystems (2.1; 1) die Abbildung

$$\boldsymbol{y} := A\boldsymbol{x} - \boldsymbol{b} \tag{2}$$

bzw.

$$y_i := \sum_{k=1}^{N} a_{ik} x_k - b_i \tag{2'}$$

für $i = 1, 2, \ldots, N$. Wir suchen denjenigen Vektor $\boldsymbol{x}$, für den $\boldsymbol{y}$ gleich Null wird.

Wir wählen ein Element $a_{pq} \neq 0$ $(1 \leqq p, q \leqq N)$ aus und lösen in der p-ten Gleichung nach der Unbekannten x_q auf:

$$x_q = \frac{1}{a_{pq}} y_p - \sum_{k \neq q} \frac{a_{pk}}{a_{pq}} x_k + \frac{b_p}{a_{pq}}. \tag{3}$$

Diese Beziehung setzen wir in die übrigen Gleichungen für $i \neq p$ ein:

$$y_i = \frac{a_{iq}}{a_{pq}} y_p + \sum_{k \neq q} \left(a_{ik} - \frac{a_{iq} a_{pk}}{a_{pq}}\right) x_k - \left(b_i - \frac{a_{iq} b_p}{a_{pq}}\right). \tag{4}$$

Wenn wir dem ursprünglichen System (2′) die Matrix

	$x_1 \cdots$	$x_q \cdots$	x_N	1
y_1	$a_{11} \cdots$	$a_{1q} \cdots$	a_{1N}	$-b_1$
$\vdots$	$\vdots$	$\vdots$	$\vdots$	$\vdots$
y_p	$a_{p1} \cdots$	$\boxed{a_{pq}} \cdots$	a_{pN}	$-b_p$
$\vdots$	$\vdots$	$\vdots$	$\vdots$	$\vdots$
y_N	$a_{N1} \cdots$	$a_{Nq} \cdots$	a_{NN}	$-b_N$

zuordnen, dann entspricht dem System der Gleichungen (3) und (4) die Matrix

$$\begin{array}{c|ccccc|c}
 & x_1 \ldots & y_p & \ldots & x_N & & 1 \\
\hline
y_1 & a_{11} - \dfrac{a_{1q}a_{p1}}{a_{pq}} \ldots & \dfrac{a_{1q}}{a_{pq}} & \ldots a_{1N} - \dfrac{a_{1q}a_{pN}}{a_{pq}} & & & -\left(b_1 - \dfrac{a_{1q}b_p}{a_{pq}}\right) \\
\vdots & \vdots & \vdots & & \vdots & & \vdots \\
x_q & -\dfrac{a_{p1}}{a_{pq}} \ldots & \dfrac{1}{a_{pq}} & \ldots & -\dfrac{a_{pN}}{a_{pq}} & & \dfrac{b_p}{a_{pq}} \\
\vdots & \vdots & \vdots & & \vdots & & \vdots \\
y_N & a_{N1} - \dfrac{a_{Nq}a_{p1}}{a_{pq}} \ldots & \dfrac{a_{Nq}}{a_{pq}} & \ldots a_{NN} - \dfrac{a_{Nq}a_{pN}}{a_{pq}} & & & -\left(b_N - \dfrac{a_{Nq}b_p}{a_{pq}}\right).
\end{array}$$

In der neuen Matrix haben die Größen x_q und y_p ihre Plätze getauscht. Deshalb nennen wir den Übergang vom System (2′) zum System (3), (4) einen Austauschschritt (vgl. STIEFEL [1]). Das Element, durch das bei der Elimination dividiert wird, bezeichnen wir als *Pivotelement* (pivot (frz.) – Angelpunkt, Flügelmann), seine Zeile als Pivotzeile und seine Spalte als Pivotspalte. Damit erhalten wir folgende allgemeine Beschreibung für einen

Austauschschritt:

$$\begin{aligned}
&\text{Pivotelement neu} .= \frac{1}{\text{Pivotelement alt}}, \\
&\text{Pivotspalte neu} \quad .= \frac{\text{Pivotspalte alt}}{\text{Pivotelement alt}}, \\
&\text{Pivotzeile neu} \quad .= -\frac{\text{Pivotzeile alt}}{\text{Pivotelement alt}}, \\
&\text{restliche Matrix neu} .= \\
&\text{restliche Matrix alt} \quad - \frac{\text{Pivotspalte alt} \times \text{Pivotzeile alt}}{\text{Pivotelement alt}}.
\end{aligned} \tag{5}$$

Der Austauschalgorithmus besteht aus N Austauschschritten, durch die alle Unbekannten x_q gegen Größen y_p ausgetauscht werden.

Als Beispiel betrachten wir das Gleichungssystem

$$\begin{aligned}
4x_1 + x_2 \phantom{{}+5x_3} &= 6, \\
x_1 - x_2 + 5x_3 &= 14, \\
2x_1 + 2x_2 - 3x_3 &= -3.
\end{aligned} \tag{6}$$

Wir wählen bei jedem Schritt als Pivotelement das betragsmäßig größte Element aus den noch nicht berücksichtigten Zeilen und Spalten. Dann ergeben sich die folgenden Matrizen:

	x_1	x_2	x_3	1
y_1	4	1	0	-6
y_2	1	-1	$\boxed{5}$	-14
y_3	2	2	-3	3

	x_1	x_2	y_2	1
y_1	$\boxed{4}$	1	0	-6
x_3	$-\frac{1}{5}$	$\frac{1}{5}$	$\frac{1}{5}$	$\frac{14}{5}$
y_3	$\frac{13}{5}$	$\frac{7}{5}$	$-\frac{3}{5}$	$-\frac{27}{5}$

	y_1	x_2	y_2	1
x_1	$\frac{1}{4}$	$-\frac{1}{4}$	0	$\frac{3}{2}$
x_3	$-\frac{1}{20}$	$\frac{1}{4}$	$\frac{1}{5}$	$\frac{5}{2}$
y_3	$\frac{13}{20}$	$\boxed{\frac{3}{4}}$	$-\frac{3}{5}$	$-\frac{3}{2}$

	y_1	y_3	y_2	1
x_1	$\frac{7}{15}$	$-\frac{1}{3}$	$-\frac{1}{5}$	1
x_3	$-\frac{4}{15}$	$\frac{1}{3}$	$\frac{2}{5}$	3
x_2	$-\frac{13}{15}$	$\frac{4}{3}$	$\frac{4}{5}$	2

Nach N Schritten erhalten wir allgemein $(\det(A) \neq 0)$ eine Darstellung der Form

$$\boldsymbol{x} = C\boldsymbol{y} + \boldsymbol{d}. \tag{7}$$

Das ist aber nichts anderes als die Auflösung der Vektorgleichung (2) nach $\boldsymbol{x}$:

$$\boldsymbol{x} = A^{-1}\boldsymbol{y} + A^{-1}\boldsymbol{b}, \tag{8}$$

d. h., es gelten die Beziehungen

$$C = A^{-1}, \quad \boldsymbol{d} = A^{-1}\boldsymbol{b}. \tag{9}$$

Speziell ist $\boldsymbol{x} = \boldsymbol{d}$ der gesuchte Lösungsvektor, der dem Bildvektor $\boldsymbol{y} = \boldsymbol{O}$ entspricht. Der Austauschalgorithmus liefert also gleichzeitig den Lösungsvektor und die Umkehrmatrix.

Die Pivotelemente können in verschiedener Weise ausgewählt werden. Man muß nur dafür sorgen, daß sie von Null verschieden sind und daß jede Unbekannte und jede Gleichung genau einmal berücksichtigt werden. Wir beschreiben jetzt eine allgemeine Auswahl von Pivotelementen. Dazu setzen wir

$$a_{ik}^{(1)} .= a_{ik}, \quad a_{i,N+1}^{(1)} .= -b_i \tag{10}$$

für $i, k = 1, 2, \ldots, N$ und bezeichnen mit $a_{ik}^{(n)}$ für $i = 1, 2, \ldots, N$ und $k, n = 1, 2, \ldots, N+1$ die Elemente der Matrix des Systems vor dem n-ten Austauschschritt. Für $n = 1, 2, \ldots, N$ wählen wir Pivotelemente

$$a_{p_n q_n}^{(n)} \neq 0, \tag{11}$$

so daß die Indexvektoren $(p_1, p_2, \ldots, p_N)$ und $(q_1, q_2, \ldots, q_N)$ je eine Permutation der Zahlen $(1, 2, \ldots, N)$ bilden. Hierdurch wird die Anwendung des Austauschalgorithmus auf das System (2) eindeutig festgelegt. Wir sagen: Das Vektorpaar

$$\begin{pmatrix} p_1 p_2 \ldots p_N \\ q_1 q_2 \ldots q_N \end{pmatrix} \tag{12}$$

ist eine Austauschstrategie, wenn die Bedingungen (11) und die Permutationsbedingungen erfüllt sind.

Beispielsweise entspricht der obigen Anwendung des Austauschalgorithmus auf das Gleichungssystem (6) die Austauschstrategie

$$\begin{pmatrix} 2 & 1 & 3 \\ 3 & 1 & 2 \end{pmatrix}.$$

Wir erhalten folgende allgemeine Formeln für den Austauschalgorithmus:

$$a_{p_n q_n}^{(n+1)} .= \frac{1}{a_{p_n q_n}^{(n)}}, \tag{13}$$

$$a_{i q_n}^{(n+1)} .= \frac{a_{i q_n}^{(n)}}{a_{p_n q_n}^{(n)}} \quad (i \neq p_n), \tag{13'}$$

$$a_{p_n k}^{(n+1)} .= -\frac{a_{p_n k}^{(n)}}{a_{p_n q_n}^{(n)}} \quad (k \neq q_n), \tag{13''}$$

$$a_{ik}^{(n+1)} .= a_{ik}^{(n)} - \frac{a_{i q_n}^{(n)} a_{p_n k}^{(n)}}{a_{p_n q_n}^{(n)}} \quad (i \neq p_n, \quad k \neq q_n). \tag{14}$$

Bei der Abarbeitung der Formeln (14) wird Rechenzeit eingespart, wenn die bereits berechneten Werte in (13′) oder (13″) in der Form

$$a_{ik}^{(n+1)} .= a_{ik}^{(n)} - a_{i q_n}^{(n+1)} a_{p_n k}^{(n)} \quad (i \neq p_n, \quad k \neq q_n) \tag{14'}$$

oder

$$a_{ik}^{(n+1)} .= a_{ik}^{(n)} + a_{iq_n}^{(n)} a_{p_n k}^{(n+1)} \qquad (i \neq p_n, \quad k \neq q_n) \tag{14''}$$

benutzt werden.

2.2.2. *Gaußscher Algorithmus*

Nun ist es einfach, den Gaussschen Algorithmus zu beschreiben. Er arbeitet nach den gleichen Formeln wie der Austauschalgorithmus. Im Unterschied hierzu wird aber bei jedem Schritt nur ein Teil der Formeln (13), (13'), (13'') und (14) abgearbeitet, nämlich die Formeln (13'') für $k \neq q_1, q_2, \ldots, q_n$ und die Formeln (14) bzw. (14'') für $i \neq p_1, p_2, \ldots, p_n$ und $k \neq q_1, q_2, \ldots, q_n$. Als Beispiel betrachten wir wieder das Gleichungssystem (6) mit den gleichen Pivotelementen. Wir erhalten folgendes Schema für den Gaussschen Algorithmus:

	x_1	x_2	x_3	1
y_1	4	1	0	-6
y_2	1	-1	$\boxed{5}$	-14
y_3	2	2	-3	3
y_1	$\boxed{4}$	1		-6
$\boxed{x_3}$	$-\frac{1}{5}$	$\frac{1}{5}$		$\frac{14}{5}$
y_3	$\frac{13}{5}$	$\frac{7}{5}$		$-\frac{27}{5}$
$\boxed{x_1}$		$-\frac{1}{4}$		$\frac{3}{2}$
y_3		$\boxed{\frac{3}{4}}$		$-\frac{3}{2}$
$\boxed{x_2}$				2

Die zweite Gleichung wird nach x_3 aufgelöst, und das Ergebnis wird in die restlichen Gleichungen eingesetzt. Die neue erste Gleichung wird nach x_1 aufgelöst, und das Ergebnis wird in die dritte Gleichung eingesetzt. Die neue dritte Gleichung wird nach x_2 aufgelöst. Es entsteht das „*gestaffelte Gleichungssystem*":

$$\begin{aligned} x_3 &= -\frac{1}{5}x_1 + \frac{1}{5}x_2 + \frac{14}{5}, \\ x_1 &= \qquad\quad -\frac{1}{4}x_2 + \frac{3}{2}, \\ x_2 &= \qquad\qquad\qquad 2. \end{aligned} \tag{6'}$$

Hieraus berechnen sich rekursiv von unten nach oben die Werte $x_2 = 2$, $x_1 = 1$ und $x_3 = 3$ für die Lösung.

Allgemein erhalten wir für das gestaffelte Gleichungssystem die Formeln

$$x_{q_n} = \sum_{k \neq q_1, q_2, \ldots, q_n} a_{p_n k}^{(n)} x_k + a_{p_n N+1}^{(n)}. \tag{15}$$

Wenn der GAUSSsche Algorithmus einmal (d. h. für eine einzige rechte Seite $\mathfrak{b}$) angewendet wird, dann ist der Rechenaufwand geringer als beim Austauschalgorithmus. Dafür erhält man beim GAUSSschen Algorithmus nicht die volle Umkehrmatrix. Wenn man andererseits die Umkehrmatrix mit dem Austauschalgorithmus berechnet hat, dann kann das Gleichungssystem (2.1; 1) leicht für viele rechte Seiten gelöst werden.

Aufg. 2.2: Das Gleichungssystem (2.1; 1) soll für M verschiedene rechte Seiten gelöst werden. Man vergleiche die Anzahl der wesentlichen Operationen (Multiplikationen und Divisionen) bei Anwendung des Austauschalgorithmus und des GAUSSschen Algorithmus. Man bestimme optimale Varianten.

Aufg. 2.3: Man vergleiche die Anzahl der wesentlichen Operationen für den GAUSSschen Algorithmus und für die Auswertung der Formeln (1) (CRAMERsche Regel) nach dem Entwicklungssatz für Determinanten.

Aufg. 2.4: Man bestimme die inverse Matrix und die Lösung für das Gleichungssystem (vgl. SCHWARZ-RUTISHAUSER-STIEFEL [1], S. 39):

$$\begin{aligned} 5x_1 + 7x_2 + 3x_3 &= 1, \\ 7x_1 + 11x_2 + 2x_3 &= 1, \\ 3x_1 + 2x_2 + 6x_3 &= 1. \end{aligned} \tag{16}$$

Aufg. 2.5: Man bestimme die inverse Matrix und die Lösung für das Gleichungssystem

$$\begin{aligned} x_1 - 2x_2 - x_3 \qquad &= -1, \\ 3x_1 - 6x_2 + x_3 - 6x_4 &= -1, \\ x_1 + 2x_2 - 3x_3 + 4x_4 &= 3, \\ 2x_1 - 2x_2 + x_3 - 5x_4 &= 1. \end{aligned} \tag{17}$$

Wir wollen einmal annehmen, daß als Pivotelemente die Elemente der Hauptdiagonale gewählt werden. Dem entspricht die Austauschstrategie

$$\begin{pmatrix} 1 & 2 & \dots & N \\ 1 & 2 & \dots & N \end{pmatrix}. \tag{18}$$

Man kann jede Austauschstrategie hierauf zurückführen, dadurch daß man die Reihenfolge der Gleichungen gemäß der Permutation $(p_1, p_2, \dots, p_N)$ und die Reihenfolge der Unbekannten gemäß der Permutation $(q_1, q_2, \dots, q_N)$ abändert. Wir setzen

$$M_n := \begin{bmatrix} 1 & 0 & 0 \\ & \ddots & \vdots & \\ 0 & 0 & \vdots \\ \vdots & 1 & \\ & & \ddots & \\ & -m_{n+1,n} & & \\ & & & 0 \\ & & & \ddots \\ 0 & -m_{N,n} & & 1 \end{bmatrix}, \qquad m_{in} := \frac{a_{in}^{(n)}}{a_{nn}^{(n)}}$$

für $i = n + 1, \dots, N$ und $n = 1, 2, \dots, N - 1$.

Aufg. 2.6: Man beweise die Zerlegung

$$A = L\,R \tag{19}$$

der Matrix A in eine Rechtsdreiecksmatrix

$$R := M_{N-1} \dots M_2 M_1 A \tag{19'}$$

und eine Linksdreiecksmatrix

$$L := M_1^{-1} M_2^{-1} \dots M_{N-1}^{-1}. \tag{19''}$$

Aufg. 2.7: Man beweise die Formel

$$\det(A) = \prod_{n=1}^{N} (-1)^{p_n+q_n} a_{p_n q_n}^{(n)}. \tag{20}$$

Die spezielle Austauschstrategie (18) kann allgemein auf Gleichungssysteme mit symmetrischer, positiv-definiter Matrix A angewendet werden. In diesem Fall sind alle Pivotelemente $a_{nn}^{(n)}$ $(n = 1, 2, \dots, N)$ positiv. Mit

$$a_{ik}^{(n+1)} := a_{ik}^{(n)} - \frac{a_{in}^{(n)}}{\sqrt{a_{nn}^{(n)}}} \cdot \frac{a_{nk}^{(n)}}{\sqrt{a_{nn}^{(n)}}} \tag{21}$$

für $i, k = n + 1, n + 2, \dots, N$ und $n = 1, 2, \dots, N$ entsteht als spezielle Variante das CHOLESKY-Verfahren (vgl. SCHWARZ-RUTISHAUSER-STIEFEL [1]).

2.3. *Fehlerbetrachtungen, Pivotisierung und Kondition*

Wenn alle Rechenoperationen exakt ausgeführt werden könnten, dann wäre es gleichgültig, wie die Austauschstrategie festgelegt wird. In Wirklichkeit werden sie aber mit approximierenden Dezimal- bzw. Dualzahlen endlicher Länge ausgeführt. Die Beschränkungen und die Approximationsfehler, die hiermit verbunden sind, können sich ungünstig auf die Berechnung auswirken, wobei die Fehlerfortpflanzung im allgemeinen von der Austauschstrategie beeinflußt wird.

Wir haben in (2.2; 11) gefordert, daß die Pivotelemente von Null verschieden sind. Für praktische Rechnungen muß diese Bedingung durch die schärfere Forderung

$$\left|a_{p_n q_n}^{(n)}\right| \geqq d > 0 \tag{1}$$

ersetzt werden, wobei die Schranke d entsprechend den speziellen Gegebenheiten festzulegen ist.

Nach Voraussetzung ist die Matrix A regulär $(\det(A) \neq 0)$. Dann enthält die Teilmatrix

$$\{a_{ik}^{(n)}\} \quad (i \neq p_1, p_2, \ldots, p_{n-1};\ k \neq q_1, q_2, \ldots, q_{n-1}, N+1) \tag{2}$$

aus den noch nicht berücksichtigten Zeilen und Spalten für jeden Wert von $n = 1, 2, \ldots, N$ mindestens ein von Null verschiedenes Element, das als Pivotelement verwendet werden kann. Es kann aber vorkommen, daß alle Elemente einer Teilmatrix (2) betragsmäßig kleiner sind als d. Wenn dieser Fall eintritt, dann sagen wir: Die Matrix A ist fast singulär. In diesem Fall kann der Eliminationsprozeß unter den verschärften Bedingungen (1) nicht weitergeführt werden. Das Gleichungssystem verhält sich fast wie ein singuläres Gleichungssystem. Diese sind entweder widerspruchsvoll, oder sie besitzen eine ein- bzw. mehrparametrige Schar von Lösungen.

2.3.1. *Pivotisierung*

Rundungsfehler pflanzen sich insbesondere ungünstig fort, wenn in den Formeln (2.2; 14) betragsmäßig kleine Pivotelemente und Differenzen von nahezu gleich großen Zahlen auftreten. Durch geschickte Festlegung der Austauschstrategie können diese Fehler verkleinert werden. Eine Maßnahme hierzu ist die allgemeine *Pivotisierung*: Beim n-ten Schritt wird als Pivotelement ein betragsmäßig größtes Element aus der Teilmatrix (2) ausgewählt. Mitunter arbeitet man auch nur mit der

Spaltenpivotisierung: Die Reihenfolge $(p_1, p_1, \ldots, p_N)$ der Zeilen wird festgelegt, und beim n-ten Schritt wird als Pivotelement ein betragsmäßig größtes Element aus der Teilzeile

$$\{a_{p_n k}^{(n)}\} \qquad (k \neq q_1, q_2, \ldots, q_{N-1}, N+1) \tag{2'}$$

ausgewählt.

Entsprechend gilt für die

Zeilenpivotisierung: Die Reihenfolge $(q_1, q_2, \ldots, q_N)$ der Spalten wird festgelegt, und beim n-ten Schritt wird als Pivotelement ein betragsmäßig größtes Element aus der Teilspalte

$$\{a_{i q_n}^{(n)}\} \qquad (i \neq p_1, p_2, \ldots, p_{n-1}) \tag{2''}$$

ausgewählt.

Die Zeilenpivotisierung ist nur sinnvoll, wenn vorher in allen Gleichungen die Koeffizienten auf die gleiche Größenordnung gebracht worden sind. Andernfalls könnte jedes von Null verschiedene Element einer festen Spalte dadurch zum betragsmäßig größten Element gemacht werden, daß die betreffende Gleichung mit einem entsprechend großen Faktor multipliziert wird.

Aufg. 2.8: Man führe alle möglichen Austauschstrategien für das Gleichungssystem (1.1; 10) durch, wobei mit vier gültigen Ziffern gerechnet wird. Welche Austauschstrategie liefert den kleinsten Fehler?

Bisher gibt es noch keine theoretische Begründung für eine Austauschstrategie mit optimaler Fehlerfortpflanzung. Wir formulieren deshalb die

Aufg. 2.9: Man untersuche die Fortpflanzung der Rundungsfehler in den Formeln (13), (13'), (13'') und (14) und bestimme eine allgemeine Austauschstrategie mit optimaler Fehlerfortpflanzung.

2.3.2. *Kondition*

Bei günstiger Auswahl der Austauschstrategie wird der Fehler bei der Berechnung der Umkehrmatrix verkleinert. Wir wollen einmal annehmen, daß eine günstige Austauschstrategie festgelegt wurde. Ja, wir wollen sogar voraussetzen, daß die Umkehrmatrix exakt ermittelt wurde. Dann gibt es noch keine Garantie dafür, daß die berechneten Komponenten des Lösungsvektors eine entsprechende Genauigkeit aufweisen. Es gibt Gleichungssysteme, bei denen trotz dieser Voraussetzung bei vorgegebener Genauigkeit der rechten Seiten beliebig große Fehler in den Komponenten des Lösungsvektors auftreten können. Man sagt, daß diese Gleichungssysteme schlecht konditioniert sind. Wodurch ist die Kondition eines Gleichungssystems bedingt?

Wir betrachten als Beispiel mit einer schlechten Kondition das Gleichungssystem (1.1; 1) mit

$$A := \begin{pmatrix} \frac{1}{2} & \frac{1}{3} & \frac{1}{4} \\ \frac{1}{3} & \frac{1}{4} & \frac{1}{5} \\ \frac{1}{4} & \frac{1}{5} & \frac{1}{6} \end{pmatrix} \quad \text{und } \boldsymbol{b} := \begin{pmatrix} 0,1 \\ 0,1 \\ 0,1 \end{pmatrix}. \tag{3}$$

Die exakten Werte für die Elemente der Umkehrmatrix lauten

$$A^{-1} = \begin{pmatrix} 72 & -240 & 180 \\ -240 & 900 & -720 \\ 180 & -720 & 600 \end{pmatrix}. \tag{3'}$$

Der Vektor

$$\boldsymbol{x} = \begin{pmatrix} 1.2492 \\ -6.1860 \\ 6.1500 \end{pmatrix}$$

erfüllt alle Gleichungen des Systems mit einer absoluten Genauigkeit von 10^{-4}. Trotzdem stimmt er nur in den ersten Ziffern mit der exakten Lösung

$$\boldsymbol{x}_0 := \begin{pmatrix} 1.2000 \\ -6.0000 \\ 6.0000 \end{pmatrix}$$

überein.

Wir bezeichnen allgemein mit $\boldsymbol{x}_0$ die exakte Lösung des Gleichungssystems

$$A\boldsymbol{x}_0 = \boldsymbol{b} \tag{4}$$

und mit $\boldsymbol{x}_0 + \Delta\boldsymbol{x}_0$ eine Näherungslösung, die das Gleichungssystem

$$A(\boldsymbol{x}_0 + \Delta\boldsymbol{x}_0) = \boldsymbol{b} + \Delta\boldsymbol{b} \tag{5}$$

mit einem Restvektor $\Delta\boldsymbol{b}$ erfüllt. Wir messen den Fehler in irgendeiner Vektornorm $\|\boldsymbol{x}\|$. Durch Vergleich von (4) und (5) ergeben sich die Relationen

$$A\Delta\boldsymbol{x}_0 = \Delta\boldsymbol{b} \tag{6}$$

bzw.

$$\Delta\boldsymbol{x}_0 = A^{-1}\Delta\boldsymbol{b}. \tag{6'}$$

Diese sind grundlegend für die Kondition. Aus der Gleichung (6′) erhalten wir mit der Matrixnorm $\|A^{-1}\|$ (vgl. (1.2; 22)) die Abschätzung

$$\|\Delta\boldsymbol{x}_0\| \leqq \|A^{-1}\| \, \|\Delta\boldsymbol{b}\| \tag{7}$$

für den Fehler des Näherungsvektors bei vorgegebenem Restvektor $\Delta \boldsymbol{b}$. Diese Abschätzung ist scharf, denn für jede Matrix A^{-1} existiert ein Restvektor $\Delta \boldsymbol{b}$, auf dem A^{-1} maximal ist. Mitunter interessiert man sich für den relativen Fehler. Dafür erhalten wir unter Berücksichtigung der Relation (4) die Abschätzungen

$$\frac{\|\Delta \boldsymbol{x}_0\|}{\|\boldsymbol{x}_0\|} \leqq \|A^{-1}\| \frac{\|A \boldsymbol{x}_0\|}{\|\boldsymbol{x}_0\|} \frac{\|\Delta \boldsymbol{b}\|}{\|\boldsymbol{b}\|} \tag{8}$$

bzw.

$$\frac{\|\Delta \boldsymbol{x}_0\|}{\|\boldsymbol{x}_0\|} \leqq \|A^{-1}\| \|A\| \frac{\|\Delta \boldsymbol{b}\|}{\|\boldsymbol{b}\|}. \tag{8'}$$

Die Abschätzung (8) kann ebenso wie die Abschätzung (7) nicht verbessert werden. Dagegen wird die Schranke auf der rechten Seite der Ungleichung (8') dann und nur dann angenommen, wenn die Matrix A auf dem Lösungsvektor $\boldsymbol{x}_0$ maximal ist.

Aufg. 2.10: Man beweise die Abschätzung

$$\frac{\|\Delta \boldsymbol{b}\|}{\|\boldsymbol{b}\|} \leqq \|A^{-1}\| \|A\| \frac{\|\Delta \boldsymbol{x}_0\|}{\|\boldsymbol{x}_0\|}. \tag{9}$$

Unter welchen Bedingungen gilt das Gleichheitszeichen?

Wir bezeichnen die Größe

$$ak(A) .= \|A^{-1}\| \tag{10}$$

als absolute Kondition und

$$rk(A) .= \|A^{-1}\| \|A\| \tag{11}$$

als relative Kondition der Matrix A. Diese Größen bestimmen die absolute bzw. relative Genauigkeit in den Komponenten des Lösungsvektors bei vorgegebenem Restvektor gemäß den Ungleichungen

$$\|\Delta \boldsymbol{x}_0\| \leqq ak(A) \|\Delta \boldsymbol{b}\| \tag{12}$$

bzw.

$$\frac{\|\Delta \boldsymbol{x}_0\|}{\|\boldsymbol{x}_0\|} \leqq rk(A) \frac{\|\Delta \boldsymbol{b}\|}{\|\boldsymbol{b}\|}. \tag{12'}$$

Sie können auf beliebige Vektornormen bezogen werden. Bisher wurde die relative Kondition für die Spektralnorm (vgl. (1.2; 26)) und für symmetrische, positiv-definite Matrizen A betrachtet (vgl. (1.2; 26′) und SCHWARZ-RUTISHAUSER-STIEFEL [1]). Dann ergeben sich unter Beachtung der Formel (1.2; 26′) die Gleichungen

$$ak(A) .= \frac{1}{t_{\min}}, \tag{13}$$

$$rk(A) .= \frac{t_{\max}}{t_{\min}}, \tag{13'}$$

wobei $t_{\min}$ (> 0) den kleinsten und $t_{\max}$ (> 0) den größten Eigenwert von A bezeichnen. Günstiger für die numerische Auswertung ist die Formel (1.2; 24) bezüglich der Maximumnorm. Wenn wir mit $a_{ik}^{(-1)}$ $(i, k = 1, 2, \ldots, N)$ die Elemente der Umkehrmatrix A^{-1} bezeichnen, dann erhalten wir unter Beachtung der Formel (1.2; 24) die Gleichungen

$$ak(A) .= \max_{1 \leqq i \leqq N} \left(\sum_{k=1}^{N} \left| a_{ik}^{(-1)} \right| \right), \tag{14}$$

$$rk(A) .= \max_{1 \leqq i \leqq N} \left(\sum_{k=1}^{N} \left| a_{ik}^{(-1)} \right| \right) \max_{1 \leqq i \leqq N} \left(\sum_{k=1}^{N} |a_{ik}| \right). \tag{14'}$$

Beispielsweise gilt für das System (3) die Fehlerabschätzung

$$\|\Delta \boldsymbol{x}\|_\infty \leqq 1\,860\, \|\Delta \boldsymbol{b}\|_\infty,$$

der maximale Fehler wird auf den Restvektoren

$$\Delta \boldsymbol{b} = c \begin{pmatrix} 1 \\ -1 \\ 1 \end{pmatrix} \qquad (c \neq 0)$$

angenommen.

2.3.3. *Kontroll-Korrektur-Algorithmus*

Aus den Fehlerabschätzungen (7) bzw. (12) ergeben sich wichtige Hinweise für das praktische Verhalten bei der numerischen Auflösung linearer Gleichungssysteme. Aus ihnen folgt, daß der Fehlervektor $\Delta \boldsymbol{x}$ genügend klein ausfällt, wenn der Restvektor $\Delta \boldsymbol{b}$ genügend klein gemacht wird. Aus dieser Feststellung leiten wir einen allgemeinen Algorithmus für die Auflösung linearer Gleichungssysteme nach der direkten Methode ab. Wir stellen die

Aufgabe, den Lösungsvektor $\boldsymbol{x}_0$ mit einer absoluten Genauigkeit

$$\|\Delta \boldsymbol{x}\|_\infty \leqq \varepsilon \tag{15}$$

zu berechnen. Wir führen die folgenden Schritte aus:

1. Wir berechnen nach dem Austauschalgorithmus mit einer geeigneten Austauschstrategie genähert eine Umkehrmatrix

$$\tilde{A}^{-1} .= \left(\tilde{a}_{ik}^{(-1)}\right) \qquad (i, k = 1, 2, \ldots, N) \tag{16}$$

und bilden die zugehörige absolute Kondition bezüglich der Maximumnorm

$$\tilde{m} .= \max_{1 \leqq i \leqq N} \sum_{k=1}^{N} \left|\tilde{a}_{ik}^{(-1)}\right|. \tag{17}$$

2. Wir berechnen mit einer absoluten Genauigkeit d den Vektor

$$\boldsymbol{x}^{(1)} .= \tilde{A}^{-1}\boldsymbol{b} \tag{18}$$

und in einer Kontrollrechnung mit einer absoluten Genauigkeit $\frac{d}{\tilde{m}}$ den Restvektor

$$\Delta \boldsymbol{b}^{(1)} .= A\boldsymbol{x}^{(1)} - \boldsymbol{b}. \tag{19}$$

Falls

$$\|\Delta \boldsymbol{b}^{(1)}\| \leqq \frac{d}{\tilde{m}} \tag{20}$$

ausfällt, beenden wir die Rechnung.

3. Andernfalls bilden wir schrittweise für $n = 2, 3, \ldots$ mit einer absoluten Genauigkeit d die Vektoren

$$\Delta \boldsymbol{x}^{(n-1)} .= \tilde{A}^{-1}\Delta \boldsymbol{b}^{(n-1)}, \tag{21}$$

$$\boldsymbol{x}^{(n)} .= \boldsymbol{x}^{(n-1)} - \Delta \boldsymbol{x}^{(n-1)} \tag{22}$$

und berechnen in einer Kontrollrechnung mit einer absoluten Genauigkeit $\frac{d}{\tilde{m}}$ die Restvektoren

$$\Delta \boldsymbol{b}^{(n)} .= A\boldsymbol{x}^{(n)} - \boldsymbol{b}. \tag{19'}$$

Wenn zum ersten Mal die Bedingung

$$\|\Delta \boldsymbol{b}^{(n)}\|_\infty \leqq \frac{d}{\tilde{m}} \tag{20'}$$

erfüllt ist, beenden wir die Rechnung. Andernfalls gehen wir zum nächsten Schritt über.

Welche Genauigkeit in den Komponenten des Lösungsvektors haben wir erreicht, wenn die Bedingung (20′) beim n-ten Schritt erfüllt ist? Aus den Gleichungen (19) bzw. (19′) erhalten wir in Verbindung mit (4) die Beziehung

$$\boldsymbol{x}^{(n)} - \boldsymbol{x}_0 = A^{-1}\Delta\boldsymbol{b}^{(n)}.$$

Hieraus folgt die Fehlerabschätzung

$$\|\boldsymbol{x}^{(n)} - \boldsymbol{x}_0\|_\infty \leqq \frac{m}{\tilde{m}}\, d, \tag{23}$$

wobei mit

$$m .= \max_{1 \leqq i \leqq N} \sum_{k=1}^{N} \left|a_{ik}^{(-1)}\right| \tag{24}$$

der exakte Wert für die absolute Kondition von A bezüglich der Maximumnorm bezeichnet wird. Die Rechengenauigkeit d muß so gewählt werden, daß unter Beachtung der unter Umständen höheren Anforderungen $\frac{d}{\tilde{m}}$ in den Kontrollrechnungen die Bedingung

$$d \leqq \frac{\tilde{m}}{m}\, \varepsilon \tag{25}$$

eingehalten wird.

Der Kontroll-Korrektur-Algorithmus, der durch die Gleichungen (19) bzw. (19′), (21) und (22) definiert wird, konvergiert, wenn die Bedingung

$$\|I - A\tilde{A}^{-1}\|_\infty < 1 \tag{26}$$

erfüllt ist, denn es bestehen die Beziehungen

$$\Delta\boldsymbol{b}^{(n)} = (I - A\tilde{A}^{-1})\, \Delta\boldsymbol{b}^{(n-1)} \tag{27}$$

für $n = 2, 3, \ldots$ (vgl. die Bedingung (1.2; 35)). Wenn die genäherte Umkehrmatrix $\tilde{A}^{-1}$ nur mit einer geringen Genauigkeit berechnet wurde, dann braucht man mehrere Schritte, um die Bedingung (20′) zu erfüllen.

Als Beispiel für die Anwendung des Kontroll-Korrektur-Algorithmus betrachten wir das System (3). Wir bestimmen genähert eine Umkehrmatrix $\tilde{A}^{-1}$ nach dem Austauschalgorithmus mit allgemeiner Pivotisierung, wobei diese Rechnungen mit drei gültigen Ziffern durchgeführt werden. Wir erhalten folgende Matrizen:

$$\tilde{A} = \begin{pmatrix} \boxed{0.500} & 0.333 & 0.250 \\ 0.333 & 0.250 & 0.200 \\ 0.250 & 0.200 & 0.167 \end{pmatrix}$$

$$\begin{pmatrix} 2.00 & -0.666 & -0.500 \\ 0.666 & 0.028 & 0.033 \\ 0.500 & 0.033 & \boxed{0.042} \end{pmatrix}$$

$$\begin{pmatrix} 7.95 & -0.273 & -11.9 \\ 0.273 & \boxed{0.0021} & 0.786 \\ -11.9 & -0.786 & 23.8 \end{pmatrix},$$

$$\tilde{A}^{-1} = \begin{pmatrix} 43.4 & -130 & 90.2 \\ -130 & 476 & -374 \\ 90.2 & -374 & 318 \end{pmatrix}.$$

Die Matrix $\tilde{A}^{-1}$ weicht erheblich von der exakten Umkehrmatrix (3′) ab. Die relativen Fehler liegen bei allen Elementen zwischen 40% und 50%. Nur Vorzeichen und Größenordnung stimmen mit den exakten Werten überein. Trotzdem kann man mit dieser schlechten „Umkehrmatrix“ $\tilde{A}^{-1}$ den Lösungsvektor mit der gewünschten Genauigkeit berechnen. Wir erhalten die Zahlenwerte

$$\tilde{m} = 980 \quad \text{und} \quad \|I - A\tilde{A}^{-1}\|_\infty = 0.74,$$

d. h., der Kontroll-Korrektur-Algorithmus konvergiert. Wir stellen die Aufgabe, den Lösungsvektor mit einer absoluten Genauigkeit 10^{-2} zu berechnen. Dazu bestimmen wir die Restvektoren $\Delta \boldsymbol{b}^{(n)}$ mit sechs Ziffern und die Korrekturen $\Delta \boldsymbol{x}^{(n)}$ mit drei Ziffern nach dem Komma. Wir erhalten folgende Werte:

$\boldsymbol{b}$	0.1	0.1	0.1
$\boldsymbol{x}^{(1)}$	0.360	−2.800	3.420
$\Delta\boldsymbol{b}^{(1)}$	0.001667	0.004000	0.000000
$\Delta\boldsymbol{x}^{(1)}$	−0.447	1.687	−1.346
$\boldsymbol{x}^{(2)}$	0.807	−4.487	4.766
$\Delta\boldsymbol{b}^{(2)}$	−0.000667	0.000450	−0.001317
$\Delta\boldsymbol{x}^{(2)}$	−0.206	0.793	−0.647
$\boldsymbol{x}^{(3)}$	1.013	−5.280	5.413
$\Delta\boldsymbol{b}^{(3)}$	−0.000250	0.000267	−0.000583

$\Delta \boldsymbol{x}^{(3)}$	−0.098	0.378	−0.308
$\boldsymbol{x}^{(4)}$	1.111	−5.658	5.721
$\Delta \boldsymbol{b}^{(4)}$	−0.000250	0.000033	−0.000350
$\Delta \boldsymbol{x}^{(4)}$	−0.047	0.179	−0.146
$\boldsymbol{x}^{(5)}$	1.158	−5.837	5.867
$\Delta \boldsymbol{b}^{(5)}$	0.000083	0.000150	−0.000067
$\Delta \boldsymbol{x}^{(5)}$	−0.022	0.086	−0.070
$\boldsymbol{x}^{(6)}$	1.180	−5.923	5.937
$\Delta \boldsymbol{b}^{(6)}$	−0.000083	−0.000017	−0.000100
$\Delta \boldsymbol{x}^{(6)}$	−0.010	0.040	−0.033
$\boldsymbol{x}^{(7)}$	1.190	−5.963	5.970
$\Delta \boldsymbol{b}^{(7)}$	−0.000167	−0.000083	−0.000100
$\Delta \boldsymbol{x}^{(7)}$	−0.005	0.020	−0.016
$\boldsymbol{x}^{(8)}$	1.195	−5.983	5.986
$\Delta \boldsymbol{b}^{(8)}$	−0.000333	−0.000217	−0.000183
$\Delta \boldsymbol{x}^{(8)}$	−0.003	0.008	−0.007
$\boldsymbol{x}^{(9)}$	1.198	−5,991	5.994
$\Delta \boldsymbol{b}^{(9)}$	0.000500	0.000383	0.000300
$\Delta \boldsymbol{x}^{(9)}$	−0.001	0.005	−0.003
$\boldsymbol{x}^{(10)}$	1.199	−5.996	5.997
$\Delta \boldsymbol{b}^{(10)}$	0.000083	0.000067	0.000050
$\Delta \boldsymbol{x}^{(10)}$	−0.001	0.002	−0.002
$\boldsymbol{x}^{(11)}$	1.200	−5.998	5.999
$\Delta \boldsymbol{b}^{(11)}$	0.000417	0.000300	0.000233
$\Delta \boldsymbol{x}^{(11)}$	0.000	0.001	−0.001
$\boldsymbol{x}^{(12)}$	1.200	−5.999	6.000
$\Delta \boldsymbol{b}^{(12)}$	0.000333	0.000250	0.000200
$\Delta \boldsymbol{x}^{(12)}$	0.000	0.001	0.000
$\boldsymbol{x}^{(13)}$	1.200	−6.000	6.000
$\Delta \boldsymbol{b}^{(13)}$	0.000000	0.000000	0.000000

Beginnend mit $n = 7$ nehmen die Normen $\|\Delta \boldsymbol{b}^{(n)}\|_\infty$ nicht mehr monoton ab. Das rührt daher, daß die Werte $\boldsymbol{x}^{(n)}$ nur mit einer absoluten Genauigkeit 10^{-3} in die Kontrollrechnung eingehen. Dadurch wird aber die Konvergenz in den Komponenten des Lösungsvektors nicht gestört. Die Anzahl der Zyklen kann etwas verkürzt werden, wenn auch der Lösungsvektor mit höherer Genauigkeit in die Kontrollrechnung eingesetzt wird. Von jedem Zyklus aus kommt man in einem Schritt zur geforderten Genauigkeit in der Lösung, wenn die Korrekturen mit der exakten Umkehrmatrix A^{-1} gemäß

$$\Delta \boldsymbol{x} = A^{-1} \Delta \boldsymbol{b}^{(n)}$$

gebildet werden. Daraus geht hervor, wie wichtig eine möglichst gute Bestimmung von $\tilde{A}^{-1}$ ist. Damit haben wir eine gute Übersicht über die direkten Methoden zur numerischen Lösung linearer Gleichungssysteme gewonnen. Der Kontroll-Korrektur-Algorithmus bildet die Überleitung zu den iterativen Verfahren, die wir in den folgenden Abschnitten besprechen werden.

Aufg. 2.11: Man berechne die absolute und die relative Kondition bezüglich der Maximumnorm für das Gleichungssystem (2.2; 16) und vergleiche mit den entsprechenden Werten bezüglich der euklidischen Norm bei Schwarz-Rutishauser-Stiefel [1], S. 40.

2.4. *Elementare Iterationsverfahren*

Wir besprechen in diesem Abschnitt einige elementare Iterationsverfahren, und zwar das Jacobi-Verfahren, das Gauss-Seidel-Verfahren und das Relaxationsverfahren.

2.4.1. *Jacobi-Verfahren*

In der Koeffizientenmatrix des Ausgangssystems

$$\begin{aligned} a_{11}x_1 + a_{12}x_2 + \dots + a_{1N}x_N &= b_1, \\ a_{21}x_1 + a_{22}x_2 + \cdots + a_{2N}x_N &= b_2, \\ \vdots \quad\quad \vdots \quad\quad\quad\quad \vdots \quad &\quad \vdots \\ a_{N1}x_1 + a_{N2}x_2 + \cdots + a_{NN}x_N &= b_N \end{aligned} \tag{1}$$

seien die Diagonalelemente a_{ii} von Null verschieden und dem Betrage nach wesentlich größer[1]) als die übrigen a_{ij}. Solche Systeme nennt man diagonal

[1]) Dieses „wesentlich größer“ wird später präzisiert (vgl. (15), (16).

4*

dominant. Lösen wir die i-te Gleichung ($i = 1, 2, \ldots, N$) nach x_i auf, so geht das System (1) in die sogenannte iterierfähige Form

$$x_i = \underbrace{\frac{b_i}{a_{ii}}}_{\text{wesent-licher Teil}} - \underbrace{\sum_{\substack{j=1\\ j \neq i}}^{N} \frac{a_{ij}}{a_{ii}} x_j}_{\text{Korrektur}} \qquad (i = 1, 2, \ldots, N) \tag{2}$$

über. Betrachten wir zunächst nur den „wesentlichen Teil", so erhalten wir für $\boldsymbol{x}$ einen Näherungsvektor

$$\boldsymbol{x}^{(1)} = \begin{pmatrix} \dfrac{b_1}{a_{11}} \\ \vdots \\ \dfrac{b_N}{a_{NN}} \end{pmatrix}. \tag{3}$$

Mit diesem $\boldsymbol{x}^{(1)}$ berechnen wir die „Korrektur" und erhalten damit einen neuen Näherungsvektor aus der Iterationsvorschrift:

JACOBI-*Verfahren*

$\boldsymbol{x}^{(1)}$ (vorgegebener Näherungsvektor),

$n = 1, 2, \ldots$ (n Nummer des Schrittes),

$i = 1, 2, \ldots, N$ (i Nummer der Komponente),

$$x_i^{(n+1)} = \frac{b_i}{a_{ii}} - \sum_{\substack{j=1\\ j \neq i}}^{N} \frac{a_{ij}}{a_{ii}} x_j^{(n)}. \tag{4}$$

Man bezeichnet (4) auch als *Gesamtschrittverfahren*, weil der gesamte Vektor $\boldsymbol{x}^{(n+1)}$ aus den Komponenten von $\boldsymbol{x}^{(n)}$ berechnet wird.

2.4.2. Gauß-Seidel-Verfahren

Hat man $x_1^{(n+1)}$ nach dem JACOBI-Verfahren berechnet, so liegt es nahe, diese bereits bekannte neue Komponente anstelle von $x_1^{(n)}$ sofort in die Rechnung einzubeziehen. Allgemein kann man also für die Berechnung von $x_i^{(n+1)}$ ($i = 2, 3, \ldots, N$) die schon berechneten Komponenten $x_1^{(n+1)}, x_2^{(n+1)}, \ldots, x_{i-1}^{(n+1)}$ verwenden. Die Programmierung dieser *Iteration in Einzelschritten* ist sogar einfacher als die des JACOBI-Verfahrens. Man braucht für die Näherungsvektoren $\boldsymbol{x}^{(n)}$ nur ein Feld $\boldsymbol{x}$ vorzusehen und kann mit jeder neu berechneten Komponente die entsprechende alte Komponente überspeichern.

GAUSS-SEIDEL-*Verfahren*

$\boldsymbol{x}^{(1)}$ (vorgegebener Näherungsvektor),

$n = 1, 2, \ldots$ (n Nummer des Schrittes),

$i = 1, 2, \ldots, N$ (i Nummer der Komponente),

$$x_i^{(n+1)} = \frac{b_i}{a_{ii}} - \sum_{j=1}^{i-1} \frac{a_{ij}}{a_{ii}} x_j^{(n+1)} - \sum_{j=i+1}^{N} \frac{a_{ij}}{a_{ii}} x_j^{(n)}. \tag{5}$$

Aufg. 2.12: Man berechne nach (3), (4) und (3), (5) je 4 Näherungsvektoren für das Gleichungssystem

$$\begin{aligned} x_1 + x_2 + 4x_4 &= 9 \\ 4x_2 + x_3 + 2x_4 &= 3 \\ 8x_1 + 2x_2 + 3x_3 + x_4 &= 7 \\ x_1 + 8x_3 + 3x_4 &= -1 \end{aligned} \qquad \boldsymbol{x}_0 = \begin{pmatrix} 1 \\ 0 \\ -1 \\ 2 \end{pmatrix}. \tag{6}$$

Die exakte Lösung $\boldsymbol{x}_0$ ist zum Vergleich angegeben.

Hinweis: Das Gleichungssystem (6) ist in der aufgeschriebenen Form nicht diagonal dominant. Es kann aber leicht in ein solches übergeführt werden, indem man die Reihenfolge der Gleichungen ändert.

Aufg. 2.13: Man zeige: Zerlegt man die Koeffizientenmatrix A des Systems (1) additiv in eine Linksdreiecksmatrix L, eine Diagonalmatrix D und eine Rechtsdreiecksmatrix R,

$$A = L + D + R = (◣) + (╲) + (◥),$$

so kann man die Iterationsvorschriften (4) und (5) in Matrizenform schreiben:

$$\boldsymbol{x}^{(n+1)} = D^{-1}[\boldsymbol{b} - (L + R)\boldsymbol{x}^{(n)}] \quad \text{(JACOBI)}, \tag{4'}$$

$$\boldsymbol{x}^{(n+1)} = D^{-1}[\boldsymbol{b} - L\boldsymbol{x}^{(n+1)} - R\boldsymbol{x}^{(n)}] \quad \text{(GAUSS-SEIDEL)} \tag{5'}$$

oder, nach $\boldsymbol{x}^{(n+1)}$ aufgelöst,

$$\boldsymbol{x}^{(n+1)} = (D + L)^{-1}[\boldsymbol{b} - R\boldsymbol{x}^{(n)}] \quad \text{(GAUSS-SEIDEL)}. \tag{5''}$$

2.4.3. *Relaxationsverfahren*

Es gibt Fälle, in denen ein Iterationsverfahren die Anfangsnäherung immer in derselben Richtung abändert, die Komponenten also bei jedem Iterationsschritt entweder vergrößert oder verkleinert. In solchen Fällen kommt man schneller voran, wenn man die (etwa durch das GAUSS-SEIDEL-Verfahren berechnete) Korrektur vergrößert, z. B. durch Multiplikation mit einem

Faktor $\omega > 1$. Man berechnet also einen vorläufigen Wert $\tilde{x}_i^{(n+1)}$ nach GAUSS-SEIDEL,

$$\tilde{x}_i^{(n+1)} = \frac{b_i}{a_{ii}} - \sum_{j=1}^{i-1} \frac{a_{ij}}{a_{ii}} x_j^{(n+1)} - \sum_{j=i+1}^{N} \frac{a_{ij}}{a_{ii}} x_j^{(n)}, \tag{7}$$

und verstärkt die Korrektur $\tilde{x}_i^{(n+1)} - x_i^{(n)}$:

$$x_i^{(n+1)} = x_i^{(n)} + \omega(\tilde{x}_i^{(n+1)} - x_i^{(n)}) = (1-\omega)x_i^{(n)} + \omega\tilde{x}_i^{(n+1)}. \tag{8}$$

Setzt man (7) in (8) ein, so ergibt sich das folgende

Relaxationsverfahren:

$\boldsymbol{x}^{(1)}$ (vorgegebener Näherungsvektor),

$n = 1, 2, \ldots$ (n Nummer des Schrittes),

$i = 1, 2, \ldots, N$ (i Nummer der Komponente),

$$x_i^{(n+1)} = \omega \frac{b_i}{a_{ii}} - \omega \sum_{j=1}^{i-1} \frac{a_{ij}}{a_{ii}} x_j^{(n+1)} + (1-\omega)x_i^{(n)} - \omega \sum_{j=i+1}^{N} \frac{a_{ij}}{a_{ii}} x_j^{(n)}. \tag{9}$$

Im Fall $\omega > 1$ spricht man von Überrelaxation, im Fall $\omega < 1$ von Unterrelaxation. Für $\omega = 1$ ergibt sich das GAUSS-SEIDEL-Verfahren.

Aufg. 2.14: Man zeige: In Matrizenschreibweise hat das Relaxationsverfahren die Gestalt

$$\boldsymbol{x}^{(n+1)} = (D + \omega L)^{-1} \{\omega \boldsymbol{b} + [(1-\omega)D - \omega R]\, \boldsymbol{x}^{(n)}\}. \tag{9'}$$

Die Matrix $D + \omega L$ ist regulär, weil $a_{ii} \neq 0$ für $i = 1, 2, \ldots, N$ vorausgesetzt wurde.

2.4.4. *Konvergenzbedingungen*

Alle bisher behandelten Iterationsverfahren haben die Gestalt

$$\boldsymbol{x}^{(n+1)} = T\boldsymbol{x}^{(n)} + \boldsymbol{v}, \tag{10}$$

wobei T eine Matrix und $\boldsymbol{v}$ einen Vektor bezeichnen. Wir fragen nach der Konvergenz dieser Verfahren bezüglich einer geeigneten Vektornorm. Jede Vektornorm kann verwendet werden. Wenn die Folge der Näherungen $\boldsymbol{x}^{(n)}$ gegen einen Vektor $\boldsymbol{x}_0$ konvergiert, dann erfüllt dieser Vektor die Gleichung

$$\boldsymbol{x}_0 = T\boldsymbol{x}_0 + \boldsymbol{v} \tag{11}$$

und damit auch die Ausgangsgleichung $A\boldsymbol{x}_0 = \boldsymbol{b}$.

Wir haben im Abschnitt 1.2. Bedingungen für die Konvergenz der Iterationsverfahren (10) untersucht. Die Bedingung (vgl. (1.2; 35))

$$\|T\| < 1 \tag{12}$$

ist hinreichend für die Konvergenz, wobei allgemein mit $\|T\|$ die Matrixnorm bezeichnet wird, die der Vektornorm $\|\boldsymbol{x}\|$ zugeordnet ist. Außerdem gilt die Fehlerabschätzung (vgl. (1.2; 34))

$$\|\boldsymbol{x}^{(n+1)} - \boldsymbol{x}_0\| \leqq \frac{\|T\|^n}{1 - \|T\|} \|\boldsymbol{x}^{(2)} - \boldsymbol{x}^{(1)}\|. \tag{13}$$

Beim JACOBI-Verfahren hat die Matrix T die Gestalt

$$T .= -D^{-1}(L + R), \tag{14}$$

d. h., für ihre Elemente t_{ij} gilt

$$t_{ij} .= \begin{cases} 0 & \text{für } i = j, \\ -\dfrac{a_{ij}}{a_{ii}} & \text{für } i \neq j. \end{cases} \tag{14'}$$

Wir verwenden die Vektornormen $\|\boldsymbol{x}\|_1$ (vgl. (1.2; 12)) und $\|\boldsymbol{x}\|_\infty$ (vgl. (1.2; 13)) und erhalten folgenden

Konvergenzsatz für das JACOBI-Verfahren: *Die Iteration* (4) *konvergiert für einen beliebigen Anfangsvektor* $\boldsymbol{x}^{(1)}$, *falls*

$$\max_{(j)} \sum_{\substack{i=1 \\ i \neq j}}^{N} \left|\frac{a_{ij}}{a_{ii}}\right| =. \max_{(j)} \sigma_j =. \sigma_0 < 1 \tag{15}$$

(*Spaltensummenkriterium*)

oder

$$\max_{(i)} \sum_{\substack{j=1 \\ i \neq j}}^{N} \left|\frac{a_{ij}}{a_{ii}}\right| =. \max_{(i)} \zeta_i =. \zeta_0 < 1 \tag{16}$$

(*Zeilensummenkriterium*)

gilt.

Aufg. 2.15: Man prüfe, ob für das Gleichungssystem der Aufgabe 2.12 die Konvergenzkriterien (15) oder (16) erfüllt sind. Wieviele Iterationsschritte müssen gerechnet werden, wenn eine Genauigkeit

$$\|\boldsymbol{x}^{(n)} - \boldsymbol{x}_0\|_\infty < 5 \cdot 10^{-6}$$

verlangt wird?

Bemerkung 1: Zeilen- und Spaltensummenkriterium können abgeschwächt werden. Für verschiedene Klassen von Matrizen (z. B. nicht zerlegbare[1])) genügt das *schwache Zeilensummenkriterium*: $\zeta_i \leqq 1$ für alle

[1]) Eine Matrix heißt zerlegbar, wenn sie durch Umnumerierung der Zeilen und Spalten auf die Form $A = \begin{pmatrix} B & D \\ O & C \end{pmatrix}$, wo B und C quadratische Teilmatrizen sind, gebracht werden kann.

$i = 1, 2, \ldots, N$ und $\zeta_{i^*} < 1$ für mindestens eine Zeile i^* (vgl. COLLATZ [2], WALTER [1], SCHÄFKE [1]).

Beim GAUSS-SEIDEL-Verfahren hat die Matrix T nach (5″) die relativ komplizierte Gestalt

$$T .= -(D + L)^{-1}R, \tag{17}$$

so daß die Normen $\|T\|_1$, $\|T\|_2$ und $\|T\|_\infty$ nicht ohne Mühe direkt berechnet werden können. Nach SASSENFELD [1] kann aber $\|T\|_\infty$ in folgender Weise abgeschätzt werden: Wir bezeichnen $T\boldsymbol{x}$ mit $\boldsymbol{y}$ und erhalten aus

$$\boldsymbol{y} .= T\boldsymbol{x} = -(D + L)^{-1}R\boldsymbol{x} \tag{18}$$

durch leichte Umformung

$$\boldsymbol{y} = -D^{-1}L\boldsymbol{y} - D^{-1}R\boldsymbol{x},$$

woraus sich für die Komponenten die Abschätzung

$$|y_i| \leqq \sum_{j=1}^{i-1} \left|\frac{a_{ij}}{a_{ii}}\right| |y_j| + \sum_{j=i+1}^{N} \left|\frac{a_{ij}}{a_{ii}}\right| |x_j| \qquad (i = 1, 2, \ldots, N)$$

ergibt. Speziell folgt für $i = 1$

$$|y_1| \leqq \sum_{j=2}^{N} \left|\frac{a_{1j}}{a_{11}}\right| |x_j| \leqq \left(\sum_{j=2}^{N} \left|\frac{a_{1j}}{a_{11}}\right|\right) \left(\max_j |x_j|\right) =. k_1 \|\boldsymbol{x}\|_\infty \tag{19}$$

mit der Bezeichnung k_1 für die Betragssumme von Zeile 1. Wir nehmen an, für $i = 2, 3, \ldots, n - 1$ gelte eine analoge Abschätzung

$$|y_i| \leqq k_i \|\boldsymbol{x}\|_\infty \qquad (i = 1, 2, \ldots, n - 1) \tag{20}$$

und zeigen, daß (20) dann auch für $i = n$ gilt:

$$\begin{aligned} |y_n| &\leqq \sum_{j=1}^{n-1} \left|\frac{a_{nj}}{a_{nn}}\right| |y_j| + \sum_{j=n+1}^{N} \left|\frac{a_{nj}}{a_{nn}}\right| |x_j| \\ &\leqq \sum_{j=1}^{n-1} \left|\frac{a_{nj}}{a_{nn}}\right| k_j \|\boldsymbol{x}\|_\infty + \left(\sum_{j=n+1}^{N} \left|\frac{a_{nj}}{a_{nn}}\right|\right) \|\boldsymbol{x}\|_\infty =. k_n \|\boldsymbol{x}\|_\infty. \end{aligned}$$

Folglich gilt (20) für jedes i von 1 bis N. Damit kann die Maximumnorm von $T\boldsymbol{x}$ abgeschätzt werden:

$$\|T\boldsymbol{x}\|_\infty = \|\boldsymbol{y}\|_\infty = \max_i |y_i| \leqq \left(\max_i k_i\right) \|\boldsymbol{x}\|_\infty =. k_0 \|x\|_\infty. \tag{21}$$

Das bedeutet aber, daß die Größe k_0 eine obere Schranke für die Norm $\|T\|_\infty$ ist.

$$\|T\|_\infty \leqq k_0 . \tag{22}$$

Wir erhalten also folgenden

Konvergenzsatz für das GAUSS-SEIDEL-Verfahren: *Die Iteration (5) konvergiert für einen beliebigen Anfangsvektor $x^{(1)}$, falls die durch den Algorithmus*

$$\begin{aligned} k_1 &.= \sum_{j=2}^{N} \left|\frac{a_{1j}}{a_{11}}\right|, \\ k_n &.= \sum_{j=1}^{n-1} \left|\frac{a_{n,j}}{a_{n,n}}\right| k_j + \sum_{j=n+1}^{N} \left|\frac{a_{nj}}{a_{nn}}\right| \quad (n = 2, 3, \ldots, N), \\ k_0 &.= \max_i k_i \end{aligned} \tag{23}$$

bestimmte Schranke $k_0 < 1$ ist.

Aufg. 2.16: Man zeige, daß für alle i $(i = 1, 2, \ldots, N)$

$$k_i \leqq \zeta_i \tag{24}$$

und folglich auch $k_0 \leqq \zeta_0$ gilt.

Das Zeilensummenkriterium (16) ist also auch für das GAUSS-SEIDEL-Verfahren hinreichend, im allgemeinen ist aber das Konvergenzkriterium (23) schärfer: Das GAUSS-SEIDEL-Verfahren konvergiert im allgemeinen schneller als das JACOBI-Verfahren.

Beim Relaxationsverfahren (9') hat die Iterationsmatrix T die Gestalt

$$T = (D + \omega L)^{-1} [(1 - \omega) D - \omega R] . \tag{25}$$

Wir benutzen den Spektralradius, um festzustellen, für welche ω-Werte dieses Verfahren konvergiert (vgl. ALBRECHT [1], COLLATZ [2], S. 181). Ist τ eine beliebige charakteristische Wurzel von T und $\boldsymbol{y}$ der zugehörige Eigenvektor, so gilt $T\boldsymbol{y} = \tau \boldsymbol{y}$ oder

$$[(1 - \omega) D - \omega R]\, \boldsymbol{y} = (D + \omega L)\, \tau \boldsymbol{y} .$$

Wir multiplizieren beide Seiten mit 2 und verwenden die Zerlegung $A = D + L + R$:

$$[(2 - \omega)D - \omega A + \omega(L - R)]\, \boldsymbol{y} = [(2 - \omega)D + \omega A + \omega(L - R)]\, \tau \boldsymbol{y} .$$

Multipliziert man nun von links mit $\boldsymbol{y}^t$, so folgt

$$(2 - \omega)d - \omega a + \omega b = [(2 - \omega)d + \omega a + \omega b]\tau , \tag{26}$$

wenn man die Abkürzungen

$$d .= \boldsymbol{y}^t D \boldsymbol{y}, \quad a .= \boldsymbol{y}^t A \boldsymbol{y}, \quad b .= \boldsymbol{y}^t (L - R) \boldsymbol{y}$$

verwendet. Setzen wir voraus, daß A positiv definit[1]) und symmetrisch ist, so folgt sofort $a > 0$. Auch d ist positiv, denn die Diagonalelemente einer positiv definiten Matrix sind sämtlich positiv (vgl. SCHWARZ-RUTISHAUSER-STIEFEL [1], S. 24). Wegen der Symmetrie von A ist $L = R^t$, also ist $L - R$ schiefsymmetrisch und folglich $b = 0$. Also ergibt sich für τ aus (26)

$$\tau = \frac{\left(\frac{2}{\omega} - 1\right) d - a}{\left(\frac{2}{\omega} - 1\right) d + a}.$$

Ist nun $\frac{2}{\omega} - 1 > 0$, also $0 < \omega < 2$, so ist $|\tau| < 1$. Das gilt für jede charakteristische Wurzel von T, insbesondere für die betragsmäßig größte, die Spektralradius $S(T)$ der Matrix T genannt wird. Es ist also $S(T) < 1$, und wir erhalten (vgl. YOUNG [1], S. 77) den folgenden

Konvergenzsatz für das Relaxationsverfahren: *Die Iteration* (9) *konvergiert für einen beliebigen Anfangsvektor* $\boldsymbol{x}^{(1)}$, *falls die Koeffizientenmatrix* A *des Gleichungssystems* $A\boldsymbol{x} = \boldsymbol{b}$ *symmetrisch und positiv definit ist und der Relaxationsfaktor* ω *der Bedingung*

$$0 < \omega < 2 \tag{27}$$

genügt.

Noch offen ist die Frage, wie man im konkreten Fall den Relaxationsfaktor am günstigsten wählt. Eine Antwort wurde bisher nur für Matrizen mit sogenannter Bandstruktur gefunden. Wir übernehmen ohne Beweis einen Satz von SCHWARZ-RUTISHAUSER-STIEFEL ([1], S. 60). Dazu benötigen wir die folgende

Definition: eine Matrix A heißt *blockweise tridiagonal*, falls sie folgende Struktur hat:

$$A = \begin{pmatrix} D_1 & F_1 & 0 \cdots & & 0 \\ E_1 & D_2 & F_2 & \ddots & \vdots \\ 0 & \ddots & \ddots & \ddots & 0 \\ \vdots & \ddots & E_{m-2} & D_{m-1} & F_{m-1} \\ 0 \cdots & & 0 & E_{m-1} & D_m \end{pmatrix}$$

[1]) Eine Matrix A heißt positiv definit, wenn die zugehörige quadratische Form $\boldsymbol{y}^t A \boldsymbol{y} > 0$ ist für alle $\boldsymbol{y} \neq 0$, $\boldsymbol{y} \in R_N$.

Darin sind die D_i quadratische Matrizen (nicht notwendig gleicher Ordnung), und die E_i, F_i sind im allgemeinen rechteckig. Außerhalb des Bandes der Untermatrizen sind alle Elemente gleich Null. Haben überdies alle D_i Diagonalgestalt, so heißt A *diagonal blockweise tridiagonal.*

Satz: *In dem System* $A\boldsymbol{x} = \boldsymbol{b}$ *sei* A *symmetrisch, positiv definit und diagonal blockweise tridiagonal. Dann ist der optimale Überrelaxationsfaktor für das Iterationsverfahren* (9)

$$\omega_{\text{opt}} = \frac{2}{1 + \sqrt{1 - \tau_{\max}^2}}, \tag{28}$$

wenn $\tau_{\max}$ *den größten Eigenwert der Iterationsmatrix* $T = -D^{-1}(L + R)$ *des* JACOBI-*Verfahrens bezeichnet und* A *wie in Aufg. 2.13 in der Form* $A = L + D + R$ *zerlegt wird.*

Aufg. 2.17: Mit Hilfe des Relaxationsverfahrens (9) löse man das Gleichungssystem

$$\begin{aligned} 3x_1 + 2x_2 \qquad &= 1 \\ 2x_1 + 3x_2 + 2x_3 &= 2 \\ 2x_2 + 3x_3 &= 1 \end{aligned}$$

(die Matrix ist positiv definit, es ist $\tau_{\max} = \dfrac{2}{3}$, und die exakte Lösung ist $\boldsymbol{x}_0 = (-1, 2, -1)^t$).

2.5. *Projektionsverfahren*

Bei den Projektionsverfahren gehen wir davon aus, daß wir im N-dimensionalen Vektorraum ein Skalarprodukt $(\boldsymbol{x}, \boldsymbol{y})$ und die zugehörige Norm

$$\|\boldsymbol{x}\| := \sqrt{(\boldsymbol{x}, \boldsymbol{x})}$$

zur Verfügung haben. Im einfachsten Fall nehmen wir das euklidische Skalarprodukt (vgl. (1.2; 18))

$$(\boldsymbol{x}, \boldsymbol{y})_2 := \sum_{k=1}^{N} x_k y_k$$

und die euklidische Norm (vgl. (1.2; 16))

$$\|\boldsymbol{x}\|_2 := \left(\sum_{k=1}^{N} x_k^2\right)^{\frac{1}{2}}.$$

Wir werden aber gerade im Zusammenhang mit den Projektionsverfahren auch allgemeinere Skalarprodukte betrachten.

Die Projektionsverfahren umfassen eine ganze Klasse von Iterationsverfahren zur Auflösung linearer Gleichungssysteme. Die Grundidee dieser

Verfahren läßt sich sehr einfach veranschaulichen (vgl. Abb. 2.4): Ein Näherungsvektor $\boldsymbol{x}^{(n)}$ sei bereits bekannt. Wir suchen einen besseren Näherungsvektor $\boldsymbol{x}^{(n+1)}$, der von der exakten Lösung $\boldsymbol{x}_0$ einen geringeren Abstand als $\boldsymbol{x}^{(n)}$ hat:

$$\|\boldsymbol{x}^{(n+1)} - \boldsymbol{x}_0\| < \|\boldsymbol{x}^{(n)} - \boldsymbol{x}_0\|. \tag{1}$$

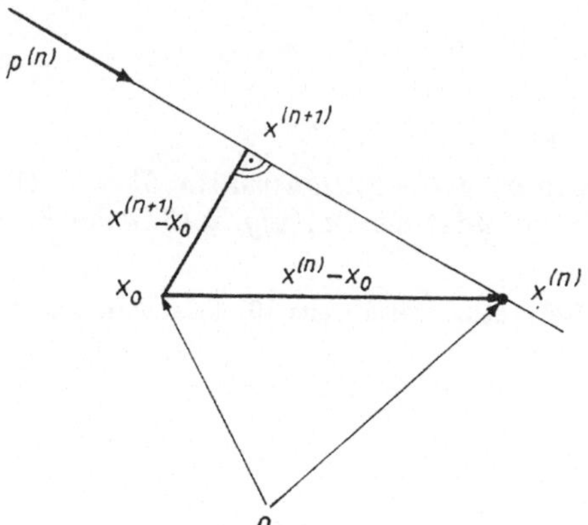

Abb. 2.4

Dazu schreiten wir, ausgehend von $\boldsymbol{x}^{(n)}$, längs einer vorgegebenen Projektionsrichtung $\boldsymbol{p}^{(n)}$ fort, wobei immer $\|\boldsymbol{p}^{(n)}\| > 0$ vorausgesetzt wird:

$$\boldsymbol{x}^{(n+1)} := \boldsymbol{x}^{(n)} - u_n \boldsymbol{p}^{(n)}. \tag{2}$$

Der Abstand $\|\boldsymbol{x}^{(n+1)} - \boldsymbol{x}_0\|$ wird minimal, wenn der Fehlervektor $\boldsymbol{x}^{(n+1)} - \boldsymbol{x}_0$ auf dem Projektionsvektor $\boldsymbol{p}^{(n)}$ senkrecht steht:

$$(\boldsymbol{x}^{(n+1)} - \boldsymbol{x}_0, \boldsymbol{p}^{(n)}) = 0. \tag{3}$$

Daraus erhalten wir die Gleichung

$$u_n = \frac{(\boldsymbol{x}^{(n)} - \boldsymbol{x}_0, \boldsymbol{p}^{(n)})}{(\boldsymbol{p}^{(n)}, \boldsymbol{p}^{(n)})} \tag{4}$$

zur Bestimmung des Koeffizienten u_n. Insgesamt ergibt sich folgender Algorithmus für das allgemeine

Projektionsverfahren:

$\boldsymbol{x}^{(1)}$ (vorgegebener Näherungsvektor),

$\boldsymbol{p}^{(1)}, \boldsymbol{p}^{(2)}, \ldots$ (vorgegebene Folge von Projektionsvektoren),

$n = 1, 2, \ldots$ (n Nummer des Schrittes),

$$\boldsymbol{x}^{(n+1)} = \boldsymbol{x}^{(n)} - \frac{(\boldsymbol{x}^{(n)} - \boldsymbol{x}_0, \boldsymbol{p}^{(n)})}{(\boldsymbol{p}^{(n)}, \boldsymbol{p}^{(n)})} \boldsymbol{p}^{(n)}. \tag{5}$$

Es ist anschaulich klar (vgl. Abb. 2.4), daß der Näherungsvektor bei jedem Schritt verbessert wird, denn in einem rechtwinkligen Dreieck ist die Kathete $\boldsymbol{x}^{(n+1)} - \boldsymbol{x}_0$ kürzer als die Hypothenuse $\boldsymbol{x}^{(n)} - \boldsymbol{x}_0$. Nur wenn $\boldsymbol{x}^{(n)} - \boldsymbol{x}_0$ senkrecht auf $\boldsymbol{p}^{(n)}$ steht, bleibt der Näherungsvektor $\boldsymbol{x}^{(n+1)} = \boldsymbol{x}^{(n)}$ bei dem alten Wert stehen. Das läßt sich auch leicht anhand der analytischen Beziehungen bestätigen. Aus den Formeln (2) und (3) folgt als Satz von PYTHAGORAS die Relation

$$\|\boldsymbol{x}^{(n+1)} - \boldsymbol{x}_0\|^2 = \|\boldsymbol{x}^{(n)} - \boldsymbol{x}_0\|^2 - u_n^2 \, \|\boldsymbol{p}^{(n)})\|^2, \tag{6}$$

aus der die obigen Feststellungen unmittelbar abgelesen werden können.

2.5.1. *Konvergenzbeweis*

Auf der Grundlage der Relation (6) führen wir einen Konvergenzbeweis für das allgemeine Projektionsverfahren (5). Dazu setzen wir voraus, daß sich die Projektionsvektoren $\boldsymbol{p}^{(n)}$ für $n > n_0$ zyklisch wiederholen, d. h., es gelten die Beziehungen

$$\boldsymbol{p}^{(n+M)} = \boldsymbol{p}^{(n)} \tag{7}$$

für $n > n_0$ mit einer Zyklenlänge $M \geqq 1$. Wir führen die Abkürzung

$$d_n .= \|\boldsymbol{x}^{(n)} - \boldsymbol{x}_0\| \tag{8}$$

ein. Aus der Relation (6) schließen wir, daß die Zahlenfolge $\{d_n\}$ $(n = 1, 2, \ldots)$ nicht zunimmt. Außerdem ist sie nach unten beschränkt. Deshalb existiert der Grenzwert

$$\lim_{n\to\infty} d_n =. d \geqq 0. \tag{9}$$

Durch mehrfache Anwendung der Relation (6) erhalten wir die Gleichung

$$\sum_{n=k}^{k'} u_n^2 \, \|\boldsymbol{p}^{(n)}\|^2 = d_k^2 - d_{k'+1}^2. \tag{10}$$

In Verbindung mit der Konvergenz der Folge $\{d_n\}$ folgt daraus die Konvergenz der Reihe

$$\sum_{n=1}^{\infty} u_n^2 \, \|\boldsymbol{p}^{(n)}\|^2. \tag{11}$$

Nun betrachten wir die Gleichung (2). Wiederum durch mehrfache Anwendung ergibt sich die Formel

$$\sum_{n=k}^{k'} u_n \boldsymbol{p}^{(n)} = \boldsymbol{x}^{(k)} - \boldsymbol{x}^{(k'+1)}. \tag{12}$$

Offensichtlich konvergiert die Folge $\{\boldsymbol{x}^{(n)}\}$ dann und nur dann, wenn die Reihe

$$\sum_{n=1}^{\infty} u_n \boldsymbol{p}^{(n)} \tag{13}$$

konvergiert. Wir vergleichen die Reihen (11) und (13) miteinander. Wir greifen aus der Reihe (13) für $n > n_0$ Abschnitte der Länge M heraus und bilden die Norm

$$\left\| \sum_{n=k+1}^{k+M} u_n \boldsymbol{p}^{(n)} \right\|^2 = \sum_{n,m=k+1}^{k+M} u_n u_m (\boldsymbol{p}^{(n)}, \boldsymbol{p}^{(m)}). \tag{14}$$

Wir führen die symmetrischen Matrizen

$$P_k := \begin{pmatrix} (\boldsymbol{p}^{(k+1)}, \boldsymbol{p}^{(k+1)}) & \dots & (\boldsymbol{p}^{(k+1)}, \boldsymbol{p}^{(k+M)}) \\ \vdots & & \vdots \\ (\boldsymbol{p}^{(k+M)}, \boldsymbol{p}^{(k+1)}) & \dots & (\boldsymbol{p}^{(k+M)}, \boldsymbol{p}^{(k+M)}) \end{pmatrix} \tag{15}$$

und die Vektoren

$$\boldsymbol{u}_k := (u_{k+1}, u_{k+2}, \dots, u_{k+M})^t \tag{16}$$

ein. Wir bezeichnen mit

$$t_k := \sup_{\boldsymbol{u}_k \neq \boldsymbol{o}} \frac{\boldsymbol{u}_k{}^t P_k \boldsymbol{u}_k}{(\boldsymbol{u}_k, \boldsymbol{u}_k)_2} \tag{17}$$

den größten Eigenwert der Matrix P_k (vgl. (1.2; 26')). Dieser ist positiv. Aus (14) und (17) erhalten wir die Abschätzung

$$\begin{aligned} \left\| \sum_{n=k+1}^{k+M} u_n \boldsymbol{p}^{(n)} \right\|^2 &\leqq t_k \sum_{n=k+1}^{k+M} u_n{}^2 \\ &\leqq \frac{t_k}{\min\limits_{k+1 \leqq n \leqq k+M} \|\boldsymbol{p}^{(n)}\|^2} \sum_{n=k+1}^{k+M} u_n{}^2 \, \|\boldsymbol{p}^{(n)}\|^2 . \end{aligned}$$

Wir haben vorausgesetzt (vgl. (7)), daß sich die Projektionsvektoren $\boldsymbol{p}^{(n)}$ für $n > n_0$ zyklisch wiederholen. Daraus folgt für $k > n_0$

$$P_k = P_{k+M} = P_{k+2M} = \cdots$$

und

$$t_k = t_{k+M} = t_{k+2M} = \cdots,$$

d. h., die Ungleichung

$$\left\| \sum_{n=k+1}^{k'} u_n \boldsymbol{p}^{(n)} \right\|^2 \leqq \frac{t_k}{\min\limits_{k+1 \leqq n \leqq k+M} \|\boldsymbol{p}^{(n)}\|^2} \sum_{n=k+1}^{k'} u_n^2 \|\boldsymbol{p}^{(n)}\|^2 \tag{18}$$

besteht für beliebige Indizes $k' > k > n_0$ und beliebige Koeffizienten u_n. Das bedeutet, daß mit der Reihe (11) auch die Reihe (13) konvergiert. Das ist aber äquivalent damit, daß die Folge $\{\boldsymbol{x}^{(n)}\}$ konvergiert. Der Grenzvektor

$$\lim_{n \to \infty} \boldsymbol{x}^{(n)} =. \boldsymbol{x}^* \tag{19}$$

erfüllt wegen

$$\lim_{n \to \infty} u_n = 0$$

die Gleichungen

$$(\boldsymbol{x}^* - \boldsymbol{x}_0, \boldsymbol{p}^{(n_0+k)}) = 0 \tag{20}$$

für $k = 1, 2, \ldots, M$. Im allgemeinen, insbesondere für $M < N$, muß der Grenzvektor $\boldsymbol{x}^*$ nicht mit dem Lösungsvektor $\boldsymbol{x}_0$ übereinstimmen. Wenn jedoch die Zyklenlänge $M \geqq N$ gewählt wird und wenn der Zyklus

$$\{\boldsymbol{p}^{(n_0+1)}, \boldsymbol{p}^{(n_0+2)}, \ldots, \boldsymbol{p}^{(n_0+M)}\} \tag{21}$$

N linear unabhängige Projektionsvektoren enthält, dann folgt aus den Gleichungen (20) die Beziehung $\boldsymbol{x}^* = \boldsymbol{x}_0$, d. h., die Näherungsvektoren $\boldsymbol{x}^{(n)}$ konvergieren gegen den Lösungsvektor $\boldsymbol{x}_0$.

Konvergenzsatz für das Projektionsverfahren: *Wenn die Projektionsvektoren $\boldsymbol{p}^{(n)}$ für $n > n_0$ die Vektoren (21) zyklisch durchlaufen, dann konvergiert die Iteration (5) für beliebige Näherungsvektoren $\boldsymbol{x}^{(1)}$ gegen einen Grenzvektor $\boldsymbol{x}^*$, der die Gleichungen (20) erfüllt. Wenn die Vektoren (21) für $M \geqq N$ ein System von N linear unabhängigen Vektoren enthalten, dann konvergiert die Iteration (5) für beliebige Näherungsvektoren $\boldsymbol{x}^{(1)}$ gegen den Lösungsvektor $\boldsymbol{x}_0$.*

Der Algorithmus (5) ist in der angegebenen Form im allgemeinen nicht ausführbar, weil der Lösungsvektor $\boldsymbol{x}_0$, der auf der rechten Seite erscheint, noch nicht bekannt ist. Er soll ja erst durch das Verfahren bestimmt werden. Deshalb muß man den Algorithmus so einrichten, daß der Lösungsvektor $\boldsymbol{x}_0$ nur in Form der Ausdrücke

$$(\boldsymbol{z}_i, \boldsymbol{x}_0)_2 = \sum_{k=1}^{N} a_{ik} x_k = b_i,$$

die auf Grund der Aufgabenstellung vorgegeben sind, in die Formeln (5) eingeht.

Dabei wird stillschweigend vorausgesetzt, daß ein Vektor $\boldsymbol{x}_0$ existiert, der alle benutzten Bedingungen erfüllt. Diese Annahme liegt auch dem Konvergenzsatz für das Projektionsverfahren zugrunde. Falls in den Formeln (5) Bedingungen für $\boldsymbol{x}_0$ benutzt werden, die einander widersprechen, kann man nicht erwarten, daß die Iteration (5) konvergiert. Das kann beispielsweise eintreten, wenn das Gleichungssystem (2.1; 1) bei singulärer Koeffizientenmatrix A nicht lösbar ist. Dann werden die Näherungsvektoren $\boldsymbol{x}^{(n)}$ im allgemeinen hin und her pendeln, wobei jeweils die zuletzt in den Gleichungen (5) aufgetretenen Bedingungen für $\boldsymbol{x}_0$ angenähert werden.

In der Literatur (vgl. u. a. Householder [1], Schwarz-Rutishauser-Stiefel [1]) wird eine Vielzahl von Projektionsverfahren beschrieben, die meist auf spezielle Problemklassen zugeschnitten sind. Sie unterscheiden sich

a) durch die Wahl der Projektionsvektoren,

b) durch die Wahl des Skalarproduktes.

Wir beschäftigen uns mit folgenden Verfahren: Projektion auf Hyperebenen und auf Schnitträume von Hyperebenen, Projektion mit allgemeinem Skalarprodukt, Gauss-Seidel-Verfahren als Projektionsverfahren, Gradientenverfahren und Verfahren der konjugierten Gradienten.

2.5.2. Projektion auf Hyperebenen

Wir wählen das euklidische Skalarprodukt $(\boldsymbol{x}, \boldsymbol{y})_2$, die zugehörige Norm $\|\boldsymbol{x}\|_2$ und als Projektionsvektoren die Zeilenvektoren der Matrix A in der zyklischen Reihenfolge

$$\begin{aligned} \boldsymbol{p}^{(i)} &.= \boldsymbol{z}_i = (a_{i1}, a_{i2}, \ldots, a_{iN})^t \qquad (i = 1, 2, \ldots, N), \\ \boldsymbol{p}^{(n+N)} &.= \boldsymbol{p}^{(n)} \qquad (n = 1, 2, \ldots). \end{aligned} \tag{22}$$

Der Zeilenvektor $\boldsymbol{z}_i$ ist Normalenvektor für die Hyperebene H_i, die der i-ten Gleichung des Systems (2.1; 1''') entspricht. Deshalb ist die Projektion längs $\boldsymbol{p}^{(n)} = \boldsymbol{z}_i$ $\big(n \equiv i \text{ (modulo } N)\big)$ eine Projektion auf die Hyperebene H_i (vgl. Abb. 2.5).

Die Projektionsvektoren (22) erfüllen die Forderung, daß bei ihrer Verwendung der Lösungsvektor $\boldsymbol{x}_0$ nur in Form bekannter Ausdrücke in die Gleichungen (5) eingeht. Die Skalarprodukte

$$(\boldsymbol{x}^{(n)} - \boldsymbol{x}_0, \boldsymbol{z}_i)_2 = \sum_{k=1}^{N} a_{ik} x_k^{(n)} - b_i =. r_i^{(n)}, \tag{23}$$

die für $n \equiv i$ (modulo N) in der Formel (5) auftreten, ergeben nämlich den Rest $r_i^{(n)}$, den man erhält, wenn man den Näherungsvektor $\boldsymbol{x}^{(n)}$ in die i-te Gleichung einsetzt. Mit

$$\boldsymbol{r}^{(n)} .= A\boldsymbol{x}^{(n)} - \boldsymbol{b} \tag{24}$$

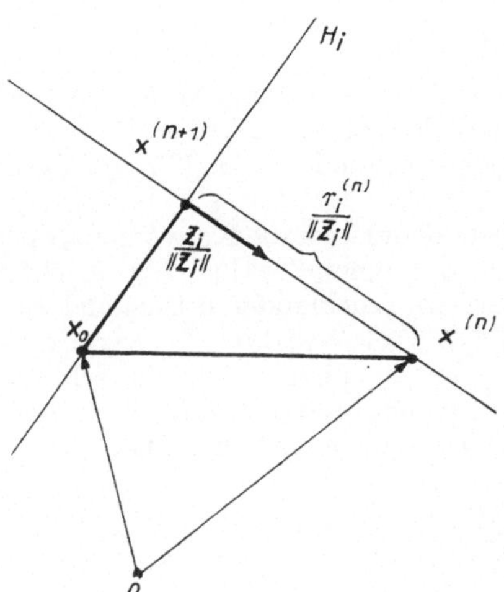

Abb. 2.5

bezeichnen wir den Restvektor mit den Komponenten $r_i^{(n)}$. Wir erhalten folgenden Algorithmus für die

Projektion auf Hyperebenen:

$k = 0, 1, 2, \ldots$ (k Nummer des Zyklus),

$i = 1, 2, \ldots, N$ (i Nummer des Teilschrittes innerhalb eines Zyklus),

$n = kN + i$ (n Nummer des Schrittes),

$\boldsymbol{p}^{(n)} .= \boldsymbol{z}_i = (a_{i1}, a_{i2}, \ldots, a_{iN})^t$ (Projektionsvektor im n-ten Schritt),

$\boldsymbol{x}^{(1)}$ (vorgegebener Näherungsvektor),

$r_i^{(n)} .= (\boldsymbol{x}^{(n)}, \boldsymbol{z}_i)_2 - b_i$ (Rest in der i-ten Gleichung),

$$\boldsymbol{x}^{(n+1)} .= \boldsymbol{x}^{(n)} - \frac{r_i^{(n)}}{(\boldsymbol{z}_i, \boldsymbol{z}_i)_2} \boldsymbol{z}_i. \tag{25}$$

Die geometrische Bedeutung der Gleichungen (25) ist der Abb. 2.5 zu entnehmen.

Das Konvergenzverhalten der Iteration (25) ergibt sich aus dem allgemeinen Konvergenzsatz für das Projektionsverfahren. Wenn die Koeffizientenmatrix des Gleichungssystems (2.1; 1) regulär ist, dann bilden die Zeilenvektoren z_i ($i = 1, 2, \ldots, N$) eine Basis des N-dimensionalen Vektorraumes, und die Iteration (25) konvergiert gegen den Lösungsvektor x_0. Wenn das Gleichungssystem (2.1; 1) bei singulärer Koeffizientenmatrix einen Lösungsvektor x_0 besitzt, dann konvergiert die Iteration (25) gegen einen Grenzvektor x^*, der alle Gleichungen des Systems

$$(x^* - x_0, z_i)_2 = (x^*, z_i)_2 - b_i = 0$$

für $i = 1, 2, \ldots, N$ erfüllt, d. h., x^* ist eine Lösung. Wenn das Gleichungssystem (2.1; 1) bei singulärer Koeffizientenmatrix keinen Lösungsvektor x_0 besitzt, dann konvergiert im allgemeinen die Iteration (25) nicht gegen einen Grenzvektor.

Der Konvergenzbeweis sagt noch nichts über die Konvergenzgeschwindigkeit aus. Das Verfahren konvergiert in einem Zyklus, d. h. in N Schritten, wenn die Zeilenvektoren z_i paarweise zueinander orthogonal sind, d. h., wenn die Matrix A orthogonal ist. Das Verfahren konvergiert schlecht, wenn sich die Hyperebenen H_i unter spitzen Winkeln schneiden (vgl. Abb. 2.6 für den Fall $N = 2$). Allgemein muß man mit schlechter Konvergenz rechnen, wenn die Matrix A schlecht konditioniert ist.

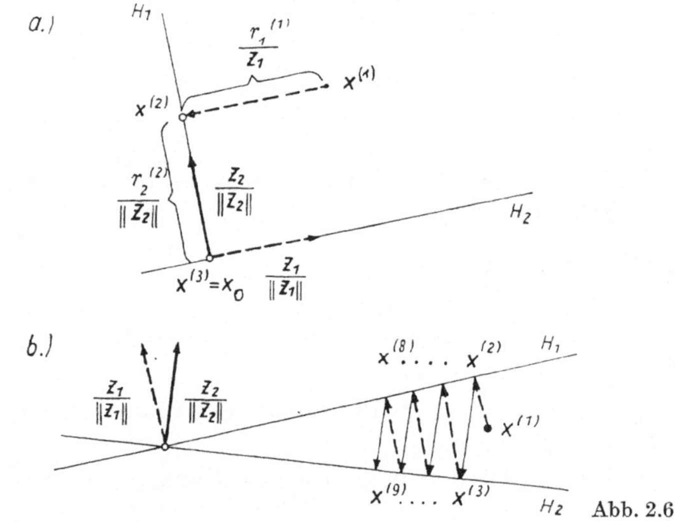

Abb. 2.6

Aufg. 2.18: Man löse das Gleichungssystem

$$\begin{aligned} x_1 \qquad + 2x_3 - x_4 &= 4, \\ x_1 - 2x_2 \qquad + x_4 &= 2, \\ 4x_1 + 3x_2 - x_3 + 2x_4 &= -2, \\ -2x_1 - x_2 + x_3 \qquad &= 0 \end{aligned}$$

iterativ durch Projektion auf Hyperebenen, beginnend mit dem Näherungsvektor $\boldsymbol{x}^{(1)} .= (0, 0, 0, 0)^t$. Die exakte Lösung lautet $\boldsymbol{x}_0 = (1, -1, 1, -1)^t$.

Man sieht an diesem Beispiel, daß die Projektion auf Hyperebenen selbst bei dieser „fast orthogonalen" Matrix (alle Skalarprodukte $(\boldsymbol{z}_k, \boldsymbol{z}_i)_2$ $(i, k = 1, 2, 3, 4)$ mit Ausnahme von $(\boldsymbol{z}_3, \boldsymbol{z}_4)_2$ verschwinden) relativ langsam konvergiert. Deshalb ist die Projektion auf Hyperebenen im allgemeinen nicht zu empfehlen.

2.5.3. *Projektion auf Schnitträume von Hyperebenen*

Die Konvergenzgeschwindigkeit wird verbessert, wenn wir bei jedem Schritt gleichzeitig auf mehrere Hyperebenen, d. h. auf einen Schnittraum von Hyperebenen, projizieren. Zur Beschreibung der Schnitträume definieren wir eine Folge

$$K .= (K^{(n)}) \tag{26}$$

von Indexmengen

$$K^{(n)} .= \{k_1^{(n)}, k_2^{(n)}, \ldots, k_m^{(n)}\} \tag{26'}$$

für $n = 1, 2, \ldots,$ die jeweils m $(1 \leqq m < N)$ paarweise verschiedene Indizes $k_1^{(n)}, k_2^{(n)}, \ldots, k_m^{(n)}$ aus der Menge $\{1, 2, \ldots, N\}$ enthalten. Im n-ten Schritt projizieren wir auf die Hyperebenen H_i mit $i \in K^{(n)}$. Wir sagen: Die Folge (26) ist eine *Strategie* für die Auswahl von Hyperebenen. Wir setzen voraus, daß sich die Indexmengen $K^{(n)}$ mit einer Zyklenlänge $M \geqq 1$ zyklisch wiederholen.

$$K^{(n+M)} .= K^{(n)} \qquad (n = 1, 2, \ldots). \tag{26''}$$

Eine Strategie mit dieser Eigenschaft bezeichnen wir als zyklische Strategie.

Wir setzen

$$\boldsymbol{p}^{(n)} .= \sum_{k \in K^{(n)}} u_k^{(n)} \boldsymbol{z}_k, \tag{27}$$

$$\boldsymbol{x}^{(n+1)} .= \boldsymbol{x}^{(n)} - \boldsymbol{p}^{(n)} \tag{28}$$

und bestimmen die Koeffizienten $u_k^{(n)}$ durch die Orthogonalitätsbedingungen

$$(\boldsymbol{x}^{(n+1)} - \boldsymbol{x}_0, \boldsymbol{z}_i)_2 = 0 \tag{29}$$

für $i \in K^{(n)}$. Daraus ergeben sich die Gleichungen

$$(\boldsymbol{x}^{(n)}, \boldsymbol{z}_i)_2 - (\boldsymbol{p}^{(n)}, \boldsymbol{z}_i)_2 - b_i = 0$$

bzw.

$$\sum_{k \in K^{(n)}} u_k^{(n)}(z_k, z_i)_2 = r_i^{(n)} \qquad (i \in K^{(n)}). \tag{30}$$

Die Orthogonalitätsbedingungen (29) besagen, daß der Näherungsvektor $x^{(n+1)}$ diejenigen Gleichungen des Systems (2.1; 1''') erfüllt, deren Nummern zur Indexmenge $K^{(n)}$ gehören. Mit anderen Worten: Der Endpunkt des Vektors $x^{(n+1)}$ liegt im Schnittraum der Hyperebenen H_i mit $i \in K^{(n)}$ (vgl. Abb. 2.7).

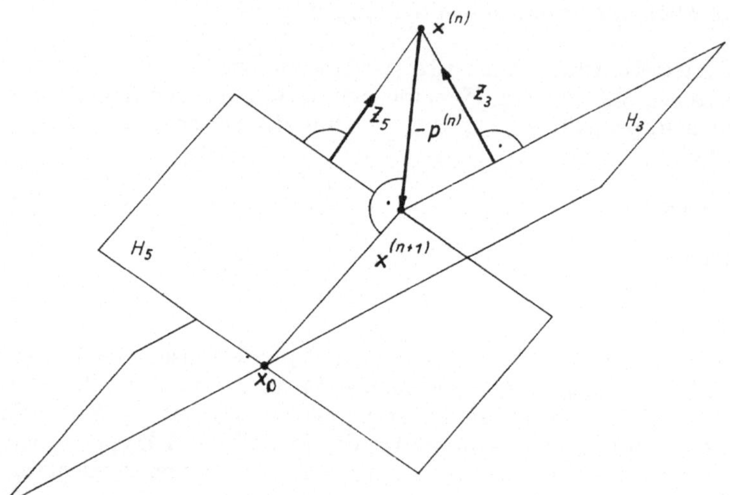

Abb. 2.7

Das Teilsystem (30) hat als Koeffizientendeterminante gerade die GRAMsche Determinante aus den Zeilenvektoren z_i ($i \in K^{(n)}$).

Aufg. 2.19: Man beweise, daß m Vektoren $z_1, z_2, \ldots, z_m$ dann und nur dann linear unabhängig sind, wenn die GRAMsche Determinante

$$\det\left((z_k, z_i)\right) .= \det \begin{pmatrix} (z_1, z_2) & \ldots & (z_m, z_1) \\ \vdots & & \vdots \\ (z_1, z_m) & \ldots & (z_m, z_m) \end{pmatrix} \tag{31}$$

von Null verschieden ist. Das gilt für allgemeine Skalarprodukte (x, y).

Hieraus folgt, daß das Gleichungssystem (30) genau dann eindeutig auflösbar ist, wenn die Zeilenvektoren z_i ($i \in K^{(n)}$) linear unabhängig sind. Das trifft immer zu, wenn die Matrix A regulär ist. Bei singulärer Matrix A setzen wir voraus, daß die Strategie (26) so festgelegt wird, daß die Zeilenvektoren z_i ($i \in K^{(n)}$) bei jedem Schritt $n = 1, 2, \ldots$ linear unabhängig sind.

Bei der zyklischen Strategie (26″) treten immer wieder Teilsysteme (30) mit der gleichen Koeffizientenmatrix

$$\big((z_k, z_i)_2\big) \qquad i, k \in K^{(n)} \tag{30'}$$

auf. Deshalb ist es zweckmäßig, wenn die Umkehrmatrizen

$$(c_{kj}^{(n)}) \qquad k, j \in K^{(n)} \tag{32}$$

zu Beginn der Rechnung für einen vollen Zyklus $n = 1, 2, \ldots, M$ ermittelt und für die nachfolgenden Zyklen bereitgestellt werden. Dann braucht man anschließend nur noch die Reste $r_i^{(n)}$ in die Auflösungsformeln einzusetzen. Die Koeffizienten $c_{kj}^{(n)}$ werden durch die Gleichungen

$$\sum_{k \in K^{(n)}} c_{kj}^{(n)} \; (z_k, z_i)_2 = \begin{cases} 0 & \text{für} \quad j \neq i, \\ 1 & \text{für} \quad j = i \end{cases} \tag{32'}$$

für $j, i \in K^{(n)}$ festgelegt. Daraus ergeben sich die Auflösungsformeln

$$u_k^{(n)} = \sum_{j \in K^{(n)}} c_{kj}^{(n)} r_j^{(n)} \tag{33}$$

für die Koeffizienten $u_k^{(n)}$ $(k \in K^{(n)})$. Wir führen die Bezeichnungen

$$\boldsymbol{p}_j^{(n)} := \sum_{k \in K^{(n)}} c_{kj}^{(n)} z_k \tag{34}$$

ein. Dann erhalten wir für die Projektionsvektoren $\boldsymbol{p}^{(n)}$ die Formeln

$$\boldsymbol{p}^{(n)} = \sum_{j \in K^{(n)}} r_j^{(n)} \boldsymbol{p}_j^{(n)}. \tag{35}$$

Es bestehen folgende Beziehungen:

$$(\boldsymbol{p}_j^{(n)}, z_i)_2 = \begin{cases} 0 & \text{für} \quad j \neq i, \\ 1 & \text{für} \quad j = i \end{cases} \tag{36}$$

für $i, j \in K^{(n)}$,

$$(\boldsymbol{x}^{(n+1)} - \boldsymbol{x}_0, \boldsymbol{p}_j^{(n)})_2 = 0 \tag{36'}$$

für $j \in K^{(n)}$ und

$$(\boldsymbol{p}_k^{(n)}, \boldsymbol{p}_j^{(n)}) = c_{kj}^{(n)} \tag{36''}$$

für $k, j \in K^{(n)}$. Die Relationen (36) bringen zum Ausdruck, daß die Systeme $\{z_i\}$ und $\{\boldsymbol{p}_i^{(n)}\}$, beide für $i \in K^{(n)}$, biorthogonal zueinander sind.

Insgesamt ergibt sich folgender Algorithmus für die

Projektion auf Schnitträume von Hyperebenen:

$n = 1, 2, \ldots$ (n Nummer des Schrittes),

$1 \leqq m < N$ (m Anzahl der Hyperebenen für einen Schnittraum),

$M \geqq 1$ (M Zyklenlänge),

$K^{(n)} .= \{k_1{}^{(n)}, k_2{}^{(n)}, \ldots, k_m{}^{(n)}\}$ $(n = 1, 2, \ldots, M)$,

$K^{(n+M)} .= K^{(n)}$ $(n = 1, 2, \ldots)$

(zyklische Strategie).

Für $n = 1, 2, \ldots, M;\ k, j \in K^{(n)}$:

$c_{kj}^{(n)}$ Umkehrmatrizen der Teilsysteme (30),

$\boldsymbol{p}_j{}^{(n)} .= \sum\limits_{k \in K^{(n)}} c_{kj}^{(n)} \boldsymbol{z}_k$

($\boldsymbol{p}_j{}^{(n)}$ Bestandteile des Projektionsvektors $\boldsymbol{p}^{(n)}$),

$\boldsymbol{x}^{(1)}$ (vorgegebener Näherungsvektor).

Für $n = 1, 2, \ldots;\ i \in K^{(n)}$:

$\boldsymbol{p}_i{}^{(n+M)} .= \boldsymbol{p}_i{}^{(n)}$,

$r_i{}^{(n)} .= (\boldsymbol{x}^{(n)}, \boldsymbol{z}_i)_2 - b_i$ (Rest in der i-ten Gleichung),

$$\boldsymbol{x}^{(n+1)} .= \boldsymbol{x}^{(n)} - \sum_{i \in K^{(n)}} r_i{}^{(n)} \boldsymbol{p}_i{}^{(n)}. \tag{37}$$

Die Projektion auf Schnitträume von Hyperebenen enthält als frei wählbare Parameter die Anzahl m der Hyperebenen für einen Schnittraum und die Strategie $(K^{(n)})$ $(n = 1, 2, \ldots)$ im Rahmen der angegebenen Voraussetzungen. Speziell für $m = 1$ bekommen wir mit der Strategie

$$K .= (\{1\}, \{2\}, \ldots, \{N\}, \{1\}, \{2\}, \ldots)$$

die einfache Projektion auf Hyperebenen mit zyklischem Durchlauf durch alle Hyperebenen. Wählt man $m = 2$ und die Strategie

$$K .= (\{1, 2\}, \{2, 3\}, \ldots, \{N - 1, N\}, \{N, 1\}, \{1, 2\}, \ldots),$$

so wird jeweils auf den Schnittraum zweier aufeinanderfolgender Hyperebenen projiziert.

Wenn ein Index k in zwei aufeinanderfolgenden Indexmengen $K^{(n)}$ und $K^{(n+1)}$ einer Strategie auftritt, dann verschwindet der Koeffizient $r_k{}^{(n+1)}$ auf Grund der Orthogonalitätsbedingungen (29). Dann braucht man den Bestandteil $\boldsymbol{p}_k{}^{(n+1)}$ nicht zu berücksichtigen. Wenn ein solcher Fall eintritt, dann sagen wir, daß sich die Indexmengen $K^{(n)}$ und $K^{(n+1)}$ „überlappen". Die Indexmengen $K^{(n)}$ und $K^{(n+1)}$ können sich stark überlappen, so daß beim Übergang von $K^{(n)}$ nach $K^{(n+1)}$ nur ein Index ausgetauscht wird. Dann reduziert sich der Projektionsvektor $\boldsymbol{p}^{(n+1)}$ auf einen einzigen

Bestandteil. Der Konvergenzbeweis für die Projektion auf Schnitträume ergibt sich durch geringe Modifikationen aus dem allgemeinen Konvergenzbeweis für das Projektionsverfahren. Der Formel (6) entspricht jetzt die Formel

$$\|\boldsymbol{x}^{(n+1)} - \boldsymbol{x}_0\|_2^2 = \|\boldsymbol{x}^{(n)} - \boldsymbol{x}_0\|_2^2 - \|\boldsymbol{p}^{(n)}\|_2^2. \tag{38}$$

Hieraus folgt wie vorher die Konvergenz der Reihe

$$\sum_{n=1}^{\infty} \|\boldsymbol{p}^{(n)}\|_2^2.$$

Für $n = 1, 2, \ldots, M$ betrachten wir die symmetrische Matrix

$$Q_n .= \begin{pmatrix} (\boldsymbol{p}_{k_1^{(n)}}^{(n)}, \boldsymbol{p}_{k_1^{(n)}}^{(n)})_2 & \ldots & (\boldsymbol{p}_{k_1^{(n)}}^{(n)}, \boldsymbol{p}_{k_m^{(n)}}^{(n)})_2 \\ \vdots & & \vdots \\ (\boldsymbol{p}_{k_m^{(n)}}^{(n)}, \boldsymbol{p}_{k_1^{(n)}}^{(n)})_2 & \ldots & (\boldsymbol{p}_{k_m^{(n)}}^{(n)}, \boldsymbol{p}_{k_m^{(n)}}^{(n)})_2 \end{pmatrix},$$

die aus den Bestandteilen von $\boldsymbol{p}^{(n)}$ gebildet wird und bezeichnen mit

$$\tau_n .= \inf_{(r_j^{(n)})} \frac{\left\| \sum_{j \in K^{(n)}} r_j^{(n)} \boldsymbol{p}_j^{(n)} \right\|_2^2}{\sum_{j \in K^{(n)}} (r_j^{(n)})^2}$$

ihren kleinsten Eigenwert. Dieser ist positiv, weil die Vektoren $\boldsymbol{p}_j^{(n)}$ $(j \in K^{(n)})$ linear unabhängig sind. Wir setzen

$$\tau_0 .= \min_{n=1,2,\ldots,M} \tau_n.$$

Dann gilt die Abschätzung

$$\|\boldsymbol{p}^{(n)}\|_2^2 \geqq \tau_0 \sum_{j \in K^{(n)}} (r_j^{(n)})^2$$

für $n = 1, 2, \ldots$, und hieraus folgt die Konvergenz der Reihe

$$\sum_{n=1}^{\infty} \sum_{j \in K^{(n)}} (r_j^{(n)})^2.$$

Nun führen wir für einen vollen Zyklus $j \in K^{(n)}$ $(n = k + 1, k + 2, \ldots, k + M)$ die $m \cdot M$-reihige Matrix

$$\tilde{P}_k .= \begin{pmatrix} (\boldsymbol{p}_{k_1^{(k+1)}}^{(k+1)}, \boldsymbol{p}_{k_1^{(k+1)}}^{(k+1)})_2 & \ldots & (\boldsymbol{p}_{k_1^{(k+1)}}^{(k+1)}, \boldsymbol{p}_{k_m^{(k+M)}}^{(k+M)})_2 \\ \vdots & & \vdots \\ (\boldsymbol{p}_{k_m^{(k+M)}}^{(k+M)}, \boldsymbol{p}_{k_1^{(k+1)}}^{(k+1)})_2 & \ldots & (\boldsymbol{p}_{k_m^{(k+M)}}^{(k+M)}, \boldsymbol{p}_{k_m^{(k+M)}}^{(k+M)})_2 \end{pmatrix}$$

ein und bezeichnen mit $\bar{t}_k$ ihren größten Eigenwert. Es besteht die Ungleichung

$$\left\| \sum_{n=k+1}^{k+M} \boldsymbol{p}^{(n)} \right\|_2^2 \leqq \bar{t}_k \sum_{n=k+1}^{k+M} \sum_{j \in K^{(n)}} (r_j^{(n)})^2,$$

die wegen $\bar{t}_k = \bar{t}_{k+M} = \bar{t}_{k+2M} = \cdots$ auch für mehrere Zyklen gilt. Hieraus folgt wie früher die Konvergenz der Reihe

$$\sum_{n=1}^{\infty} \boldsymbol{p}^{(n)}$$

und damit die Konvergenz der Iteration (37). Der Grenzvektor

$$\lim_{n \to \infty} \boldsymbol{x}^{(n)} =. \boldsymbol{x}^* \tag{39}$$

erfüllt wegen

$$\lim_{n \to \infty} r_i^{(n)} = 0$$

für $i \in K^{(n)}$ $(n = 1, 2, \ldots, M)$ die Gleichungen

$$(\boldsymbol{x}^* - \boldsymbol{x}_0, \boldsymbol{z}_i)_2 = 0\,. \tag{40}$$

Wir fassen das Ergebnis zusammen: Wenn das Gleichungssystem (2.1; 1) eine Lösung $\boldsymbol{x}_0$ besitzt, dann konvergiert die Iteration (37) gegen einen Grenzvektor $\boldsymbol{x}^*$, der alle Gleichungen

$$(\boldsymbol{x}^*, \boldsymbol{z}_i)_2 = b_i \tag{40'}$$

für $i \in K^{(n)}$ $(n = 1, 2, \ldots, M)$ erfüllt. Wenn die Indexmengen $K^{(1)}, K^{(2)}, \ldots, K^{(M)}$ alle Indizes der Menge $\{1, 2, \ldots, N\}$ enthalten, dann ist $\boldsymbol{x}^*$ eine Lösung des Gleichungssystems (2.1; 1). Das bleibt auch richtig, wenn die Matrix A singulär ist. Wenn das Gleichungssystem (2.1; 1) bei singulärer Matrix A keine Lösung besitzt, dann konvergiert im allgemeinen die Iteration (37) nicht gegen einen Grenzvektor.

Aufg. 2.20: Das Gleichungssystem

$$\begin{aligned}
2x_1 - x_2 \qquad\qquad\qquad\qquad &= 1, \\
-x_1 + 2x_2 - x_3 \qquad\qquad\quad &= 0, \\
- x_2 + 2x_3 - x_4 \qquad &= 0, \\
&\;\;\vdots \\
-x_8 + 2x_9 - x_{10} &= 0, \\
- x_9 + 2x_{10} &= 1
\end{aligned}$$

soll durch Projektion auf Schnitträume von drei aufeinanderfolgenden Hyperebenen nach der zyklischen Strategie

$$K := (\{1, 2, 3\}, \{2, 3, 4\}, \ldots, \{8, 9, 10\}, \{9, 10, 1\}, \{10, 1, 2\}, \{1, 2, 3\} \ldots)$$

gelöst werden.

2.5.4. *Projektion mit allgemeinem Skalarprodukt*

Wir haben gesehen, daß die Gleichungen (5) nur dann auswertbar sind, wenn der Lösungsvektor $\boldsymbol{x}_0$ in Form bekannter Ausdrücke in diese Gleichungen eingeht. Bei den erstgenannten Projektionsverfahren haben wir diese Bedingung dadurch erfüllt, daß wir die Differenz $\boldsymbol{x}^{(n)} - \boldsymbol{x}_0$ mit Zeilenvektoren $\boldsymbol{z}_i$ multipliziert haben. Eine zweite Möglichkeit, um diese Bedingung zu erfüllen, ergibt sich dadurch, daß wir in den Gleichungen (5) ein allgemeines Skalarprodukt verwenden, das auf die Matrix A bezogen ist.

Wir führen zuerst ein allgemeines Skalarprodukt im N-dimensionalen Vektorraum ein. Dazu benötigen wir eine N-reihige, symmetrische und positiv-definite Matrix G.

Aufg. 2.21: Man zeige: Ist G eine N-reihige, symmetrische und positiv-definite Matrix, so ist

$$\begin{aligned}(\boldsymbol{x}, \boldsymbol{y})_G &:= \boldsymbol{x}^t G \boldsymbol{y} = \sum_{i,k=1}^{N} g_{ik} x_i y_k \\ &= (G\boldsymbol{x}, \boldsymbol{y})_2 = (\boldsymbol{x}, G\boldsymbol{y})_2\end{aligned} \tag{41}$$

ein Skalarprodukt, und

$$\|\boldsymbol{x}\|_G := (\boldsymbol{x}^t G \boldsymbol{x})^{\frac{1}{2}} \tag{42}$$

eine Norm.

Man kann beweisen, daß jedes Skalarprodukt im N-dimensionalen Vektorraum in dieser Form darstellbar ist.

Wir definieren: Zwei Vektoren $\boldsymbol{x}$ und $\boldsymbol{y}$ des N-dimensionalen Vektorraumes sind G-orthogonal (oder bezüglich G konjugiert), wenn die Gleichung

$$(\boldsymbol{x}, \boldsymbol{y})_G = 0 \tag{43}$$

gilt.

Wir wollen die Metrik, die durch das Skalarprodukt (41) und die Norm (42) begründet wird, geometrisch deuten. Dazu untersuchen wir das geometrische Gebilde, das durch die Gleichung

$$\|\boldsymbol{x}\|_G^2 = a^2 \tag{44}$$

definiert wird. Die Matrix G besitzt N positive Eigenwerte t_k $(k=1,2,\ldots,N)$, wobei mehrfache Eigenwerte entsprechend ihrer Vielfachheit gezählt werden. Außerdem existiert ein vollständiges, orthonormiertes System von Eigenvektoren $\boldsymbol{v}_k$ $(k = 1, 2, \ldots, N)$, das die Relationen

$$G\boldsymbol{v}_k = t_k\boldsymbol{v}_k, \quad (\boldsymbol{v}_k, \boldsymbol{v}_i)_2 = \begin{cases} 0 \text{ für } k \neq i, \\ 1 \text{ für } k = i \end{cases} \tag{45}$$

erfüllt. Jeder Vektor $\boldsymbol{x}$ des N-dimensionalen Vektorraumes kann eindeutig als Linearkombination der Eigenvektoren $\boldsymbol{v}_k$ dargestellt werden. Also erhalten wir

$$\boldsymbol{x} = \sum_{k=1}^{N} c_k\boldsymbol{v}_k$$

und

$$\|\boldsymbol{x}\|_G^2 = \left(\sum_{k=1}^{N} c_k\boldsymbol{v}_k, \sum_{i=1}^{N} c_i G\boldsymbol{v}_i\right)_2 = \sum_{k,i=1}^{N} c_k c_i t_i (\boldsymbol{v}_k, \boldsymbol{v}_i)_2 = \sum_{k=1}^{N} t_k c_k^2.$$

Weil alle Eigenwerte t_k positiv sind, definiert die Gleichung (44) ein Ellipsoid mit dem Mittelpunkt $\boldsymbol{O}$ und den Halbachsen (vgl. Abb. 2.8)

$$a_k = \frac{a}{\sqrt{t_k}}.$$

Aufg. 2.22: Man beweise, die Relation

$$\frac{1}{2} \operatorname{grad} \|\boldsymbol{x}\|_G^2 = G\boldsymbol{x}. \tag{46}$$

Nun können wir die Orthogonalitätsbedingung (43) geometrisch deuten. Wir gehen davon aus, daß $\boldsymbol{x}$ als Ortsvektor im Nullpunkt angeheftet ist. Sein Endpunkt liegt auf einem Ellipsoid der Schar (44). Der Gradient $G\boldsymbol{x}$

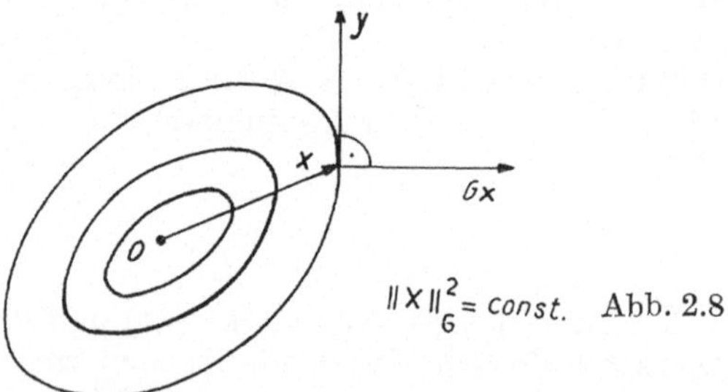

Abb. 2.8

ist nach außen gerichteter Normalenvektor für dieses Ellipsoid im Endpunkt von $\boldsymbol{x}$. Zwei Vektoren $\boldsymbol{x}$ und $\boldsymbol{y}$ sind G-orthogonal, wenn die Vektoren $G\boldsymbol{x}$

und $\boldsymbol{y}$ bzw. $G\boldsymbol{y}$ und $\boldsymbol{x}$ im euklidischen Sinn orthogonal sind. Das bedeutet (vgl. Abb. 2.8):

$\boldsymbol{x}$ ist Ortsvektor, $G\boldsymbol{x}$ Normalenvektor und $\boldsymbol{y}$ Tangentialvektor bzw.
$\boldsymbol{y}$ ist Ortsvektor, $G\boldsymbol{y}$ Normalenvektor und $\boldsymbol{x}$ Tangentialvektor.

Wenn wir in den Gleichungen (5) das Skalarprodukt als allgemeines Skalarprodukt (41) auffassen, dann erhalten wir folgendes Bild für den allgemeinen Projektionsalgorithmus (vgl. Abb. 2.9): Der neue Näherungsvektor $\boldsymbol{x}^{(n+1)}$ wird so bestimmt, daß $\boldsymbol{x}^{(n+1)} - \boldsymbol{x}_0$ G-orthogonal zu $\boldsymbol{p}^{(n)}$ ist, d. h., die Projektionsrichtung $\boldsymbol{p}^{(n)}$ ist Tangentialrichtung für ein Ellipsoid $\|\boldsymbol{x} - \boldsymbol{x}_0\|_G^2 = a^2$ im Punkt $\boldsymbol{x}^{(n+1)} - \boldsymbol{x}_0$. Das betreffende Ellipsoid berührt im Punkt $\boldsymbol{x}^{(n+1)} - \boldsymbol{x}_0$ den Projektionsstrahl $\boldsymbol{x}^{(n)} - u_n\boldsymbol{p}^{(n)}$. Es ist das kleinste Ellipsoid $\|\boldsymbol{x} - \boldsymbol{x}_0\|_G^2 = a^2$ mit dem Mittelpunkt $\boldsymbol{x}_0$, das den Projektionsstrahl trifft.

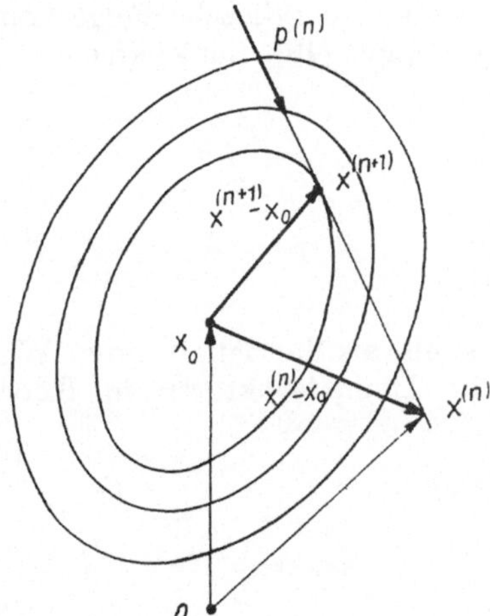

Abb. 2.9

Wir wollen jetzt zeigen, wie wir durch Wahl eines geeigneten Skalarproduktes den Lösungsvektor $\boldsymbol{x}_0$ in der Formel (5) auf bekannte Ausdrücke zurückführen können. Wir müssen voraussetzen, daß die Matrix A symmetrisch und positiv-definit ist. Dann können wir mit Hilfe von A ein Skalarprodukt

$$(\boldsymbol{x}, \boldsymbol{y})_A := (A\boldsymbol{x}, \boldsymbol{y})_2 = (\boldsymbol{x}, A\boldsymbol{y})_2 \tag{47}$$

einführen. Mit diesem Skalarprodukt gehen wir in die allgemeine Gleichung (4) für den Koeffizienten u_n ein. Wir erhalten unter Berücksichtigung von (24) die Formel

$$u_n = \frac{(\boldsymbol{r}^{(n)}, \boldsymbol{p}^{(n)})_2}{(\boldsymbol{p}^{(n)}, A\boldsymbol{p}^{(n)})_2}, \tag{48}$$

in der $\boldsymbol{x}_0$ nicht mehr explizit auftritt. Zusammenfassend ergeben sich folgende Formeln für die

Projektion mit allgemeinem Skalarprodukt:

A (symmetrische positiv-definite Matrix),
$\boldsymbol{p}^{(1)}, \boldsymbol{p}^{(2)}, \ldots$ (vorgegebene Folge von Näherungsvektoren),
$\boldsymbol{x}^{(1)}$ (vorgegebener Näherungsvektor),
$n = 1, 2, \ldots$ (n Nummer des Schrittes),
$\boldsymbol{r}^{(n)} .= A\boldsymbol{x}^{(n)} - \boldsymbol{b}$ (Restvektor vor dem n-ten Schritt),

$$\boldsymbol{x}^{(n+1)} .= \boldsymbol{x}^{(n)} - \frac{(\boldsymbol{r}^{(n)}, \boldsymbol{p}^{(n)})_2}{(\boldsymbol{p}^{(n)}, A\boldsymbol{p}^{(n)})_2} \boldsymbol{p}^{(n)}. \tag{49}$$

Der allgemeine Konvergenzbeweis für eine zyklische Folge von Projektionsvektoren gilt auch für den Algorithmus (49). Ein Zyklus

$$\{\boldsymbol{p}^{(1)}, \boldsymbol{p}^{(2)}, \ldots, \boldsymbol{p}^{(M)}\} \tag{50}$$

kann beliebig festgelegt werden.

2.5.5. *Gauß-Seidel-Verfahren*

Dieses ordnet sich dem Algorithmus (49) als Spezialfall unter. Wir wählen als Projektionsvektoren einfach die Einheitsvektoren in Koordinatenrichtung

$$\boldsymbol{p}^{(i)} .= \boldsymbol{e}_i .= (\delta_{i1}, \delta_{i2}, \ldots, \delta_{iN})^t \tag{51}$$

für $i = 1, 2, \ldots, N$ mit

$$\delta_{ik} .= \begin{cases} 0 & \text{für} \quad i \neq k, \\ 1 & \text{für} \quad i = k \end{cases}$$

und

$$\boldsymbol{p}^{(n+N)} .= \boldsymbol{p}^{(n)} \tag{52}$$

für $n = 1, 2, \ldots$. Damit erhalten wir für die Skalarprodukte in Gleichung (48) die Ausdrücke

$$(\boldsymbol{r}^{(n)}, \boldsymbol{e}_i)_2 = r_i^{(n)} = \sum_{k=1}^{N} a_{ik} x_k^{(n)} - b_i,$$
$$(\boldsymbol{e}_i, A\boldsymbol{e}_i)_2 = a_{ii}.$$

Die allgemeine Iterationsvorschrift (49) erscheint jetzt in der Form

$$\boldsymbol{x}^{(n+1)} .= \boldsymbol{x}^{(n)} - \frac{1}{a_{ii}} \left(\sum_{k=1}^{N} a_{ik} x_k^{(n)} - b_i \right) \boldsymbol{e}_i. \tag{53}$$

Wenn wir zu den Komponenten übergehen, entstehen die Gleichungen

$$\begin{aligned} x_k^{(n+1)} &= x_k^{(n)} \quad \text{für} \quad k \neq i, \\ x_k^{(n+1)} &= \frac{b_i}{a_{ii}} - \sum_{k \neq i} \frac{a_{ik}}{a_{ii}} x_k^{(n)}, \end{aligned} \tag{53'}$$

die genau einem Teilschritt (2.4; 5) des Gauss-Seidel-Verfahrens entsprechen.

2.5.6. *Gradientenverfahren*

Wir setzen wieder voraus, daß die Koeffizientenmatrix A symmetrisch und positiv-definit ist und legen das Skalarprodukt (47) zugrunde. Als Projektionsvektor $\boldsymbol{p}^{(n)}$ wählen wir den Gradientenvektor[1]) an das Ellipsoid $\|\boldsymbol{x} - \boldsymbol{x}_0\|_A^2 = a^2$ im Punkt $\boldsymbol{x} = \boldsymbol{x}^{(n)}$.

Unter Berücksichtigung der Gleichungen (46) und (24) erhalten wir die Formel

$$\boldsymbol{p}^{(n)} .= \frac{1}{2} \operatorname{grad} \|\boldsymbol{x} - \boldsymbol{x}_0\|_A^2 \Big|_{\boldsymbol{x}=\boldsymbol{x}^{(n)}} = \boldsymbol{r}^{(n)}. \tag{54}$$

Damit entsteht der folgende Algorithmus für das

Gradientenverfahren:

A (symmetrische, positiv-definite Matrix),

$\boldsymbol{x}^{(1)}$ (vorgegebener Näherungsvektor),

$n = 1, 2, \ldots$ (n Nummer des Schrittes),

$\boldsymbol{r}^{(n)} .= A\boldsymbol{x}^{(n)} - \boldsymbol{b}$ ($\boldsymbol{r}^{(n)}$ Restvektor vor dem n-ten Schritt),

$$\boldsymbol{x}^{(n+1)} .= \boldsymbol{x}^{(n)} - \frac{(\boldsymbol{r}^{(n)}, \boldsymbol{r}^{(n)})_2}{(\boldsymbol{r}^{(n)}, A\boldsymbol{r}^{(n)})_2} \boldsymbol{r}^{(n)}. \tag{55}$$

Wir haben alle Skalarprodukte in „euklidischer Form“ geschrieben, damit die erforderlichen Rechenoperationen richtig ausgewiesen werden. Bei jedem Schritt müssen zwei Vektoren, nämlich $\boldsymbol{x}^{(n)}$ und $\boldsymbol{r}^{(n)}$, in die linke Seite des linearen Gleichungssystems eingesetzt werden, denn wir brauchen die Vektoren $A\boldsymbol{x}^{(n)}$ und $A\boldsymbol{r}^{(n)}$. Man kann das Einsetzen, das bei großen Gleichungssystemen aufwendig ist, einmal einsparen, und zwar für $A\boldsymbol{x}^{(n)}$,

---

[1]) Der Gradient einer Funktion $f(x_1, x_2, \ldots, x_N)$ von N Veränderlichen ist definiert durch den Vektor der ersten partiellen Ableitungen von f: $\textbf{grad}\, f = \left(\frac{\partial f}{\partial x_1}, \ldots, \frac{\partial f}{\partial x_N}\right)^t$. Er steht senkrecht auf den Flächen $f(x_1, x_2, \ldots, x_N) = \text{const.}$

wenn man den Restvektor $\boldsymbol{r}^{(n)}$ direkt aus den Vektoren $\boldsymbol{r}^{(n-1)}$ und $A\boldsymbol{r}^{(n-1)}$ des vorangehenden Schrittes nach der Formel

$$\boldsymbol{r}^{(n)} = \boldsymbol{r}^{(n-1)} - \frac{(\boldsymbol{r}^{(n-1)}, \boldsymbol{r}^{(n-1)})_2}{(\boldsymbol{r}^{(n-1)}, A\boldsymbol{r}^{(n-1)})_2} A\boldsymbol{r}^{(n-1)} \tag{55'}$$

berechnet. Dann fehlt allerdings die „Kontrollrechnung"

$$\boldsymbol{r}^{(n)} = A\boldsymbol{x}^{(n)} - \boldsymbol{b}.$$

Der Gradientenvektor $\boldsymbol{r}^{(n)}$ ist äußerer Normalenvektor für das Ellipsoid $\|\boldsymbol{x} - \boldsymbol{x}_0\|_A{}^2 = a^2$ im Punkt $\boldsymbol{x} = \boldsymbol{x}^{(n)}$. Er zeigt in Richtung zunehmender Parameterwerte von a. Der Koeffizient

$$u_n = \frac{(\boldsymbol{r}^{(n)}, \boldsymbol{r}^{(n)})_2}{(\boldsymbol{r}^{(n)}, A\boldsymbol{r}^{(n)})_2} \tag{48'}$$

ist immer positiv. Deshalb liegt $\boldsymbol{x}^{(n+1)}$ immer in Richtung abnehmender Werte des Parameters a, und zwar entspricht die Gradientenrichtung $\boldsymbol{r}^{(n)}$ gerade dem steilsten Abstieg auf den „Niveauflächen" $\|\boldsymbol{x} - \boldsymbol{x}_0\|_A{}^2 = a^2$. Aus diesem Grunde bezeichnet man das Gradientenverfahren auch als ein Verfahren des steilsten Abstiegs (für $N = 2$ vgl. Abb. 2.10).

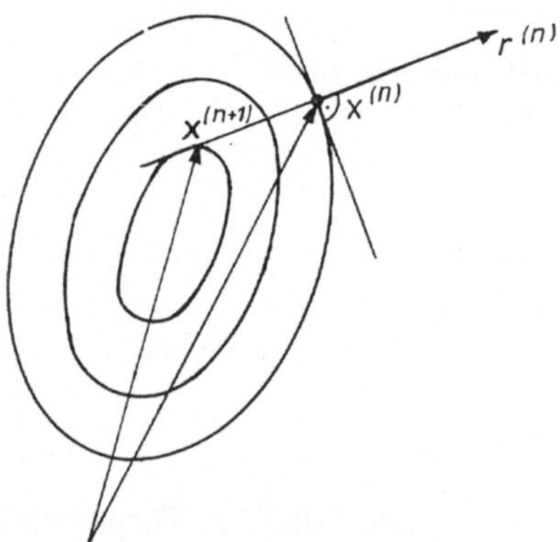

Abb. 2.10

Beim Gradientenverfahren werden die Projektionsvektoren nicht fest vorgegeben, sondern selbständig vom Verfahren erzeugt ($\boldsymbol{p}^{(n)} .= \boldsymbol{r}^{(n)}$). Deshalb können wir beim Konvergenzbeweis nicht von einer zyklischen Folge (7) ausgehen. Wir müssen den Beweis modifizieren. Die Formel (6) hat jetzt die Gestalt

$$\|\boldsymbol{x}^{(n+1)} - \boldsymbol{x}_0\|_A{}^2 = \|\boldsymbol{x}^{(n)} - \boldsymbol{x}_0\|_A{}^2 - \frac{(\boldsymbol{r}^{(n)}, \boldsymbol{r}^{(n)})_2{}^2}{(\boldsymbol{r}^{(n)}, A\boldsymbol{r}^{(n)})_2}. \tag{6'}$$

Genau wie beim allgemeinen Konvergenzbeweis folgt daraus die Konvergenz der Reihe

$$\sum_{n=1}^{\infty} \frac{(\boldsymbol{r}^{(n)}, \boldsymbol{r}^{(n)})_2^2}{(\boldsymbol{r}^{(n)}, A\boldsymbol{r}^{(n)})_2}.$$

Die Glieder dieser Reihe müssen gegen Null konvergieren:

$$\lim_{n\to\infty} \frac{(\boldsymbol{r}^{(n)}, \boldsymbol{r}^{(n)})_2^2}{(\boldsymbol{r}^{(n)}, A\boldsymbol{r}^{(n)})_2} = 0.$$

Andererseits ist der größte Eigenwert der Matrix A

$$t_{\max}(A) .= \sup_{\boldsymbol{r}\neq\boldsymbol{o}} \frac{\boldsymbol{r}^t A\boldsymbol{r}}{\boldsymbol{r}^t\boldsymbol{r}} = \sup_{\boldsymbol{r}\neq\boldsymbol{o}} \frac{(\boldsymbol{r}, A\boldsymbol{r})_2}{(\boldsymbol{r}, \boldsymbol{r})_2}$$

eine positive Zahl. Daraus ergibt sich die Ungleichung

$$\frac{(\boldsymbol{r}^{(n)}, \boldsymbol{r}^{(n)})_2^2}{(\boldsymbol{r}^{(n)}, A\boldsymbol{r}^{(n)})_2} \geqq \frac{(\boldsymbol{r}^{(n)}, \boldsymbol{r}^{(n)})_2}{t_{\max}(A)}$$

und die Existenz des Grenzwertes

$$\lim_{n\to\infty} \boldsymbol{r}^{(n)} = \boldsymbol{O}.$$

Das bedeutet aber, daß die Folge $\boldsymbol{x}^{(n)}$ gegen den Lösungsvektor $\boldsymbol{x}_0$ konvergiert, denn A ist nach Voraussetzung regulär.

Konvergenzsatz für das Gradientenverfahren: *Die Iteration* (55) *konvergiert für symmetrische, positiv-definite Matrizen A bei beliebigem Näherungsvektor $\boldsymbol{x}^{(n)}$ gegen den Lösungsvektor $\boldsymbol{x}_0$.*

Es sei vermerkt, daß das Gradientenverfahren im allgemeinen schlecht konvergiert, wenn die Ellipsoide $\|\boldsymbol{x} - \boldsymbol{x}_0\|_A{}^2 = a^2$ sehr unterschiedliche Halbachsen bzw. Eigenwerte haben.

Aufg. 2.23: Man zeige, daß das Gradientenverfahren (55) in einem Schritt konvergiert, wenn der Vektor $\boldsymbol{x}^{(1)} - \boldsymbol{x}_0$ Eigenvektor der Matrix A ist, d. h., wenn er in Richtung einer Hauptachse des Ellipsoids $\|\boldsymbol{x} - \boldsymbol{x}_0\|_A{}^2 = a^2$ liegt.

Aufg. 2.24: Man löse das System

$$\begin{aligned} 3x_1 + 2x_2 + 2x_3 &= -1, \\ 2x_1 + 3x_2 + 2x_3 &= 0, \\ 2x_1 + 2x_2 + 3x_3 &= 1 \end{aligned}$$

mit Hilfe des Gradientenverfahrens.

Aufg. 2.25: Man beweise die Orthogonalitätsbeziehung

$$(\boldsymbol{r}^{(n)}, \boldsymbol{r}^{(n+1)})_2 = 0 \qquad (n = 1, 2, \ldots) \tag{56}$$

für aufeinanderfolgende Restvektoren des Gradientenverfahrens.

2.5.7. *Verfahren der konjugierten Gradienten*

Auch hier wird vorausgesetzt, daß die Matrix A symmetrisch und positiv-definit ist, damit das Skalarprodukt (47) zugrunde gelegt werden kann. Wir beginnen wie beim Gradientenverfahren mit

$$\boldsymbol{p}^{(1)} .= \boldsymbol{r}^{(1)} .= A\boldsymbol{x}^{(1)} - \boldsymbol{b}.$$

Beim zweiten Schritt und bei allen folgenden nehmen wir aber als Projektionsvektor $\boldsymbol{p}^{(n)}$ eine Linearkombination aus dem Restvektor $\boldsymbol{r}^{(n)}$ und dem vorangehenden Projektionsvektor $\boldsymbol{p}^{(n-1)}$:

$$\boldsymbol{p}^{(n)} .= \boldsymbol{r}^{(n)} - v_n \boldsymbol{p}^{(n-1)}. \tag{57}$$

Wir bestimmen den Koeffizienten v_n durch die Forderung

$$(\boldsymbol{p}^{(n)}, \boldsymbol{p}^{(n-1)})_A = 0. \tag{58}$$

Daraus folgt

$$v_n = \frac{(\boldsymbol{r}^{(n)}, A\boldsymbol{p}^{(n-1)})_2}{(\boldsymbol{p}^{(n-1)}, A\boldsymbol{p}^{(n-1)})_2}. \tag{59}$$

Der Koeffizient u_n gemäß (4) ist jetzt durch die Gleichung

$$u_n = \frac{(\boldsymbol{r}^{(n)}, \boldsymbol{p}^{(n)})_2}{(\boldsymbol{p}^{(n)}, A\boldsymbol{p}^{(n)})_2} \tag{60}$$

gegeben.

Auch beim Verfahren der konjugierten Gradienten kann man im allgemeinen Rechenzeit einsparen, wenn man den Restvektor $\boldsymbol{r}^{(n)}$ nicht durch Einsetzen von $\boldsymbol{x}^{(n)}$ in das Gleichungssystem, sondern direkt aus der Formel

$$\boldsymbol{r}^{(n)} = \boldsymbol{r}^{(n-1)} - u_{n-1} A\boldsymbol{p}^{(n-1)} \tag{61}$$

entnimmt. Wenn wir wieder alle Skalarprodukte in ihrer euklidischen Form schreiben, erhalten wir folgenden Ablaufplan für das

Verfahren der konjugierten Gradienten:

A (symmetrische, positiv-definite Matrix),

$\boldsymbol{x}^{(1)}$ (vorgegebener Näherungsvektor),

$\boldsymbol{p}^{(1)} .= \boldsymbol{r}^{(1)} .= A\boldsymbol{x}^{(1)} - \boldsymbol{b}$

($\boldsymbol{p}^{(1)}$ Projektionsvektor für den 1. Schritt),

$A\boldsymbol{p}^{(1)}$,

$$x^{(2)} .= x^{(1)} - \frac{(r^{(1)}, p^{(1)})_2}{(p^{(1)}, Ap^{(1)})^2} p^{(1)}.$$

Für $n = 2, 3, \ldots$:

$$r^{(n)} .= r^{(n-1)} - \frac{(r^{(n-1)}, p^{(n-1)})_2}{(p^{(n-1)}, Ap^{(n-1)})_2} Ap^{(n-1)}$$

bzw. $.= Ax^{(n)} - b$ (als Kontrollrechnung)

($r^{(n)}$ Restvektor vor dem n-ten Schritt),

$$p^{(n)} .= r^{(n)} - \frac{(r^{(n)}, Ap^{(n-1)})_2}{(p^{(n-1)}, Ap^{(n-1)})_2} p^{(n-1)} \tag{62}$$

($p^{(n)}$ Projektionsvektor für den n-ten Schritt),

$Ap^{(n)}$,

$$x^{(n+1)} .= x^{(n)} - \frac{(r^{(n)}, p^{(n)})_2}{(p^{(n)}, Ap^{(n)})_2} p^{(n)}. \tag{63}$$

Aufg. 2.26: Mit dem Verfahren der konjugierten Gradienten berechne man drei Näherungsvektoren für das System

$$3x_1 + 2x_2 + 2x_3 = 3,$$
$$2x_1 + 3x_2 + 2x_3 = 4,$$
$$2x_1 + 2x_2 + 3x_3 = 0,$$

wobei mit dem Näherungsvektor $x^{(1)} = (0, 0, 0)^t$ begonnen wird. Die exakte Lösung lautet; $x_0 .= (1, 2, -2)^t$.

Aufg. 2.27: Man beweise die Formeln

$$(p^{(n)}, Ap^{(i)})_2 = 0, \tag{64}$$

$$(r^{(n)}, r^{(i)})_2 = 0 \tag{65}$$

für $i = 1, 2, \ldots, n-1$ und $n = 2, 3, \ldots$.

Aus den Gleichungen (65) ergibt sich in einfacher Weise ein Beweis für die Konvergenz des Verfahrens der konjugierten Gradienten. Wir nehmen an, daß die Restvektoren

$$r^{(1)}, r^{(2)}, \ldots, r^{(N)} \tag{66}$$

vom Nullvektor verschieden sind. Das ist keine wesentliche Einschränkung, denn wenn einmal $r^{(n)} = O$ gilt, verschwinden alle nachfolgenden Restvektoren, und $x^{(n)}$ stimmt mit dem Lösungsvektor x_0 überein. Unter den genannten Voraussetzungen bilden die Restvektoren (66) ein vollständiges, orthogonales System.

Aus

$$(\boldsymbol{r}^{(N+1)}, \boldsymbol{r}^{(i)})_2 = 0 \tag{65'}$$

für $i = 1, 2, \ldots, N$ folgt aber $\boldsymbol{r}^{(N+1)} = \boldsymbol{O}$. Das bedeutet, daß das Verfahren der konjugierten Gradienten ein direktes Verfahren ist, denn es führt nach höchstens $N + 1$ Schritten zum Lösungsvektor $\boldsymbol{x}_0$. Allerdings gilt das nur bei Vernachlässigung von Rundungsfehlern. In Wirklichkeit wird man mehrere Zyklen der Länge N durchrechnen, um die Rundungsfehler auszugleichen. Bei allen Vorzügen des Verfahrens der konjugierten Gradienten muß beachtet werden, daß der Rechenaufwand für jeden Schritt recht groß ist, vor allem für sehr große Gleichungssysteme. Deshalb wird das Verfahren vornehmlich für Gleichungssysteme mit Bandmatrizen zum Einsatz kommen, wie sie beispielsweise bei der Lösung von Randwertproblemen für partielle Differentialgleichungen auftreten (vgl. SCHWARZ-RUTISHAUSER-STIEFEL [1] und Kap. 9.).

Aufg. 2.28: Man zeige, daß jedes Gleichungssystem $A\boldsymbol{x} = \boldsymbol{b}$ mit regulärer Matrix A durch Multiplikation mit A^t in ein Gleichungssystem $B\boldsymbol{x} = \boldsymbol{d}$ übergeführt werden kann, dessen Koeffizientenmatrix B symmetrisch und positiv-definit ist und das dieselbe Lösung besitzt wie das Ausgangssystem.

Bei allen angegebenen Algorithmen kann man zusätzlich mit einem Relaxationsfaktor ω (vgl. (2.4; 8)) arbeiten, um die Konvergenz zu verbessern. Dazu ersetzt man die Formel (5) durch

$$\boldsymbol{x}^{(n+1)} = \boldsymbol{x}^{(n)} - \omega \frac{(\boldsymbol{x}^{(n)} - \boldsymbol{x}_0, \boldsymbol{p}^{(n)})}{(\boldsymbol{p}^{(n)}, \boldsymbol{p}^{(n)})} \boldsymbol{p}^{(n)} \tag{67}$$

und bestimmt den Faktor ω möglichst günstig (z. B. auch mit Hilfe von numerischen Experimenten).

2.6. *Spaltenapproximation*

Eine weitere Klasse von Iterationsverfahren entsteht dadurch, daß man die Form (2.1; 1'') eines linearen Gleichungssystems zugrunde legt und den Vektor $\boldsymbol{b}$ der rechten Seiten bzw. den jeweiligen Restvektor schrittweise in geeigneten Unterräumen approximiert, die durch Spaltenvektoren

$$\boldsymbol{s}_k := (a_{1k}, a_{2k}, \ldots, a_{Nk})^t \qquad (k = 1, 2, \ldots, N) \tag{1}$$

aufgespannt werden. Wir beschreiben diese Verfahren allgemein für eine beliebige Auswahl von Unterräumen und für die Approximation bezüglich der euklidischen Vektornorm $\|\boldsymbol{x}\|_2$. Weitere Verfahren der Spaltenapproximation, bei denen beliebige Vektornormen zugrunde gelegt werden können, werden an anderer Stelle (KIESEWETTER [1]) untersucht.

Wie bei der Projektion auf Schnitträume von Hyperebenen im Abschnitt 2.5. betrachten wir Strategien (vgl. (2.5; 26))

$$K .= (K^{(n)}) \qquad (n = 1, 2, \ldots), \tag{2}$$

wobei die Indexmengen

$$K^{(n)} .= \{k_1^{(n)}, k_2^{(n)}, \ldots, k_m^{(n)}\} \qquad (n = 1, 2, \ldots) \tag{2'}$$

aus m $(1 \leqq m < N)$ paarweise verschiedenen Indizes der Menge $\{1, 2, \ldots, N\}$ bestehen. Wir setzen voraus, daß die Strategien (2) mit einer Zyklenlänge $M \geqq 1$ zyklisch sind, d. h., es gilt

$$K^{(n+M)} = K^{(n)} \tag{2'''}$$

für $n = 1, 2, \ldots$. Jede Indexmenge $K^{(n)}$ charakterisiert einen Unterraum

$$L^{(n)} .= L\{\boldsymbol{s}_{k_1^{(n)}}, \boldsymbol{s}_{k_2^{(n)}}, \ldots, \boldsymbol{s}_{k_m^{(n)}}\}, \tag{3}$$

der aus allen Linearkombinationen der rechtsstehenden Spaltenvektoren besteht. Wir setzen voraus, daß diese Spaltenvektoren für jede Indexmenge $K^{(n)}$ linear unabhängig sind. Das muß bei der Festlegung der Indexmengen $K^{(n)}$ berücksichtigt werden, falls die Koeffizientenmatrix A des Gleichungssystems (2.1; 1) singulär ist.

Mit $x_k^{(n)}$ $(k = 1, 2, \ldots, N;\ n = 1, 2, \ldots)$ bezeichnen wir die Näherungswerte vor dem n-ten Schritt für die Komponenten x_k der Lösung. Wir berechnen den Restvektor

$$\boldsymbol{r}^{(n)} .= \boldsymbol{b} - \sum_{k=1}^{N} x_k^{(n)} \boldsymbol{s}_k \tag{4}$$

und bestimmen eine beste Approximation

$$\boldsymbol{p}^{(n)} .= \sum_{k \in K^{(n)}} u_k^{(n)} \boldsymbol{s}_k \tag{5}$$

von $\boldsymbol{r}^{(n)}$ in dem Unterraum $L^{(n)}$ mit der Eigenschaft

$$\|\boldsymbol{r}^{(n)} - \boldsymbol{p}^{(n)}\|_2 = \inf_{\boldsymbol{y} \in L^{(n)}} \|\boldsymbol{r}^{(n)} - \boldsymbol{y}\|_2 . \tag{6}$$

Im euklidischen Vektorraum erhält man die beste Approximation $\boldsymbol{p}^{(n)}$ als Projektion auf den Unterraum $L^{(n)}$. Daraus resultieren die Orthogonalitätsbedingungen

$$(\boldsymbol{r}^{(n)} - \boldsymbol{p}^{(n)}, \boldsymbol{s}_i)_2 = 0 \tag{7}$$

für $i \in K^{(n)}$, durch die der Vektor $\boldsymbol{p}^{(n)}$ eindeutig festgelegt wird. Unter Berücksichtigung des Ansatzes (5) entsteht aus (7) das lineare Gleichungssystem

$$\sum_{k \in K^{(n)}} u_k^{(n)} (\boldsymbol{s}_k, \boldsymbol{s}_i)_2 = (\boldsymbol{r}^{(n)}, \boldsymbol{s}_i)_2 \qquad (i \in K^{(n)}) \tag{8}$$

zur Bestimmung der Koeffizienten $u_k^{(n)}$. Wir berechnen die neuen Näherungswerte nach den Formeln

$$x_k^{(n+1)} .= \begin{cases} x_k^{(n)} + u_k^{(n)} & \text{für} \quad k \in K^{(n)} \\ x_k^{(n)} & \text{für} \quad k \notin K^{(n)}. \end{cases} \tag{9}$$

Dem entspricht gemäß (4) der neue Restvektor

$$\boldsymbol{r}^{(n+1)} = \boldsymbol{r}^{(n)} - \boldsymbol{p}^{(n)}. \tag{10}$$

Aus den Orthogonalitätsbedingungen (7) folgt

$$(\boldsymbol{r}^{(n+1)}, \boldsymbol{p}^{(n)})_2 = 0 \tag{7'}$$

und

$$\|\boldsymbol{r}^{(n)}\|_2^2 = \|\boldsymbol{r}^{(n+1)}\|_2^2 + \|\boldsymbol{p}^{(n)}\|_2^2 \geqq \|\boldsymbol{r}^{(n+1)}\|_2^2. \tag{11}$$

Auch hier ist es zweckmäßig, wenn für die Teilsysteme (8), die sich zyklisch wiederholen, zu Beginn der Rechnung die Umkehrmatrizen für einen vollen Zyklus $n = 1, 2, \ldots, M$ bereitgestellt werden. Dann braucht man anschließend nur noch die laufenden Restvektoren $\boldsymbol{r}^{(n)}$ einzusetzen. Wir bezeichnen die Umkehrmatrix für das Gleichungssystem (8) mit

$$(c_{kj}^{(n)}) \qquad k, j \in K^{(n)}. \tag{12}$$

Ihre Elemente $c_{kj}^{(n)}$ sind durch die Bedingungen

$$\sum_{k \in K^{(n)}} c_{kj}^{(n)} (\boldsymbol{s}_k, \boldsymbol{s}_i)_2 = \begin{cases} 0 & \text{für} \quad i \neq j, \\ 1 & \text{für} \quad i = j \end{cases} \tag{13}$$

festgelegt, wobei die Indizes i und j die Indexmenge $K^{(n)}$ durchlaufen und die GRAMsche Matrix

$$\big((\boldsymbol{s}_k, \boldsymbol{s}_i)_2\big) \qquad i, k \in K^{(n)} \tag{14}$$

nach Voraussetzung regulär ist. Die Größen $u_k^{(n)}$ berechnen sich dann für $k \in K^{(n)}$ nach den Formeln

$$u_k^{(n)} = \sum_{j \in K^{(n)}} c_{kj}^{(n)} (\boldsymbol{r}^{(n)}, \boldsymbol{s}_j)_2. \tag{15}$$

Insgesamt erhalten wir folgenden Algorithmus für das Verfahren der

Spaltenapproximation:

$n = 1, 2, \ldots$ (n Nummer des Schrittes),

$1 \leqq m < N$ (m Dimension der Unterräume von Spaltenvektoren),

$M \geqq 1$ (M Zyklenlänge):

$K^{(n)} .= \{k_1^{(n)}, k_2^{(n)}, \ldots, k_m^{(n)}\} \quad (n = 1, 2, \ldots, M)$,

$K^{(n+M)} .= K^{(n)} \quad (n = 1, 2, \ldots)$ (zyklische Strategie).

Für $n = 1, 2, \ldots, M;\ k, j \in K^{(n)}$:

$c_{kj}^{(n)}$ (Umkehrmatrizen der Teilsysteme),

$x_k^{(1)}$ $(k = 1, 2, \ldots, N)$ (vorgegebene Näherungswerte).

Für $n = 1, 2, \ldots;\ k \in K^{(n)}$:

$$\boldsymbol{r}^{(n)} .= \boldsymbol{r}^{(n-1)} - \sum_{i \in K^{(n-1)}} u_i^{(n-1)} \boldsymbol{s}_i$$

bzw. $.= \boldsymbol{b} - \sum_{k=1}^{N} x_k^{(n)} \boldsymbol{s}_k$ (als Kontrollrechnung)

($\boldsymbol{r}^{(n)}$ Restvektor vor dem n-ten Schritt),

$$u_k^{(n)} .= \sum_{j \in K^{(n)}} c_{kj}^{(n)} (\boldsymbol{r}^{(n)}, \boldsymbol{s}_j)_2 \quad (k \in K^{(n)})$$

($u_k^{(n)}$ Verbesserungen der Näherungswerte im n-ten Schritt),

$$x_k^{(n+1)} .= \begin{cases} x_k^{(n)} + u_k^{(n)} & \text{für} \quad k \in K^{(n)}, \\ x_k^{(n)} & \text{für} \quad k \notin K^{(n)}. \end{cases}$$

Beim Konvergenzbeweis für die Spaltenapproximation gehen wir ähnlich vor wie beim Konvergenzbeweis für die Projektionsverfahren. Aus der Relation (11) schließen wir, daß die Zahlenfolge

$$d_n .= \|\boldsymbol{r}^{(n)}\|_2 \quad (n = 1, 2, \ldots) \tag{16}$$

nicht zunimmt. Da sie nach unten beschränkt ist, existiert der Grenzwert

$$\lim_{n \to \infty} d_n =. d \geqq 0. \tag{17}$$

Wegen

$$\sum_{n=k}^{k'} \|\boldsymbol{p}^{(n)}\|_2^2 = d_k^2 - d_{k'+1}^2 \tag{18}$$

konvergiert die Reihe

$$\sum_{n=1}^{\infty} \|\boldsymbol{p}^{(n)}\|_2^2. \tag{19}$$

Nun gehen wir auf die Spaltenvektoren $\mathbf{s}_k$ zurück. Wir bezeichnen mit

$$\tau_n .= \inf_{(u_k^{(n)})} \frac{\left\| \sum_{k\in K^{(n)}} u_k^{(n)} \mathbf{s}_k \right\|_2^2}{\sum_{k\in K^{(n)}} (u_k^{(n)})^2} \tag{20}$$

den kleinsten Eigenwert der Matrix (14) und setzen

$$\tau_0 .= \min_{n=1,2,\ldots,M} \tau_n . \tag{20'}$$

Alle Eigenwerte τ_n sind positiv, weil die Matrizen (14) nach Voraussetzung regulär sind. Also ist auch τ_0 positiv, und die Ungleichung

$$\|\boldsymbol{p}^{(n)}\|_2^2 \geqq \tau_0 \sum_{k\in K^{(n)}} (u_k^{(n)})^2 \tag{21}$$

gilt für alle $n = 1, 2, \ldots$. Daraus folgt die Konvergenz der Reihe

$$\sum_{n=1}^{\infty} \sum_{k\in K^{(n)}} (u_k^{(n)})^2 . \tag{22}$$

Auch jede Teilreihe dieser Reihe konvergiert. Das werden wir anschließend beispielsweise für die Teilreihen

$$\sum_{n=0}^{\infty} \sum_{k\in K^{(i)}} (u_k^{(i+nM)})^2 \tag{22'}$$

mit festem $i = 1, 2, \ldots, M$ benutzen.

Nun zeigen wir, daß aus der Konvergenz der Reihe (22) folgt, daß auch die Reihe

$$\sum_{n=1}^{\infty} \boldsymbol{p}^{(n)} \tag{23}$$

konvergiert. Dazu bilden wir wie bei der Projektion auf Schnitträume im Abschnitt 2.5. für einen vollen Zyklus $K^{(i+1)}, K^{(i+2)}, \ldots, K^{(i+M)}$ mit den Spaltenvektoren

$$\left\{\mathbf{s}_{k_1}^{(i+1)}, \ldots, \mathbf{s}_{k_m}^{(i+1)}, \ldots \quad \mathbf{s}_{k_1}^{(i+M)}, \ldots, \mathbf{s}_{k_m}^{(i+M)}\right\} \tag{24}$$

die $m \cdot M$-reihige Matrix

$$P_i .= \begin{pmatrix} \left(\mathbf{s}_{k_1}^{(i+1)}, \mathbf{s}_{k_1}^{(i+1)}\right)_2 \ldots & \left(\mathbf{s}_{k_1}^{(i+1)}, \mathbf{s}_{k_m}^{(i+M)}\right)_2 \\ \vdots & \vdots \\ \left(\mathbf{s}_{k_m}^{(i+M)}, \mathbf{s}_{k_1}^{(i+1)}\right)_2 \ldots & \left(\mathbf{s}_{k_m}^{(i+M)}, \mathbf{s}_{k_m}^{(i+M)}\right)_2 \end{pmatrix}. \tag{25}$$

Die Matrix P_i ist singulär, wenn gewisse Spaltenvektoren $\boldsymbol{s}_k$ in mehreren Unterräumen (3) auftreten. Ihr größter Eigenwert

$$t_i .= \sup_{(u_k^{(n)})} \frac{\left\| \sum_{n=i+1}^{i+M} \sum_{k \in K^{(n)}} u_k^{(n)} \boldsymbol{s}_k \right\|_2^2}{\sum_{n=i+1}^{i+M} \sum_{k \in K^{(n)}} (u_k^{(n)})^2} \tag{26}$$

ist positiv. Für beliebige Koeffizienten $u_k^{(n)}$ erhalten wir daraus die Ungleichung

$$\left\| \sum_{n=i+1}^{i+M} \boldsymbol{p}^{(n)} \right\|_2^2 \leqq t_i \sum_{n=i+1}^{i+M} \sum_{k \in K^{(n)}} (u_k^{(n)})^2, \tag{27}$$

die wir wegen $t_i = t_{i+M} = t_{i+2M} = \cdots$ auch für beliebig viele Terme in der Form

$$\left\| \sum_{n=i+1}^{i'} \boldsymbol{p}^{(n)} \right\|_2^2 \leqq t_i \sum_{n=i+1}^{i'} \sum_{k \in K^{(n)}} (u_k^{(n)})^2 \tag{27'}$$

in Anspruch nehmen können. Damit ist aber die Konvergenz der Reihe (23) auf die der Reihe (22) zurückgeführt. Auch für jede Teilreihe

$$\sum_{n=0}^{\infty} \boldsymbol{p}^{(i+nM)} = \sum_{n=0}^{\infty} \left(\sum_{k \in K^{(i)}} u_k^{(i+nM)} \boldsymbol{s}_k \right) \tag{23'}$$

folgt die Konvergenz, weil die entsprechende Teilreihe (22′) konvergiert. Die Teilreihe (23′) faßt alle Verbesserungen $u_k^{(i+nM)}$ $(k \in K^{(i)})$ zusammen, die bei den Projektionen auf den Unterraum $L^{(i)}$ entstehen. Die Spaltenvektoren des Unterraumes $L^{(i)}$ sind linear unabhängig. Deshalb überträgt sich die Konvergenz der Reihe (23′) auf die Konvergenz der Koordinaten, d. h., die Reihen

$$\sum_{n=o}^{\infty} u_k^{(i+nM)} \quad s_k \tag{28}$$

konvergieren für $k = k_1^{(i)}, k_2^{(i)}, \ldots, k_m^{(i)}$ und für jeden festen Wert $i = 1, 2, \ldots, M$.

Wir summieren die Beiträge aus allen Unterräumen $L^{(i)}$, in denen ein fester Spaltenvektor $\boldsymbol{s}_k$ auftritt. Mit der Festlegung

$$u_k^{(n)} .= 0 \tag{15'}$$

für $k \in K^{(n)}$ erhalten wir aus (9) die Formeln

$$x_k^{(n+1)} = x_k^{(1)} + \sum_{j=1}^{n} u_k^{(j)}, \tag{9'}$$

die für $k = 1, 2, \ldots, N$ und $n = 0, 1, 2, \ldots$ gelten. Da die Beiträge (28) aus jedem Unterraum $L^{(i)}$ für sich genommen konvergieren, existieren die Grenzwerte

$$x_k^* .= \lim_{n\to\infty} x_k^{(n)} = x_k^{(1)} + \sum_{j=1}^{\infty} u_k^{(j)} \tag{29}$$

für $k = 1, 2, \ldots, N$. Das gilt auch für den Fall, daß das Gleichungssystem (2.1; 1″) keine Lösung besitzt.

Auch die Restvektoren $\boldsymbol{r}^{(n)}$ gemäß (4) konvergieren gegen einen Grenzvektor

$$\boldsymbol{r}^* .= \lim_{n\to\infty} \boldsymbol{r}^{(n)} = \boldsymbol{b} - \sum_{k=1}^{N} x_k^* \boldsymbol{s}_k . \tag{30}$$

Dieser erfüllt wegen (7) die Orthogonalitätsbedingungen

$$(\boldsymbol{r}^*, \boldsymbol{s}_i)_2 = \left(\boldsymbol{b} - \sum_{k=1}^{N} x_k^* \boldsymbol{s}_k, \boldsymbol{s}_i\right)_2 = 0 \tag{31}$$

für alle Spaltenvektoren $\boldsymbol{s}_i$, die in dem vollen Zyklus

$$\left\{\boldsymbol{s}_{k_1}^{(1)}, \ldots, \boldsymbol{s}_{k_m}^{(1)}, \ldots, \boldsymbol{s}_{k_1}^{(M)}, \ldots, \boldsymbol{s}_{k_m}^{(M)}\right\} \tag{24'}$$

auftreten. Wir bezeichnen mit L_M den Unterraum, der durch die Spaltenvektoren (24′) aufgespannt wird. Wir zerlegen den Vektor $\boldsymbol{r}^*$ in zwei Bestandteile

$$\boldsymbol{r}^* = \boldsymbol{r}^{(1)} - \boldsymbol{q}^* \tag{30'}$$

wobei der zweite Bestandteil

$$\boldsymbol{q}^* .= \sum_{k=1}^{N} (x_k^* - x_k^{(1)})\, \boldsymbol{s}_k = \sum_{n=1}^{\infty} \boldsymbol{p}^{(n)} \tag{32}$$

nach Konstruktion dem Unterraum L_M angehört. Auf Grund der Orthogonalitätsbedingungen (31) ist $\boldsymbol{q}^*$ die beste Approximation von $\boldsymbol{r}^{(1)}$ in L_M. Wenn der Unterraum L_M den Restvektor $\boldsymbol{r}^{(1)}$ enthält, dann ergibt sich

$$\boldsymbol{r}^* = \boldsymbol{r}^{(1)} - \boldsymbol{q}^* = \boldsymbol{0},$$

d. h., die Komponenten $(x_1^*, x_2^*, \ldots, x_N^*)$ erfüllen das Gleichungssystem (2.1; 1).

Wir fassen das Ergebnis über die Konvergenz der Spaltenapproximation zusammen: *Die Spaltenapproximation (9) mit zyklischer Strategie (2) konvergiert für beliebige Matrizen A und beliebige Näherungsvektoren*

$$\boldsymbol{x}^{(1)} .= (x_1^{(1)}, x_2^{(1)}, \ldots, x_N^{(1)})^t$$

gegen einen Grenzvektor

$$\boldsymbol{x}^* .= (x_1^*, x_2^*, \ldots, x_N^*)^t.$$

Wenn der Unterraum L_M *den Restvektor* $\boldsymbol{r}^{(1)}$ *enthält, dann ist* $\boldsymbol{x}^*$ *eine Lösung des Gleichungssystems* (2.1; 1). *Wenn der Unterraum* L_M *den Restvektor* $\boldsymbol{r}^{(1)}$ *nicht enthält, dann ist der Vektor* $\boldsymbol{q}^*$ *gemäß* (32) *die beste Approximation von* $\boldsymbol{r}^{(1)}$ *in* L_M.

Der erste Fall tritt insbesondere ein, wenn die Matrix A regulär ist, und wenn der Zyklus (24′) alle Spaltenvektoren enthält.

Aufg. 2.29: Man löse das Gleichungssystem der Aufgabe 2.20 mit der dort angegebenen Strategie nach dem Verfahren der Spaltenapproximation.

Wenn wir zusammenfassend versuchen, die Verfahren zur Auflösung linearer Gleichungssysteme einer Wertung zu unterziehen, dann werden wir in der Vermutung bestärkt, daß zu jedem Verfahren Gleichungssysteme gefunden werden können, bei denen dieses Verfahren schlecht konvergiert. Es scheint, daß man günstige Auflösungsverfahren immer nur für bestimmte Klassen linearer Gleichungssysteme gewinnen kann. Dabei wird man mit Vorteil auf solche Algorithmen zurückgreifen, die man durch Festlegung von frei wählbaren Parametern den speziellen Eigenschaften eines Gleichungssystems gut anpassen kann.

3. Nichtlineare Gleichungen

3.1. *Problemstellung. Geometrische Deutung*

Gegeben sei eine Funktion $f(x)$ mit dem Definitionsbereich D. Gesucht ist ein Wert $x = x^*$ aus D, für den

$$f(x) = 0 \tag{1}$$

gilt. x^* heißt dann Nullstelle der Funktion $f(x)$ oder Wurzel der Gleichung (1). Wir geben einige Beispiele an:

$$f(x) = ax - b = 0, \tag{2}$$

$$f(x) = a_0x^n + a_1x^{n-1} + \cdots + a_{n-1}x + a_n = 0, \tag{3}$$

$$f(x) = x \sin x - 1 = 0, \tag{4}$$

$$\boldsymbol{f}(\boldsymbol{x}) = \boldsymbol{A}\boldsymbol{x} - \boldsymbol{b} = \boldsymbol{0}, \tag{5}$$

$$\begin{aligned} \boldsymbol{f}(\boldsymbol{x}) &= \begin{pmatrix} f_1(x, y) \\ f_2(x, y) \end{pmatrix} \\ &= \begin{pmatrix} a_0 + a_1x + a_2y + a_{11}x^2 + a_{12}xy + a_{22}y^2 \\ b_0 + b_1x + b_2y + b_{11}x^2 + b_{12}xy + b_{22}y^2 \end{pmatrix} = \boldsymbol{0} \end{aligned} \tag{6}$$

$$f(z) = f(x + iy) = f_1(x, y) + if_2(x, y) = 0, \quad i := \sqrt{-1}. \tag{7}$$

Dabei ist (2) eine lineare Gleichung, (3) eine algebraische oder Polynomgleichung, (4) eine transzendente Gleichung, (5) ein lineares Gleichungssystem, (6) ein System von zwei Gleichungen zweiten Grades für zwei Unbekannte und (7) eine Gleichung für eine komplexwertige Funktion einer komplexen Veränderlichen.

Die Frage, ob (1) eine Lösung besitzt und ob diese Lösung die einzige ist, kann im nichtlinearen Fall nicht allgemein beantwortet werden und muß deshalb bei jedem Einzelproblem oder jeder Problemklasse gesondert untersucht werden.

Im Gegensatz zu linearen Gleichungen und Systemen kann die Lösung nichtlinearer Gleichungen nur selten in geschlossener Form angegeben werden. Bekannt ist die Darstellung der beiden Lösungen einer quadratischen Gleichung. Auch die Lösungen von Polynomgleichungen dritten und vierten Grades können noch explizit angegeben werden. Allerdings sind die Ausdrücke so kompliziert, daß man sie für Wurzelberechnung kaum verwendet. Dagegen sind die Nullstellen von Polynomen fünften und höheren Grades nicht mehr in geschlossener Form darstellbar. Dasselbe gilt im allgemeinen für transzendente Gleichungen. Man ist auf numerische Verfahren angewiesen.

Wir führen (1) in eine sogenannte iterierfähige Form

$$x - g(x) = 0, \quad x \in D \tag{8}$$

über. Ist g eine reellwertige Funktion einer reellen Veränderlichen, so kann man diese Gleichung geometrisch deuten. Jede Lösung von (8) ist ein Schnittpunkt der Geraden $y = x$ und der Kurve $y = g(x)$ (Abb. 3.1). Die Voraus-

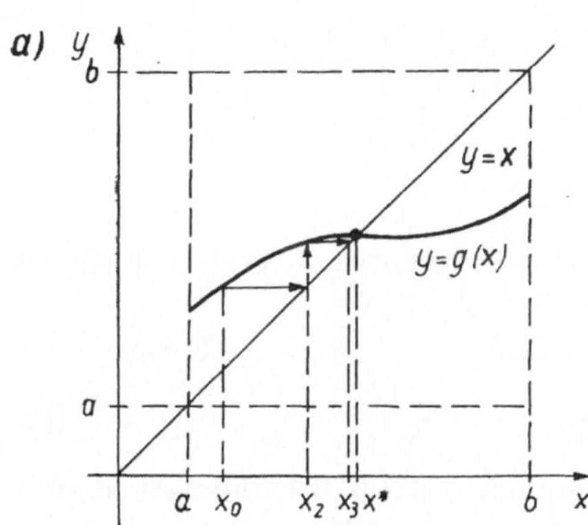

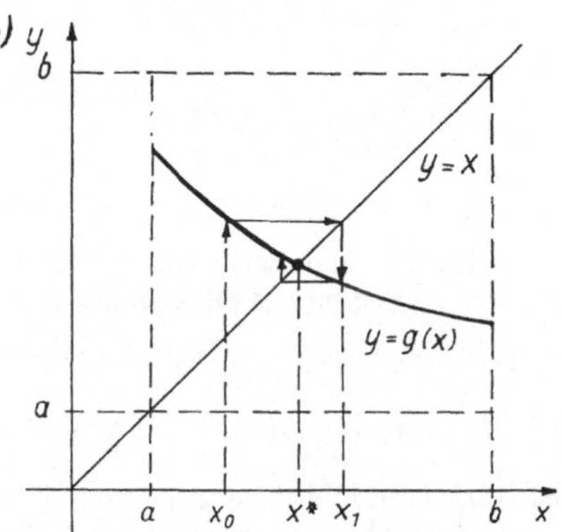

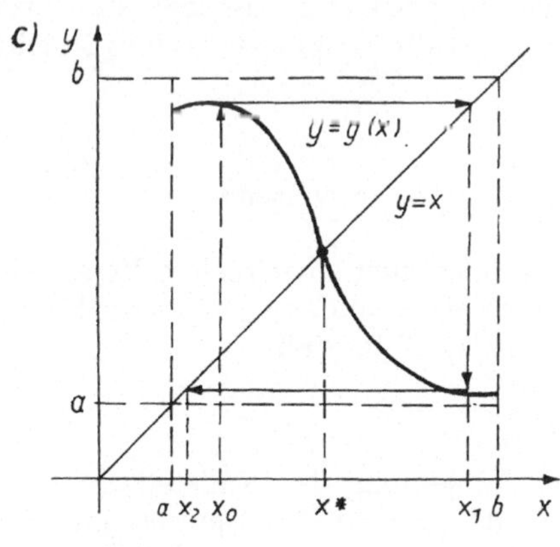

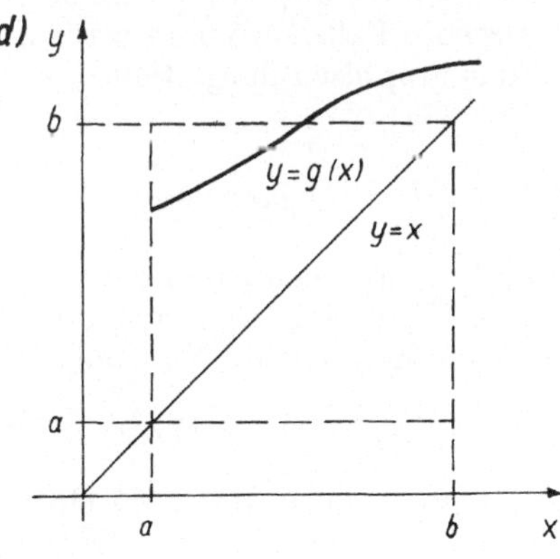

Abb. 3.1

setzungen des BANACHschen Fixpunktsatzes (vgl. 1.2) lauten in diesem Fall:

1. D sei ein abgeschlossenes Intervall $[a, b]$.
2. Das Intervall sei so gewählt, daß $g(x) \in [a, b]$ für alle $x \in [a, b]$.
3. Der Anstieg aller Sehnen der Kurve $y = g(x)$ sei betragsmäßig höchstens gleich $k < 1$:

$$\left|\frac{g(x) - g(x')}{x - x'}\right| \leqq k < 1 \text{ für alle } x, x' \text{ aus } [a, b]. \tag{9}$$

Ist $g \in C^1[a, b]$, d. h. auf (a, b) einmal stetig differenzierbar, so kann die LIPSCHITZ-Bedingung (9) ersetzt werden durch

$$|g'(x)| \leqq k < 1, \tag{10}$$

d. h.,

$$\max_{x \in [a,b]} |g'(x)| = k \tag{11}$$

ist eine LIPSCHITZ-Konstante.

Aufg. 3.1: Man zeige, daß für differenzierbare Funktionen die Bedingung (10) der LIPSCHITZ-Bedingung (9) äquivalent ist.

Wir schreiben die Iterationsvorschrift (1.2; 27) jetzt in der Form

$$x_{n+1} = g(x_n) \qquad (n = 0, 1, \ldots). \tag{12}$$

Sie läßt sich leicht geometrisch veranschaulichen (Abb. 3.1). Man sucht zu x_0 den Funktionswert $g(x_0)$ und findet in dem Schnittpunkt der Geraden $y = g(x_0)$ und $y = x$ den neuen Näherungswert x_1. In Abb. 3.1 sind zwei konvergente Fälle (a) positiver Anstieg, b) negativer Anstieg) und zwei divergente Fälle (c) Voraussetzung 3 nicht erfüllt, d) Voraussetzung 2 nicht erfüllt) graphisch dargestellt.

3.2. *Iterationsverfahren: Newton, Regula falsi, Steffensen*

Im folgenden seien f und g reellwertige Funktionen einer reellen Veränderlichen. Wir setzen, wenn nicht ausdrücklich etwas anderes gesagt wird, voraus, daß die gesuchte Nullstelle x^* einfach ist, d. h., daß

$$f(x) = (x - x^*)\, h(x), \quad h(x^*) \neq 0, \tag{1}$$

gilt. Ferner soll unter $[a, b]$ eine solche Umgebung der Nullstelle x^* verstanden werden, daß der Satz von S. 31 gilt, so daß jeweils nur die LIPSCHITZ-Bedingung (3.1; 9) bzw. (3.1; 10) nachgeprüft zu werden braucht.

3.2.1. Vereinfachtes Newton-Verfahren

Es sei $f \in C^1[a, b]$ und

$$0 < m \leqq f'(x) \leqq M \quad \text{für alle } x \text{ aus } [a, b], \tag{2}$$

d. h., die Funktion $f(x)$ sei in $[a, b]$ streng monoton wachsend (der Fall streng monoton fallender Funktionen $f(x)$ läßt sich durch $\bar{f}(x) .= -f(x)$ auf den hier behandelten zurückführen), und es sei μ ein Wert aus dem Wertebereich der Ableitung $f'(x)$,

$$m < \mu < M.$$

Dann kann $g(x)$ in der folgenden Form gewählt werden:

$$g(x) .= x - \frac{1}{\mu} f(x). \tag{3}$$

Man sieht leicht, daß eine Lösung der Gleichung $g(x) = x$ auch der Gleichung $f(x) = 0$ genügt. Es ergibt sich also folgende Iterationsvorschrift:

$$x_{n+1} = x_n - \frac{1}{\mu} f(x_n), \quad n = 0, 1, 2, \ldots; \ x_0 \text{ vorgegeben.} \tag{4}$$

Schreibt man (4) in der Form

$$\tan \alpha .= \mu = \frac{f(x_n)}{x_n - g(x_n)},$$

so ergibt sich die folgende geometrische Interpretation (Abb. 3.2): Man zeichnet durch $(x_n, f(x_n))$ die Gerade mit dem Anstieg μ. Der Schnittpunkt

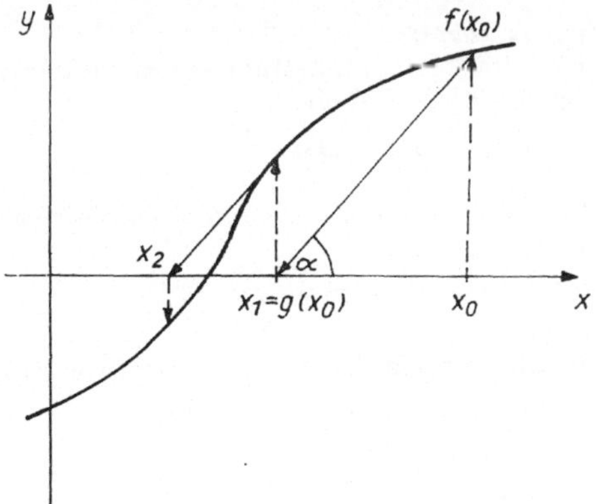

Abb. 3.2

dieser Geraden mit der x-Achse ist der neue Näherungswert x_{n+1}. — Wann konvergiert dieses Verfahren? Aus (3) ergibt sich für die Ableitung von $g(x)$

$$g'(x) = 1 - \frac{1}{\mu} f'(x) \tag{5}$$

und daraus wegen der Voraussetzung (2)

$$1 - \frac{M}{\mu} \leqq g'(x) \leqq 1 - \frac{m}{\mu} < 1 .$$

Die Bedingung (3.1; 10) ist offenbar erfüllt, wenn

$$-1 < 1 - \frac{M}{\mu}, \quad \text{d. h.} \quad \mu > \frac{M}{2}$$

gilt. Das *vereinfachte* NEWTON*sche Verfahren* (*Verfahren der konstanten Steigungen*) konvergiert also in der Umgebung einfacher Nullstellen, falls μ aus dem Intervall

$$\max\left(m, \frac{M}{2}\right) < \mu < M \tag{6}$$

gewählt wird.

Um die Konvergenzgeschwindigkeit verschiedener Iterationsverfahren vergleichen zu können, führt man den Begriff der *Konvergenzordnung* ein:

Definition: *Ein Iterationsverfahren konvergiert von p-ter Ordnung, wenn für $n \to \infty$*

$$x_{n+1} - x^* = O(x_n - x^*)^p$$

gilt. Den dann existierenden Grenzwert

$$q := \lim_{n\to\infty} \frac{|x_{n+1} - x^*|}{|x_n - x^*|^p}$$

bezeichnet man als Konvergenzfaktor der Iteration.

Um die Konvergenzordnung der Iteration (4) zu bestimmen, entwickeln wir $g(x)$ in der Umgebung der Nullstelle x^* in eine TAYLOR-Reihe:

$$g(x) = g(x^*) + (x - x^*)\, g'(x^*) + O(x - x^*)^2.$$

Setzt man $x = x_n$ und berücksichtigt (4), (5) und $g(x^*) = x^*$, so ergibt sich

$$x_{n+1} - x^* = \left[1 - \frac{1}{\mu} f'(x^*)\right] (x_n - x^*) + O(x_n - x^*)^2,$$

d. h., die Iteration konvergiert im allgemeinen linear (von erster Ordnung) mit dem Konvergenzfaktor

$$q = 1 - \frac{1}{\mu} f'(x^*). \tag{8}$$

Ist $\mu = f'(x^*)$, so verschwindet $g'(x)$ an der Stelle $x = x^*$, und (4) konvergiert quadratisch (von zweiter Ordnung). Natürlich ist bei der praktischen Durchführung mit x^* auch der Wert $f'(x^*)$ unbekannt, man kann sich aber, wenn schon zwei Näherungen x_0, x_1 vorliegen, durch den Sekantenanstieg

$$\mu := \frac{f(x_1) - f(x_0)}{x_1 - x_0}$$

einen Näherungswert für $f'(x^*)$ verschaffen. Damit ergibt sich der folgende Algorithmus:

Vereinfachtes NEWTON-*Verfahren:*

$$\begin{aligned} &x_0, x_1 && \text{(vorgegebene Näherungen)},\\ &\mu := \frac{f(x_1) - f(x_0)}{x_1 - x_0} && \text{(Anstieg)},\\ &n = 1, 2, \ldots && \text{(Schrittnummer)},\\ &x_{n+1} = x_n - \frac{1}{\mu} f(x_n). \end{aligned} \tag{9}$$

3.2.2. *Newton-Verfahren*

Es sei wieder $f \in C^1[a, b]$ und $f'(x) \neq 0$ für alle x aus $[a, b]$. Statt des einheitlichen Anstiegs μ wählen wir jetzt bei jedem Iterationsschritt den Tangentenanstieg der Kurve $y = f(x)$ an der Stelle $x = x_n$, also im Funktions-

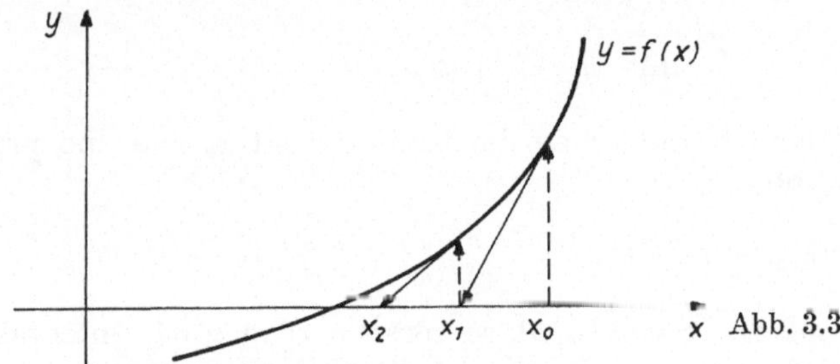

Abb. 3.3

wert der zuletzt berechneten Näherung. Aus (4) wird dadurch (vgl. Abb. 3.3) das Tangenten-Näherungsverfahren oder

NEWTON-*Verfahren*:

$$\begin{aligned} &x_0 && \text{(vorgegebene Näherung)},\\ &n = 0, 1, 2, \ldots && \text{(Schrittnummer)},\\ &x_{n+1} = x_n - \frac{f(x_n)}{f'(x_n)}. \end{aligned} \tag{10}$$

Es ist also

$$g(x) = x - \frac{f(x)}{f'(x)}.$$

Für die Konvergenzuntersuchung setzen wir zusätzlich voraus, daß auch die zweite Ableitung von f existiert, also $f \in C^2[a, b]$. Dann ist

$$g'(x) = 1 - \frac{[f'(x)]^2 - f(x)\, f''(x)}{[f'(x)]^2} = \frac{f(x)\, f''(x)}{[f'(x)]^2},$$

und wegen $f(x^*) = 0$ verschwindet auch $g'(x)$ an der Stelle x^*. Damit ergibt sich aus (7) für $x = x_n$

$$x_{n+1} - x^* = O(x_n - x^*)^2,$$

und man erhält den

Konvergenzsatz für das NEWTON-Verfahren: *Die Iterationsvorschrift* (10) *konvergiert in der Umgebung einfacher Nullstellen quadratisch, falls dort*

$$|g'(x)| = \left|\frac{f(x)\, f''(x)}{[f'(x)]^2}\right| \leqq k < 1 \tag{11}$$

gilt.

Bemerkung: Da man die Umgebung der Nullstelle x^*, in der Konvergenz zu erwarten ist, nicht kennt, sollte man sich zunächst durch eine Wertetabelle eine Einschließung

$$a < x^* < b \quad \text{mit} \quad f(a)\, f(b) < 0$$

verschaffen. Dann beginnt man die Iteration mit $x_0 = a$ und prüft nach jedem Schritt, ob

$$a < x_{n+1} < b$$

ist. Liegt x_n außerhalb von $[a, b]$, so verkleinert man das Intervall, indem man z. B. halbiert: $c = (a + b)/2$. Ist $f(c)\, f(a) < 0$, so setzt man $b := c$, $x_0 := c$, ist $f(c)\, f(a) > 0$, so setzt man $a := c$, $x_0 := c$ und beginnt die Iteration (10) von neuem.

Aufg. 3.2: Man schreibe einen Programmablaufplan für das oben beschriebene NEWTON-*Verfahren mit Konvergenztest.*

Die allgemeinen Fehlerabschätzungsformeln (1.2; 33) und (1.2; 34) sind im allgemeinen grob. Eine meist schärfere Abschätzung findet man bei NITSCHE [1]:

$$|x^* - x_{n+p}| \leqq \frac{1}{C}\,(C\,|x^* - x_n|)^{2^p}, \qquad C = \frac{1}{2}\frac{M_2}{m_1}, \quad p \geqq 1. \tag{12}$$

Dabei ist m_1 eine untere Schranke für $|f'(x)|$ und M_2 eine obere Schranke für $|f''(x)|$:

$$0 < m_1 \leqq |f'(x)|, \quad |f''(x)| \leqq M_2. \tag{13}$$

Zum Beweis von (12) entwickelt man $f(x)$ an der Stelle $x = x_n$:

$$f(x) = f(x_n) + (x - x_n) f'(x_n) + \frac{1}{2}(x - x_n)^2 f''(x_n + \vartheta(x - x_n)).$$

Daraus folgt für $x = x^*$ wegen $f(x^*) = 0$

$$x^* - \left(x_n - \frac{f(x_n)}{f'(x_n)}\right) = -\frac{1}{2}\frac{f''(x_n + \vartheta(x^* - x_n))}{f'(x_n)}(x^* - x_n)^2$$

und mit (10) und (13) schließlich

$$|x^* - x_{n+1}| \leqq \frac{1}{2}\frac{M_2}{m_1}(x^* - x_n)^2 = C\,|x^* - x_n|^2,$$

woraus man durch vollständige Induktion (12) erhält. Offenbar ist es sinnvoll, (12) anzuwenden, wenn die Näherung x_n bereits so gut ist, daß $C\,|x^* - x_n| < 1$ ist.

Aufg. 3.3: Man bestimme die drei kleinsten Nullstellen von $f(x) = \cos x - \dfrac{1}{x^2} + 1$ näherungsweise durch eine Skizze und verbessere die Näherungswerte iterativ je dreimal mit Hilfe der beiden behandelten Varianten des Newton-Verfahrens. Wieviel Newton-Schritte müßten (nach Abschätzung (12)) noch angefügt werden, wenn eine Genauigkeit von $\varepsilon = 5 \cdot 10^{-10}$ vorgeschrieben wäre?

3.2.3. *Newton-Verfahren für mehrfache Nullstellen*

Die Funktion f möge im Intervall $[a, b]$ eine p-fache Nullstelle besitzen und zur Klasse $C^{p+1}[a, b]$ gehören:

$$f(x) = (x - x^*)^p h(x^*)\,[1 + O(x - x^*)], \quad p \geqq 2, \quad h(x^*) \neq 0. \tag{14}$$

Um die Konvergenz des Newton-Verfahrens (10) auch in diesem Falle nachzuweisen, untersuchen wir wieder $g'(x) = f(x)\, f''(x)/[f'(x)]^2$. Aus (14) ergibt sich

$$\begin{aligned} f'(x) &= p(x - x^*)^{p-1} h(x^*)\,[1 + O(x - x^*)] + (x - x^*)^p h(x^*) \cdot O(1) \\ &= p(x - x^*)^{p-1} h(x^*)\,[1 + O(x - x^*)], \\ f''(x) &= p(p-1)\,(x - x^*)^{p-2} h(x^*)\,[1 + O(x - x^*)], \end{aligned}$$

also

$$g'(x) = \frac{p-1}{p}\,[1 + O(x - x^*)].$$

Für $x \to x^*$ geht die eckige Klammer gegen 1, die Ableitung $g'(x)$ demnach gegen $\frac{p-1}{p}$. Für hinreichend kleines $|x - x^*|$ ist die Konvergenzbedingung (3.1; 10) also erfüllt. Die Konvergenz ist allerdings nur noch linear. Man kann sie verbessern, indem man die Korrektur $f(x)/f'(x)$ in (11) mit einem geeigneten Faktor multipliziert (vgl. Relaxationsverfahren (2.4; 9)):

$$\tilde{g}(x) .= x - \omega \frac{f(x)}{f'(x)}. \tag{15}$$

Hieraus folgt

$$\tilde{g}'(x) = 1 - \omega \left[1 - \frac{f(x)\,f''(x)}{[f'(x)]^2}\right] = 1 - \omega + \omega \frac{p-1}{p}\,[1 + O(x - x^*)]$$

$$= 1 - \frac{\omega}{p} + \omega \frac{p-1}{p}\,O(x - x^*),$$

d. h., für hinreichend kleines $|x - x^*|$ ist $|\tilde{g}'(x)| < 1$, wenn ω so gewählt wird, daß $-1 < 1 - \frac{\omega}{p} < 1$, also

$$0 < \omega < 2p \tag{16}$$

ist. Die Konvergenzordnung bestimmen wir wieder aus (7), indem wir dort $\tilde{g}'(x^*) = 1 - \frac{\omega}{p}$ und $x = x_n$ einsetzen:

$$x_{n+1} - x^* = \left(1 - \frac{\omega}{p}\right)(x_n - x^*) + O(x_n - x^*)^2.$$

Das modifizierte NEWTON-Verfahren

$$x_{n+1} = x_n - \omega \frac{f(x_n)}{f'(x_n)}, \quad n = 0, 1, 2, \ldots, \; x_0 \text{ vorgegeben}, \tag{17}$$

konvergiert in hinreichend kleiner Umgebung einer p-fachen Nullstelle x^* linear, falls $\omega \in (0, 2p)$ gewählt wird, und quadratisch, falls man $\omega = p$ nimmt. (Diesen optimalen Wert für ω wird man allerdings im konkreten Fall kaum finden, da die Vielfachheit einer gesuchten Nullstelle im allgemeinen nicht von vornherein bekannt ist.)

3.2.4. Regula falsi

Ersetzt man den Tangentenanstieg $f'(x_n)$ in der NEWTON-Formel (10) durch den Anstieg der Sekante durch einen festen Punkt $(x_0, f(x_0))$ und den zur n-ten Näherung gehörenden Punkt $(x_n, f(x_n))$, so ergibt sich (Abb. 3.4):

Regula falsi, 1. Form:

x_0, x_1 (vorgegebene Näherungen),

$n = 1, 2, \ldots$ (Schrittnummer),

$$x_{n+1} = x_n - \frac{x_n - x_0}{f(x_n) - f(x_0)} f(x_n). \tag{18}$$

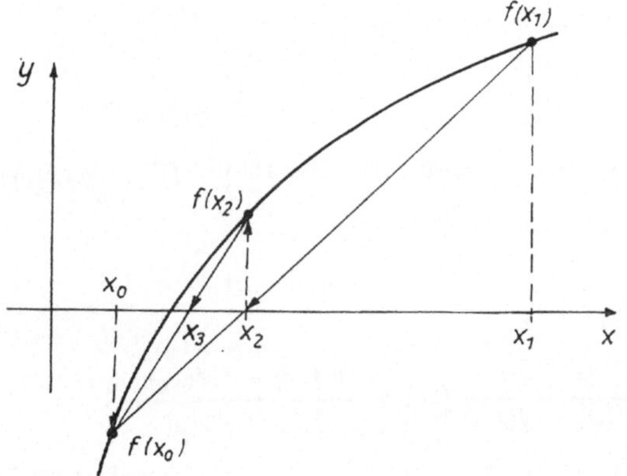

Abb. 3.4

Häufig verwendet man auch den Anstieg der Sekante durch die beiden zuletzt berechneten Punkte $(x_{n-1}, f(x_{n-1}))$ und $(x_n, f(x_n))$ (Abb. 3.5):

Regula falsi, 2. Form:

x_0, x_1 (vorgegebene Näherungen),

$n = 1, 2, \ldots$ (Schrittnummer),

$$x_{n+1} = x_n - \frac{x_n - x_{n-1}}{f(x_n) - f(x_{n-1})} f(x_n). \tag{19}$$

Im Gegensatz zum NEWTON-Verfahren braucht man für (18) und (19) nicht die Ableitung $f'(x_n)$ zu bestimmen. Man wird also die Regula falsi verwenden, wenn $f'(x)$ schwierig zu berechnen ist oder wenn f gar nicht differenzierbar ist. Der geringere Rechenaufwand beim einzelnen Regula-falsi-Schritt wird im allgemeinen durch eine schlechtere Konvergenz erkauft.

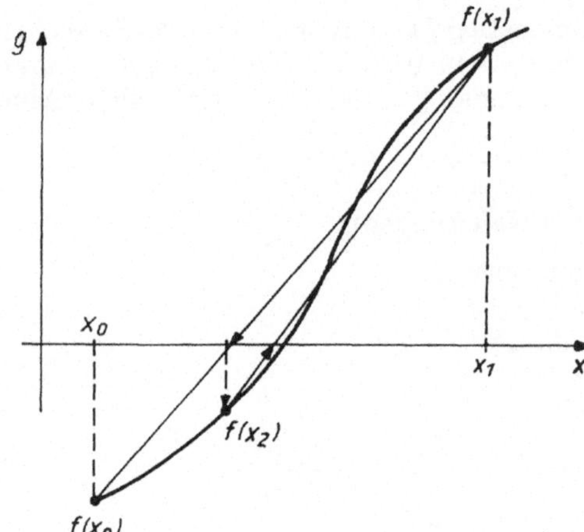

Abb. 3.5

Zur Untersuchung der Konvergenz der Iteration (18) setzen wir vereinfachend voraus

$$f \in C^1[a, b].$$

Dann ergibt sich aus

$$g(x) = x - \frac{x - x_0}{f(x) - f(x_0)}\, f(x) = \frac{x_0 f(x) - x f(x_0)}{f(x) - f(x_0)}$$

für die Ableitung

$$g'(x) = \frac{f(x_0)}{f(x) - f(x_0)} \left[f'(x)\, \frac{x - x_0}{f(x) - f(x_0)} - 1\right].$$

Damit erhält man den

Konvergenzsatz für die Regula falsi, 1. Form: *Ist* $[a, b]$ *ein hinreichend kleines,* x^* *enthaltendes Intervall, ist* $f \in C^1[a, b]$ *und gilt*

$$\left|\frac{f(x_0)}{f(x) - f(x_0)} \left[f'(x)\, \frac{x - x_0}{f(x) - f(x_0)} - 1\right]\right| \leqq k < 1\,, \quad f(x_0) \neq f(x)\,, \tag{20}$$

für ein x_0 *und alle* x *aus* $[a, b]$, *so konvergiert die Folge der aus* (18) *berechneten Näherungen für jedes* $x_1 \in [a, b]$ *gegen* x^*.

Für die Iteration (19) bestimmen wir die Konvergenzordnung unter der Voraussetzung $f \in C^2\,[a, b]$. Bezeichnen wir den Fehler der n-ten Näherung mit ε_n,

$$\varepsilon_n := x_n - x^*, \tag{21}$$

so folgt aus (19)

$$\varepsilon_{n+1} = \varepsilon_n - \frac{\varepsilon_n - \varepsilon_{n-1}}{f(x_n) - f(x_{n-1})} f(x_n). \tag{22}$$

Die Größen $f(x_n)$ und $f(x_{n-1})$ ersetzen wir durch ihre TAYLOR-Entwicklungen

$$f(x_k) = f(x^* + \varepsilon_k) = \varepsilon_k f'(x^*) + \varepsilon_k^2 \frac{f''(x^*)}{2!} + O(\varepsilon_k^3) \quad (k = n-1, n) \tag{23}$$

und erhalten weiter

$$\varepsilon_{n+1} = \varepsilon_n \left[1 - \frac{f'(x^*) + \frac{\varepsilon_n}{2} f''(x^*) + O(\varepsilon_n^2)}{f'(x^*) + \frac{\varepsilon_n + \varepsilon_{n-1}}{2} f''(x^*) + O(\varepsilon_{n-1}^2)} \right]. \tag{24}$$

Ist $f'(x^*) \neq 0$, also x^* einfache Nullstelle, so folgt

$$\varepsilon_{n+1} = \varepsilon_n \left[1 - \left(1 + \frac{\varepsilon_n}{2} \frac{f''}{f'} + O(\varepsilon_n^2) \right) \left(1 - \frac{\varepsilon_n + \varepsilon_{n-1}}{2} \frac{f''}{f'} + O(\varepsilon_{n-1}^2) \right) \right], \tag{25}$$

also

$$\varepsilon_{n+1} = \varepsilon_n \varepsilon_{n-1} \frac{f''(x^*)}{2f'(x^*)} [1 + O(\varepsilon_{n-1})]. \tag{26}$$

Um Konvergenzordnung und Konvergenzfaktor zu bestimmen, setzen wir

$$\varepsilon_k = q \varepsilon_{k-1}^p [1 + O(\varepsilon_{k-1})] \qquad (k = n, n+1) \tag{27}$$

in (26) ein:

$$\begin{aligned} \varepsilon_{n+1} &= q \varepsilon_n^p [1 + O(\varepsilon_n)] = q(q\varepsilon_{n-1}^p)^p [1 + O(\varepsilon_{n-1})] \\ &= q \varepsilon_{n-1}^p \varepsilon_{n-1} \frac{f''(x^*)}{2f'(x^*)} [1 + O(\varepsilon_{n-1})]. \end{aligned} \tag{28}$$

Daraus erhält man schließlich den Konvergenzfaktor

$$q = \left(\frac{f''(x^*)}{2f'(x^*)} \right)^{1/p}, \tag{29}$$

und die Konvergenzordnung ergibt sich aus $p^2 = p + 1$; $p = \dfrac{1 + \sqrt{5}}{2} \approx 1.6$, also

$$\varepsilon_{n+1} = \left(\frac{f''(x^*)}{2f'(x^*)} \right)^{0.62} \cdot \varepsilon_n^{1.6} [1 + O(\varepsilon_n)]. \tag{30}$$

Konvergenzsatz für die Regula falsi, 2. Form: *Ist $[a, b]$ ein hinreichend kleines, x^* enthaltendes Intervall, ist $f \in C^2[a, b]$ und $f'(x^*) \neq 0$, so konvergiert die Folge der aus (19) berechneten Näherungen x_n für beliebige Anfangswerte x_0, x_1 aus $[a, b]$ mit der Ordnung $\dfrac{1 + \sqrt{5}}{2}$ gegen x^*.*

Aufg. 3.4: Man zeige: Zwei Regula-falsi-Schritte (19) liefern unter den Voraussetzungen des vorstehenden Konvergenzsatzes eine bessere Näherung als ein NEWTON-Schritt.

Aufg. 3.5: Man bestimme die Nullstellen der Aufg. 3.3 mit Hilfe der Regula falsi (18) bzw. (19).

3.2.5. *Konvergenzverbesserung nach Steffensen*

Ist die LIPSCHITZ-Konstante k nicht oder nur wenig kleiner als 1, so kann man von $x_{n+1} = g(x_n)$ zu einer günstigeren Iterationsvorschrift

$$x_{n+1} = G(x_n) \tag{31}$$

übergehen. Man ersetzt $y = g(x)$ durch die Sehne durch die Punkte $\big(x_n, g(x_n)\big)$ und $\big(g(x_n), g(g(x_n)\ (\text{Abb. 3.6.})\big)$:

$$y = g(x_n) + (x - x_n)\,\frac{g\big(g(x_n)\big) - g(x_n)}{g(x_n) - x_n}, \quad g(x_n) \neq 0. \tag{32}$$

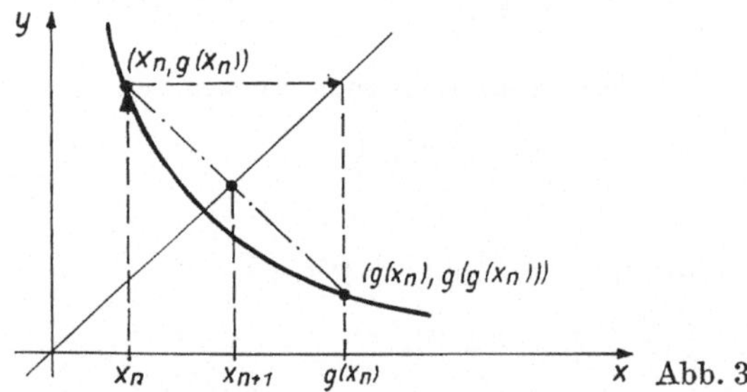

Abb. 3.6

Neuer Näherungswert ist also der Schnittpunkt dieser Sehne mit der Geraden $y = x$. Löst man (32) nach $y = x =. x_{n+1}$ auf, so ergibt sich das

STEFFENSEN-*Verfahren (Methode der linearen Extrapolation):*

x_0 (vorgegebene Näherung),

$n = 1, 2, \ldots$ (Schrittnummer),

$$x_{n+1} = G(x_n) .= \frac{x_n g\big(g(x_n)\big) - \big(g(x_n)\big)^2}{g\big(g(x_n)\big) - 2g(x_n) + x_n}. \tag{33}$$

Für die Konvergenzuntersuchung setzen wir $g \in C^2[a, b]$ voraus und benutzen die Abkürzungen

$$\varepsilon .= x - x^*, \quad g(x^*) = x^*, \quad g_1 .= g'(x^*), \quad g_2 .= g''(x^*).$$

Die TAYLOR-Entwicklung von $g(g(x))$ in der Umgebung von $x = x^*$ erhält dann die Gestalt (vgl. (7))

$$g(g(x)) = x^* + g_1{}^2\varepsilon + \frac{1}{2}(1 + g_1)\, g_1 g_2 \varepsilon^2 + O(\varepsilon^3).$$

Damit ergeben sich nach einigen Umformungen für Zähler und Nenner von $G(x)$ in der Umgebung von $x = x^*$ die Ausdrücke

$$x \cdot g(g(x)) - (g(x))^2 = x^*\varepsilon(a(\varepsilon) + O(\varepsilon^2)),$$
$$g(g(x)) - 2g(x) + x = \varepsilon(a(\varepsilon) + O(\varepsilon^2))$$

mit

$$a(\varepsilon) .= (1 - g_1)^2 + \frac{1}{2}\, g_2\varepsilon\, (g_1{}^2 + g_1 - 2).$$

Für $\varepsilon \to 0$ geht $a(\varepsilon) \to a(0) = (1 - g_1)^2 > 0$, falls $g_1 \neq 1$, folglich erhält man

$$G(x) = x^* \frac{a(\varepsilon) + O(\varepsilon^2)}{a(\varepsilon) + O(\varepsilon^2)} = x^*(1 + O(\varepsilon^2)) = x^* + O(x - x^*)^2,$$

also

$$G(x_n) - x^* = x_{n+1} - x^* = O(x_n - x^*)^2,$$

d. h., die Iteration (1) konvergiert in jeder hinreichend kleinen Umgebung von $x^* = x^*$ quadratisch, falls $g_1 = g'(x^*) \neq 1$ ist.

3.3. *Polynomgleichungen*

Es sei jetzt $f(x)$ ein reelles Polynom n-ten Grades

$$\begin{aligned} &p_0(x) .= a_0x^n + a_1x^{n-1} + \cdots + a_{n-1}x + a_n\,, \\ &a_0 \neq 0\,, \quad a_k \text{ reell}\,, \quad k = 1, 2, \ldots, n\,. \end{aligned} \tag{1}$$

Gesucht sind die Nullstellen.

3.3.1. *Horner-Schema*

Will man aus (1) den Wert des Polynoms an einer Stelle $x = x_0$ berechnen, so muß man (oder die Rechenmaschine) $2n - 1$ Multiplikationen und n Additionen ausführen. Geringer wird der Rechenaufwand, wenn man $p_0(x)$

in der Gestalt

$$p_0(x) = \big(\ldots\big(\big((a_0x + a_1)\,x + a_2\big)\,x + a_3\big)\ldots + a_{n-1}\big)\,x + a_n \tag{2}$$

schreibt. Offenbar benötigt man jetzt nur noch n Multiplikationen und n Additionen. Rechnet man mit Papier und Bleistift, so legt man sich zweckmäßig das folgende (schon EULER bekannte, aber üblicherweise nach HORNER benannte) Schema an:

HORNER-*Schema* zur Berechnung von $p_0(x_0)$:

	a_0	a_1	a_2	a_3	$\ldots$	a_{n-1}	a_n
x_0	—	b_0x_0	b_1x_0	b_2x_0	$\ldots$	$b_{n-2}x_0$	$b_{n-1}x_0$
	b_0	b_1	b_2	b_3	$\ldots$	b_{n-1}	$\boxed{b_n = p_0(x_0)}$

(3)

Die Größen b_k entsprechen den Ausdrücken in den runden Klammern in (2):

$$b_k \mathrel{.=} b_{k-1}x_0 + a_k, \quad b_0 \mathrel{.=} a_0 \quad (k = 1, 2, \ldots, n). \tag{4}$$

b_n ist der gesuchte Wert $p_0(x_0)$. Aus den übrigen Koeffizienten b_k $(k = 0, 1, \ldots, n-1)$ bilden wir das Polynom

$$p_1(x) \mathrel{.=} b_0x^{n-1} + b_1x^{n-2} + \cdots + b_{n-1},$$

das in folgender Beziehung zum Ausgangspolynom $p_0(x)$ steht:

$$p_0(x) = p_1(x)\,(x - x_0) + p_0(x_0) \tag{5}$$

Aufg. 3.7: Man bestätige (5).

Man kann also das HORNER-Schema auch als Abspaltung des Linearfaktors $(x - x_0)$ vom Polynom $p_0(x)$ deuten. Der sich dabei ergebende Rest ist $p_0(x_0)$. Spaltet man auch von $p_1(x)$ den Faktor $(x - x_0)$ ab, so ergibt sich

$$p_1(x) = p_2(x)\,(x - x_0) + p_1(x_0) \tag{6}$$

und weiter

$$p_2(x) = p_3(x)\,(x - x_0) + p_2(x_0), \tag{7}$$

$$\vdots$$

$$p_{n-1}(x) = p_n(x)\,(x - x_0) + p_{n-1}(x_0), \tag{8}$$

$$p_n(x) = p_n(x_0). \tag{9}$$

Die Koeffizienten der Polynome $p_j(x)$ und die Reste $p_j(x_0)$ berechnet man analog zu (3), (4) mit Hilfe des vollständigen HORNER-Schemas.

Vollständiges HORNER-*Schema:*

$$\begin{array}{llllllll}
p_0(x): & a_0 & a_1 & a_2 & \dots & a_{n-2} & a_{n-1} & a_n \\
 & - & b_0x_0 & b_1x_0 & \dots & b_{n-3}x_0 & b_{n-2}x_0 & b_{n-1}x_0 \\
\hline
p_1(x): & b_0 & b_1 & b_2 & \dots & b_{n-2} & b_{n-1} & \boxed{b_n = p_0(x_0)} \\
 & - & c_0x_0 & c_1x_0 & \dots & c_{n-3}x_0 & c_{n-2}x_0 & \\
\hline
p_2(x): & c_0 & c_1 & c_2 & \dots & c_{n-2} & \boxed{c_{n-1} = p_1(x_0)} & \\
 & \vdots & & & & & & \\
\hline
p_{n-1}(x): & f_0 & f_1 & \boxed{f_2 = p_{n-2}(x_0)} & & & & \\
 & - & g_0x_0 & & & & & \\
\hline
p_n(x): & g_0 & \boxed{g_1 = p_{n-1}(x_0)} & & & & & \\
 & - & & & & & & \\
 & \boxed{h_0 = p_n(x_0)} & & & & & &
\end{array}$$

Setzt man $p_n(x)$ in $p_{n-1}(x)$, d. h. (9) in (8), und weiter $p_{n-1}(x)$ in $p_{n-2}(x), \dots,$ $p_1(x)$ in $p_0(x)$ ein, so ergibt sich

$$p_0(x) = p_0(x_0) + (x - x_0)\, p_1(x_0) + (x - x_0)^2 p_2(x_0) + \cdots + (x - x_0)^n p_n(x_0), \tag{10}$$

und das ist offenbar die Potenzreihenentwicklung von $p_0(x)$ an der Stelle $x = x_0$. Vergleicht man (10) mit der TAYLOR-Entwicklung des Polynoms $p_0(x)$,

$$p_0(x) = p_0(x_0) + (x - x_0)p_0'(x_0) + \frac{(x - x_0)^2}{2!}\, p_0''(x_0) + \cdots + \frac{(x - x_0)^n}{n!}\, p_0^{(n)}(x_0),$$

so erkennt man, daß jeder Rest $p_j(x_0)$ bis auf den Faktor $\frac{1}{j!}$ gleich der j-ten Ableitung des Ausgangspolynoms ist:

$$p_j(x_0) = \frac{1}{j!}\, p_0^{(j)}(x_0) \qquad (j = 0, 1, 2, \dots, n). \tag{11}$$

Mit Hilfe des HORNER-Schemas lassen sich also die Werte des Polynoms $p_0(x)$ und aller seiner Ableitungen an der Stelle $x = x_0$ berechnen.

Als Beispiel schreiben wir das vollständige Horner-Schema für das Polynom

$$p_0(x) = 3x^5 - 2x^4 + x^2 - 7x - 2 \tag{12}$$

an der Stelle $x_0 = -0.5$ auf:

3	-2	0	1	-7	-2
—	-1.5	1.75	-0.875	-0.063	3.531
3	-3.5	1.75	0.125	-7.063	$1.531 = p_0\,(-0.5)$
—	-1.5	2.50	-2.125	1.000	
3	-5.0	4.25	-2.000	$-6.063 = p_1\,(-0.5) = p_0'\,(-0.5)$	
—	-1.5	3.25	-3.750		
3	-6.5	7.50	$-5.750 = p_2\,(-0.5) = \frac{1}{2}\,p_0''\,(-0.5)$		
—	-1.5	4.00			
3	-8.0	$11.50 = p_3\,(-0.5) = \frac{1}{6}\,p_0'''\,(-0.5)$			
—	-1.5				
3	$-9.5 = p_4\,(-0.5) = \frac{1}{24}\,p_0^{(4)}\,(-0.5)$				
$3 = p_5\,(-0.5) = \frac{1}{120}\,p_0^{(5)}\,(-0.5)$					

Aufg. 3.8: Man berechne die Werte des Polynoms (12) an den Stellen $x_0 = -2, -1, 0, 0.5, 1, 2$.

3.3.2. *Verbessertes Newton-Verfahren*

Will man eine Nullstelle x^* eines Polynoms $p_0(x)$ bestimmen, und ist dafür bereits eine Näherung x_0 bekannt, so kann sie mit dem Newton-Verfahren (3.2; 10) verbessert werden. Die dafür benötigten Werte des Polynoms und seiner ersten Ableitung an der Stelle $x = x_0$ erhält man durch zweimaliges Abspalten des Linearfaktors $x - x_0$, also aus dem Horner-Schema:

$$x_1 = x_0 - \frac{p_0(x_0)}{p_1(x_0)}. \tag{13}$$

Reicht die Genauigkeit von x_1 noch nicht aus, so muß an der Stelle $x = x_1$ erneut das Horner-Schema berechnet werden usw. — Ist die Newton-Korrektur $p_0(x_0)/p_1(x_0)$ schon hinreichend klein, so kann man mit nur einem dafür aber vollständig aufgeschriebenen Horner-Schema auskommen (vgl. Zurmühl [2]). Man erhält dadurch alle Ableitungen von $p_0(x)$ an der

Stelle $x = x_0$ und kann also die nach $n + 1$ Gliedern abbrechende TAYLOR-Entwicklung des Polynoms in der Form

$$p_0(x_0 + h) = p_0(x_0) + hp_1(x_0) + \cdots + h^n p_n(x_0) \tag{14}$$

schreiben (vgl. (10), (11)). Daraus bestimmen wir eine Korrektur h so, daß $x_0 + h = x^*$, also $p_0(x_0 + h) = 0$ wird, indem wir die nichtlineare Bestimmungsgleichung (14) iterativ auflösen:

Verbessertes NEWTON-*Verfahren für Polynomnullstellen:*

x_0 (vorgegebene Näherung),

$p_0(x_0), p_1(x_0), \ldots, p_n(x_0)$ (TAYLOR-Koeffizienten aus dem vollständigen HORNER-Schema),

$h_0 .= 0$,

$k = 0, 1, 2, \ldots$,

$$h_{k+1} = -\frac{p_0(x_0)}{p_1(x_0)} - h_k^2 \frac{p_2(x_0)}{p_1(x_0)} - \cdots - h_k^n \frac{p_n(x_0)}{p_1(x_0)}. \tag{15}$$

Aufg. 3.9: Man skizziere den Kurvenverlauf des Polynoms (12) (vgl. Aufg. 3.8), lese Näherungswerte für die Nullstellen ab und verbessere sie mit Hilfe von (13) bzw. (15).

Aufg. 3.10: Unter welchen Voraussetzungen konvergiert die Iterationsvorschrift (15)?

3.3.3. *Zweizeiliges Horner-Schema*

Polynome $p_0(x)$ mit reellen Koeffizienten a_j $(j = 0, 1, \ldots, n)$ können komplexe Nullstellen besitzen. Es sei $x_0 = u + iv$ ein Näherungswert. Wollte man ihn mit Hilfe des NEWTON-Verfahrens verbessern, so müßte man das HORNER-Schema mit komplexen Zahlen durchrechnen. Das ist recht aufwendig. Nun ist aber bekanntlich mit einer komplexen Zahl $x^* = u^* + iv^*$ auch die zugehörige konjugiert komplexe Zahl $\bar{x}^* = u^* - iv^*$ Nullstelle des Polynoms $p_0(x)$.

Aufg. 3.11: Man zeige: Ist für das Polynom (1) $p_0(u^* + iv^*) = 0$, so gilt auch $p_0(u^* - iv^*) = 0$.

Wir werden deshalb statt des komplexen Linearfaktors $x - x_0 = x - u - iv$ den reellen Quadratfaktor

$$\begin{aligned}(x - x_0)(x - \bar{x}_0) &= x^2 - x(x_0 + \bar{x}_0) + x_0\bar{x}_0 \\ &= x^2 + x(-2u) + u^2 + v^2 \\ &=. x^2 + xp + q \end{aligned} \tag{21}$$

vom Ausgangspolynom $p_0(x)$ abspalten. Wir setzen also analog zu (5)

$$p_0(x) = p_1(x)\,(x^2 + px + q) + b_{n-1}x + b_n^* \tag{22}$$

mit dem Polynom $(n - 2)$-ten Grades

$$p_1(x) = \sum_{j=0}^{n-2} b_j x^{n-2-j} \tag{23}$$

und einem linearen Rest $b_{n-1}x + b_n^*$. Multipliziert man aus und vergleicht die Koeffizienten gleicher x-Potenzen in (22) und (1), so ergeben sich die folgenden Beziehungen zwischen den b_j und den Koeffizienten a_j von $p_0(x)$:

$$\begin{aligned} b_0 &= a_0, \\ b_1 &= a_1 - pb_0, \\ b_j &= a_j - pb_{j-1} - qb_{j-2} \quad (j = 2, 3, \ldots, n-1), \\ b_n^* &= a_n \qquad\quad\; - qb_{n-2}. \end{aligned} \tag{24}$$

Für die manuelle Rechnung schreibt man sie zweckmäßig wieder in Form eines Rechenschemas.

Zweizeiliges HORNER-*Schema* zum Abspalten von Quadratfaktoren von Polynomen:

	a_0	a_1	a_2	$\ldots$	a_{n-2}	a_{n-1}	a_n
$-q$	—	—	$-qb_0$	$\ldots$	$-qb_{n-4}$	$-qb_{n-3}$	$-qb_{n-2}$
$-p$	—	$-pb_0$	$-pb_1$	$\ldots$	$-pb_{n-3}$	$-pb_{n-2}$	—
	b_0	b_1	b_2	$\ldots$	b_{n-2}	b_{n-1}	b_n^*

(25)

Will man nun den Wert $p_0(x_0)$ an einer komplexen Stelle $x_0 = u + iv$ berechnen, so braucht man in (22) nur $x = x_0$ einzusetzen. Der Quadratfaktor verschwindet wegen (21), also bleibt nur

$$p_0(u + iv) = b_{n-1}(u + iv) + b_n^* = b_{n-1}u + b_n^* + ib_{n-1}v$$

oder

$$\operatorname{Re} p_0(x_0) = b_{n-1} \operatorname{Re} x_0 + b_n^*, \quad \operatorname{Im} p_0(x_0) = b_{n-1} \operatorname{Im} x_0. \tag{26}$$

Aufg. 3.12: Man berechne den Wert des Polynoms (12) an den Stellen $x_0 = -1 + i$, i, $1 + i$.

Aufg. 3.13: Man stelle ein dreizeiliges HORNER-Schema für die Abspaltung eines kubischen Polynomfaktors $x^3 + px^2 + qx + r$ auf.

3.3.4. Bairstow-Verfahren

Die Kombination des zweizeiligen HORNER-Schemas mit dem NEWTON-Verfahren heißt BAIRSTOW-Verfahren. Wir behandeln es in der bei ZURMÜHL ([2], S. 57) angegebenen Form. Ist x_0 Nullstelle von $p_0(x)$, so ist der Quadratfaktor $x^2 + px + q$ Teiler des Polynoms $p_0(x)$, d. h. $b_{n-1} = b_n^* = 0$. Andernfalls sind b_{n-1} und b_n^* nicht beide gleichzeitig gleich Null. Wir fassen sie als Funktionen von p und q auf und versuchen, mit Hilfe des NEWTON-Verfahrens Korrekturen h, k so zu bestimmen, daß

$$b_{n-1}(p + h, q + k) = 0, \quad b_n^*(p + h, q + k) = 0$$

wird. Dabei ist es rechentechnisch günstiger, statt mit b_n^* mit dem Koeffizienten

$$b_n .= b_n^* - pb_{n-1} = a_n - pb_{n-1} - qb_{n-2} \tag{27}$$

zu rechnen, den man erhält, wenn man auch die letzte Spalte des zweizeiligen HORNER-Schemas vollständig ausfüllt. Offensichtlich folgt aus $b_{n-1} = b_n = 0$ auch $b_{n-1} = b_n^* = 0$ und umgekehrt. Wir entwickeln nun b_{n-1} und b_n als Funktionen der beiden zu verbessernden Koeffizienten p und q in TAYLOR-Reihen:

$$\begin{aligned} b_{n-1}(p + h, q + k) &= b_{n-1}(p, q) + \frac{\partial b_{n-1}}{\partial p} h + \frac{\partial b_{n-1}}{\partial q} k + \cdots \overset{!}{=} 0, \\ b_n(p + h, q + k) &= b_n(p, q) + \frac{\partial b_n}{\partial p} h + \frac{\partial b_n}{\partial q} k + \cdots \overset{!}{=} 0. \end{aligned} \tag{28}$$

Die Korrekturen h und k sind so zu bestimmen, daß die Gleichungen (28) gelten. Bricht man nach den linearen Gliedern ab, so wird (28) zu einem linearen Gleichungssystem für h und k. Die darin auftretenden partiellen Ableitungen von b_{n-1} und b_n an der Stelle (p, q) berechnet man, indem man an das zweizeilige HORNER-Schema eine weitere Doppelzeile anfügt:

Zweizeiliges HORNER-Schema für das BAIRSTOW-Verfahren:

$$\begin{array}{c|cccccccc}
 & a_0 & a_1 & a_2 & \cdots & a_{n-3} & a_{n-2} & a_{n-1} & a_n \\
-q & - & - & -qb_0 & \cdots & -qb_{n-5} & -qb_{n-4} & -qb_{n-3} & -qb_{n-2} \\
-p & - & -pb_0 & -pb_1 & \cdots & -pb_{n-4} & -pb_{n-3} & -pb_{n-2} & -pb_{n-1} \\
\hline
 & b_0 & b_1 & b_2 & \cdots & b_{n-3} & b_{n-2} & \boxed{b_{n-1}} & \boxed{b_n} \\
-q & - & - & -qc_0 & \cdots & -qc_{n-5} & -qc_{n-4} & -qc_{n-3} & \\
-p & - & -pc_0 & -pc_1 & \cdots & -pc_{n-4} & -pc_{n-3} & -pc_{n-2} & \\
\hline
 & c_0 & c_1 & c_2 & \cdots & \boxed{c_{n-3}} & \boxed{c_{n-2}} & \boxed{c_{n-1}} &
\end{array} \tag{29}$$

oder kürzer

$$\begin{aligned} c_0 &= b_0, \quad c_1 = b_1 - pc_0, \\ c_j &= b_j - pc_{j-1} - qc_{j-2} \quad (j = 2, 3, \ldots, n-1). \end{aligned} \tag{30}$$

Die letzten drei c_j sind (bis auf das Vorzeichen) gleich den gesuchten partiellen Ableitungen. Um das einzusehen, braucht man nur (24) bzw. (27) nach p und q abzuleiten:

$$\frac{\partial b_j}{\partial p} = -b_{j-1} - p\frac{\partial b_{j-1}}{\partial p} - q\frac{\partial b_{j-2}}{\partial p},$$

$$\frac{\partial b_j}{\partial q} = -b_{j-2} - p\frac{\partial b_{j-1}}{\partial q} - q\frac{\partial b_{j-2}}{\partial q} \quad (j = 2, 3, \ldots, n)$$

Nach Multiplikation mit -1 erhält man durch Vergleich mit (30)

$$\begin{aligned} \frac{\partial b_j}{\partial p} &= -c_{j-1} \quad (j = 1, 2, \ldots, n), \\ \frac{\partial b_j}{\partial q} &= -c_{j-2} \quad (j = 2, 3, \ldots, n). \end{aligned} \tag{31}$$

Damit bekommt das Gleichungssystem (28) für h und k die Gestalt

$$c_{n-2}h + c_{n-3}k = b_{n-1}, \quad c_{n-1}h + c_{n-2}k = b_n. \tag{32}$$

Da die Taylor-Entwicklungen (28) nach den linearen Gliedern abgebrochen wurden, werden die mit den verbesserten Werten $p + h$, $q + k$ neu zu berechnenden Koeffizienten $b_{n-1}(p + h, q + k)$, $b_n(p + h, q + k)$ noch nicht verschwinden, so daß das Verfahren iteriert werden muß. Es ergibt sich der folgende Algorithmus.

Bairstow-*Verfahren:*

a_j, $j = 0, 1, \ldots, n$ (Koeffizienten des Polynoms),

p_0, q_0 (vorgegebene Näherungen),

ε (vorgeschriebene Genauigkeit),

$l = 0, 1, 2, \ldots$ (Schrittnummer),

$b_{-1} = b_{-2} = c_{-1} = c_{-2} = 0$,

$j = 0, 1, 2, \ldots, n$,

$b_j = a_j - p_l b_{j-1} - q_l b_{j-2}$ (Horner-Schema, 1. Doppelzeile), (33)

$i = 0, 1, 2, \ldots, n - 1$,

$c_i = b_i - p_l c_{i-1} - q_l c_{i-2}$ (Horner-Schema, 2. Doppelzeile), (34)

$D = c_{n-1}^2 - c_{n-1}c_{n-3}$ (Determinante des Systems (32)),

$$h = \frac{1}{D}(c_{n-2}b_{n-1} - c_{n-3}b_n), \tag{35}$$

(Korrekturen für p_k und q_k)

$$k = \frac{1}{D}(-c_{n-1}b_{n-1} + c_{n-2}b_n), \tag{36}$$

$p_{l+1} = p_l + h,$ (verbesserte p, q-Werte)

$q_{l+1} = q_l + k,$

$|b_{n-1}| + |b_n| < \varepsilon$ (falls nein: $l := l + 1$),

$$x_{1,2} = -\frac{p_{l+1}}{2} \pm \sqrt{\frac{p_{l+1}^2}{4} - q_{l+1}} \tag{37}$$

(Ergebnis: Nullstellen x_1, x_2 des Poynoms).

Als Beispiel berechnen wir Näherungswerte für die Nullstellen des Polynoms

$$p_0(x) = x^4 - 3x^3 - 8x^2 - 17x - 4 = 0. \tag{38}$$

Dazu spalten wir mit Hilfe des HORNER-Schemas den Quadratfaktor $x^2 + 2x + 3$ ab:

	1	−3	−8	−17	−4
$-q_0 = -3$	—	—	−3	15	3
$-p_0 = -2$	—	−2	10	2	0
	1	−5	−1	$b_{n-1} = 0$	$b_n = -1$
−3	—	—	−3	21	
−2	—	−2	14	−20	
	1	$c_{n-3} = -7$	$c_{n-2} = 10$	$c_{n-1} = 1$	

$D = 107$, $h = \dfrac{-7}{107} \approx 0.065$, $k = -\dfrac{10}{107} \approx 0.093$

$p_1 = 1.935$, $q_1 = 2.907$.

Im zweiten Schritt ergibt sich

	1	−3	−8	−17	−4
−2.907	—	—	−2.907	14.346	+3.948
−1.935	—	−1.935	+9.549	+2.628	+0.053
	1	−4.935	−1.358	−0.028	0.001
−2.907	—	—	−2.907	20.071	
−1.935	—	−1.935	13.393	−17.663	
	1	−6.870	9.128	2.380	

$D = 99.67$, $h = -0.0025$, $k = 0.0006$, $p_2 = 1.9325$, $q_2 = 2.9076$.

Mit diesen Werten berechnen wir noch einmal das HORNER-Schema

	1	−3	−8	−17	−4
−2.9076	—	—	−2.9076	14.3417	3.9995
−1.9325	—	−1.9325	9.5321	2.6582	0,0002
	1	−4.9325	−1.3755	−0.0001	−0.0003

Wir haben das Ausgangspolynom damit in zwei Quadratfaktoren aufgespalten,

$$p_0(x) = (x^2 - 4.9325x - 1.3755)\,(x^2 + 1.9325 + 2.9076),$$

aus denen wir nach der bekannten Auflösungsformel für quadratische Gleichungen die beiden komplexen Wurzeln

$$x_{1,2} = -0.9663 \pm \sqrt{0.9336 - 2.9076} = \underline{-0.9663 \pm i\,1.4050} \tag{39}$$

und die beiden reellen Wurzeln

$$x_{3,4} = 2.4663 \pm \sqrt{6.0824 + 1.3755},$$

also

$$\underline{x_3 = -0.2646}, \quad \underline{x_4 = 5.1972} \tag{40}$$

erhalten.

Das BAIRSTOW-Verfahren wird häufig auch zur Bestimmung reeller Nullstellen benutzt. Man spaltet vom Ausgangspolynom so lange Quadratfaktoren ab, bis das verbleibende reduzierte Polynom quadratisch oder linear ist. Da die Koeffizienten der reduzierten Polynome mit Rundungsfehlern behaftet sind, empfiehlt es sich, die Nullstellen zur Probe in das Ausgangspolynom einzusetzen und gegebenenfalls mit Hilfe des NEWTON-Verfahrens noch zu verbessern. Die Rundungsfehler werden geringer, wenn man beim Abspalten mit den betragsmäßig kleinsten Nullstellen beginnt. Noch offen ist die Frage, wie man sich Anfangswerte für p und q verschafft. Soll ein Paar reeller Nullstellen abgespalten werden, so kann man p_0 und q_0 aus Näherungswerten für zwei Nullstellen berechnen, die man aus einer Skizze abliest. Bei komplexen Nullstellen ist das nicht möglich. Hier ist man auf die Hilfe anderer Verfahren angewiesen, z. B. auf das GRAEFFE-Verfahren (ZURMÜHL [2], S. 68, WILLERS [1], S. 285) oder auf den unten behandelten QD-Algorithmus. Häufig kommt man auch mit willkürlich gewählten Ausgangswerten, etwa $p_0 = q_0 = 1$, zum Ziel, unter Umständen aber erst nach einer großen Zahl von Iterationsschritten. Divergenz ist nicht ausgeschlossen, da die quadratische Konvergenz des NEWTON-Verfahrens nur in einer hinreichend kleinen Umgebung der Nullstellen gesichert ist.

Aufg. 3.14: Man bestimme die Wurzeln der Polynomgleichung (12), ausgehend von $p = -0.5$, $q = 1.5$, mit Hilfe des BAIRSTOW-Verfahrens. (Vgl. Aufg. 3.8, 3.9, 3.12).

3.3.5. *Abschätzungen für Polynomnullstellen*

Für die bisher behandelten Lösungsverfahren benötigt man einen Ausgangswert x_0, der möglichst dicht bei der gesuchten Nullstelle liegen soll. In welchem x-Intervall aber kann man Nullstellen erwarten? Eine Antwort darauf gibt der folgende

Satz: *Sämtliche Nullstellen* x_j $(j = 1, 2, \ldots, n)$ *des Polynoms* (1) *genügen der Abschätzung*

$$\frac{|a_n|}{|a_n| + A_n} \leqq |x_j| \leqq \frac{|a_0| + A_0}{|a_0|}. \tag{41}$$

Dabei bezeichnen A_0 *und* A_n *das Betragsmaximum der letzten n bzw. der ersten n Koeffizienten des Polynoms* (1)

$$A_0 .= \max_{j=1,2,\ldots,n} |a_j|, \qquad A_n .= \max_{j=0,1,\ldots,n-1} |a_j|. \tag{42}$$

Beweis: Nach der Dreiecksungleichung und mit (42) erhält man

$$\left|\sum_{j=1}^{n} a_j x^{n-j}\right| \leqq \sum_{j=1}^{n} |a_j|\ |x|^{n-j} \leqq A_0 \sum_{j=1}^{n} |x|^{n-j} = A_0 \frac{|x|^n - 1}{|x| - 1}$$

und für $|x| > 1$ schließlich

$$\left|\sum_{i=1}^{n} a_j x^{n-j}\right| < A_0 \frac{|x|^n}{|x| - 1}. \tag{43}$$

Wenn man die Dreiecksungleichung in der Form $|a + b| \geqq |a| - |b|$ auf das Polynom anwendet und (43) berücksichtigt, folgt

$$|p_0(x)| \geqq |a_0 x^n| - \left|\sum_{j=1}^{n} a_j x^{n-j}\right| > |a_0|\ |x|^n - A_0 \frac{|x|^n}{|x| - 1},$$

also

$$|p_0(x)| > \frac{|x|^n}{|x| - 1} (|a_0|\ |x| - |a_0| - A_0). \tag{44}$$

Wäre die runde Klammer positiv, so wäre $|p_0(x)| > 0$ für alle x, hätte also keine Nullstellen. Demnach muß für jede Nullstelle $x = x_j$

$$|a_0|\ |x_j| - |a_0| - A_0 \leqq 0 \tag{45}$$

sein. Daraus ergibt sich der rechte Teil der Abschätzung (41). Sie gilt trivialerweise auch für zunächst ausgeschlossene $|x|$-Werte, die kleiner oder gleich 1 sind, da $(|a_0| + A_0)/|a_0| > 1$ ist. Für den linken Teil der Abschätzung bildet man das Polynom

$$q(y) := a_n y^n + a_{n-1} y^{n-1} + \cdots + a_0 \tag{46}$$

und erhält analog zu der $|x_j|$-Abschätzung

$$|y_j| \leqq \frac{|a_n| + A_n}{|a_n|}, \tag{47}$$

wozu wir zunächst $a_n \neq 0$ voraussetzen müssen. Für $y \neq 0$ und $\frac{1}{y} = x$ ergibt sich

$$y^{-n} q(y) = p_0(x), \tag{48}$$

also gilt für alle Nullstellen von q und p_0

$$1/y_j = x_j. \tag{49}$$

Setzt man das in (47) ein, so ergibt sich der linke Teil der Abschätzung (41). Sie bleibt offenbar auch im zunächst ausgeschlossenen Fall $a_n = 0$ gültig.

Wir wenden die Abschätzung auf das (bereits als Beispiel für das Bairstow-Verfahren verwendete) Polynom

$$p_0(x) = x^4 - 3x^3 - 8x^2 - 17x - 4 \tag{38}$$

an. Hier ist $|a_0| = 1$, $|a_n| = 4$ und $A_0 = A_n = 17$, also $0.19 \leqq |x_j| \leqq 18$. Sämtliche Nullstellen des Polynoms liegen also in dem Ringgebiet mit dem inneren Radius 0.19 und dem äußeren Radius 18 in der komplexen Ebene. Die obere Schranke ist offenbar sehr grob, denn die betragsmäßig größte Wurzel ist $x_4 = 5.1972$.

Aufg. 3.15: Man bestimme Schranken für die Nullstellen des Polynoms (12).

Ohne Beweis geben wir noch einen Satz für eine spezielle Klasse von Polynomen an:

Satz von Laguerre: *Ist* (1) *ein Polynom mit n reellen Nullstellen und $a_0 = 1$ (z. B. das charakteristische Polynom einer symmetrischen Matrix, vgl. Kap. 4.), so liegen alle Nullstellen in dem Intervall, das von den beiden Wurzeln der quadratischen Gleichung*

$$nx^2 + 2a_1 x + 2(n-1)\,a_2 - (n-2)\,a_1^2 = 0 \tag{50}$$

gebildet wird.

Ausführlicher wird die Bestimmung der Lage und Anzahl reeller und komplexer Nullstellen bei Willers ([1], §§ 29, 30) behandelt.

3.3.6. *Quotienten-Differenzen-Algorithmus*

Der QD-Algorithmus benötigt im Gegensatz zu den bisher behandelten Verfahren keine Näherungswerte für die gesuchten Nullstellen. Mit seiner Hilfe können simultan sämtliche Wurzeln einer Polynomgleichung angenähert werden. Allerdings konvergiert die Methode relativ langsam, so daß man mit ihr in der Regel nur Näherungswerte bestimmt, die dann mit dem NEWTON- oder BAIRSTOW-Verfahren verbessert werden. Der QD-Algorithmus baut auf der BERNOULLIschen Methode zur Bestimmung der größten bzw. kleinsten Wurzel einer Polynomgleichung auf. Er wurde in seiner hier beschriebenen Form von RUTISHAUSER [1] entwickelt (vgl. HENRICI [2], S. 162ff.). Wir verzichten auf die relativ langwierige Herleitung und Konvergenzuntersuchung und beschreiben lediglich das Vorgehen. In dem Polynom (1) seien sämtliche Koeffizienten $a_j \neq 0$ $(j = 0, 1, \ldots, n)$. Ist diese Voraussetzung nicht von vornherein erfüllt, so braucht man nur (mit Hilfe des HORNER-Schemas) eine neue unabhängige Variable y einzuführen,

$$y = x - x_0, \quad x_0 \neq 0, \tag{51}$$

und die Nullstellen y_j des transformierten Polynoms

$$\tilde{p}(y) := p_0(x_0 + y)$$

zu berechnen. Die gesuchten Nullstellen von $p_0(x)$ sind dann

$$x_j = y_j + x_0 \quad (j = 1, 2, \ldots, n).$$

Wir bilden nun die Quotienten a_{j+1}/a_j $(j = 0, 1, 2, \ldots, n-1)$ und schreiben sie in der angegebenen Weise in die beiden ersten Zeilen des folgenden Schemas:

QD-Algorithmus:

i	$d_i^{(0)}$	$q_i^{(1)}$	$d_i^{(1)}$	$q_i^{(2)}$	$d_i^{(2)}$	$\ldots$	$d_i^{(n-1)}$	$q_i^{(n)}$	$d_i^{(n)}$
1		$-\frac{a_1}{a_0}$		0		$\ldots$		0	
1	0		$\frac{a_2}{a_1}$		$\frac{a_3}{a_2}$		$\frac{a_n}{a_{n-1}}$		0
2		$q_2^{(1)}$		$q_2^{(2)}$				$q_2^{(n)}$	
2	0		$d_2^{(1)}$		$d_2^{(2)}$		$d_2^{(n-1)}$		0
.		.		.				.	
.	.		.		.		.		.
.		.		.				.	

Alle übrigen Zeilen werden abwechselnd nach den beiden folgenden *Rhombenregeln* berechnet:

$$\begin{aligned} q_{i+1}^{(j)} &= d_i^{(j)} - d_i^{(j-1)} + q_i^{(j)} \qquad (j = 1, 2, \ldots, n), \\ q_{\text{unten}} &= d_{\text{rechts}} - d_{\text{links}} + q_{\text{oben}}, \end{aligned} \tag{52}$$

$$\begin{aligned} d_{i+1}^{(j)} &= \frac{q_{i+1}^{(j+1)}}{q_{i+1}^{(j)}} d_i^{(j)}, \qquad j = 1, 2, \ldots, n-1, \; d_{i+1}^{(0)} = d_{i+1}^{(n)} = 0, \\ d_{\text{unten}} &= \frac{q_{\text{rechts}}}{q_{\text{links}}} d_{\text{oben}}. \end{aligned} \tag{53}$$

Damit die Formeln durchgängig verwendet werden können, wurde das Schema durch Nullspalten $d_i^{(0)}$ und $d_i^{(n)}$ ergänzt.

Hat das Polynom n verschiedene reelle Wurzeln x_j, so streben die $d_i^{(j)} \to 0$ und die $q_i^{(j)} \to x_j$, wenn $i \to \infty$ geht. Liegt ein Paar komplexer Wurzeln oder eine Doppelwurzel vor, so alternieren die d-Werte einer Spalte. In diesem Fall streben

$$-q_i^{(j)} - q_i^{(j+1)} \to p_j \tag{54}$$

und

$$q_i^{(j)} q_{i+1}^{(j+1)} \to q_j \tag{55}$$

des zugehörigen Quadratfaktors $x^2 + p_j x + q_j$ des Ausgangspolynoms.

Als Beispiel berechnen wir Näherungswerte für die Wurzeln des schon früher benutzten Polynoms $p_0(x) = x^4 - 3x^3 - 8x^2 - 17x - 4$:

i	$d_i^{(0)}$	$q_i^{(1)}$	$d_i^{(1)}$	$q_i^{(2)}$	$d_i^{(2)}$	$q_i^{(3)}$	$d_i^{(3)}$	$q_i^{(4)}$	$d_i^{(4)}$	$-q_i^{(2)}-q_i^{(3)}$	$q_i^{(2)}q_{i+1}^{(3)}$
1		3		0		0		0			
1	0		2.67		2.13		0.24		0		
2		5.67		−0.54		−1.89		−0.24			
2	0		−0.26		7.46		0.03		0		
3		5.41		7.18		−9.32		−0.27		2.14	5.03
3	0		−0.35		−9.70		0.00		0		
4		5.06		−2.17		0.38		−0.27		1.79	2,72
4	0		0.15		1.80		0.00		0		
5		5.21		−0.52		−1.42		−0.27		1.94	3.09
		↓						↓		↓	↓
		x_1		komplexe Wurzeln				x_4		p_2	q_2
					x_2, x_3						

Die Koeffizienten p_2, q_2 des zu den komplexen Wurzeln x_2, x_3 gehörenden Quadratfaktors ergeben sich aus den nach (54) bzw. (55) berechneten, im Schema rechts angefügten Spalten. Man erhält also näherungsweise die reellen Wurzeln

$$x_1 = 5.21, \quad x_4 = -0.27$$

und den Quadratfaktor

$$x^2 + 1.94x + 3.09.$$

Ein Vergleich mit den Ergebnissen des BAIRSTOW-Verfahrens zeigt, daß jeweils nur die erste Ziffer genau ist. Immerhin sind die Werte aber so gut, daß man schnelle Konvergenz erwarten kann, wenn man noch einige NEWTON- oder BAIRSTOW-Schritte anschließt.

Aufg. 3.16: Mit Hilfe des *QD*-Algorithmus berechne man Näherungswerte für das Polynom (12). (Da $a_2 = 0$ ist, muß zunächst ein vollständiges HORNER-Schema, z. B. mit $x_0 = 1$, berechnet werden. Dadurch wird die neue Variable $y = x - 1$ eingeführt.)

Aufg. 3.17: Man schreibe einen Programmablaufplan für den *QD*-Algorithmus.

3.4. *Systeme nichtlinearer Gleichungen*

Einige Iterationsvorschriften zur Nullstellenbestimmung von nichtlinearen Gleichungen in einer Veränderlichen lassen sich formal auf den mehrdimensionalen Fall

$$\boldsymbol{f}(\boldsymbol{x}) = 0, \quad \boldsymbol{x} = \begin{pmatrix} x_1 \\ x_2 \\ \vdots \\ x_N \end{pmatrix}, \quad \boldsymbol{f}(\boldsymbol{x}) = \begin{pmatrix} f_1(x_1, x_2, \ldots, x_N) \\ f_2(x_1, x_2, \ldots, x_N) \\ \vdots \\ f_N(x_1, x_2, \ldots, x_N) \end{pmatrix} \tag{1}$$

bzw. eine zugehörige iterierfähige Form

$$\boldsymbol{x} = \boldsymbol{g}(\boldsymbol{x}), \tag{2}$$

übertragen. Nur ist es hier wesentlich schwieriger, die Voraussetzungen des BANACHschen Fixpunktsatzes nachzuprüfen und die für die Konvergenz der Verfahren benötigte „hinreichend gute“ Anfangsnäherung $\boldsymbol{x}_0$ zu beschaffen (was im eindimensionalen Fall mit Hilfe einer Wertetabelle der Funktion $f(x)$ leicht möglich war).

3.4.1. *Newton-Verfahren*

Entwickelt man $\boldsymbol{f}(\boldsymbol{x})$ an der Stelle $\boldsymbol{x} = \boldsymbol{x}^{(m)}$ (m-te Näherung) in eine TAYLOR-Reihe, so kann der Wert $\boldsymbol{f}(\boldsymbol{x}^*)$ in der Form

$$\boldsymbol{f}(\boldsymbol{x}^*) = \boldsymbol{f}(\boldsymbol{x}^{(m)}) + \left[\sum_{n=1}^{N} (x_n^* - x_n^{(m)}) \frac{\partial}{\partial x_n}\right] \boldsymbol{f}(\boldsymbol{x}^{(m)}) + \frac{1}{2!} [\ldots]^2 \boldsymbol{f}(\boldsymbol{x}^{(m)}) + \cdots \tag{3}$$

dargestellt werden. Ist $\boldsymbol{x}^*$ Nullstelle, d. h. $\boldsymbol{f}(\boldsymbol{x}^*) = \boldsymbol{0}$, so ist (3) ein System von Bestimmungsgleichungen für die Korrekturen $x_n^* - x_n^{(m)}$. Bricht man die TAYLOR-Entwicklung nach dem linearen Glied ab, so wird das System linear. Seine Lösung ist dann jedoch noch nicht die gesuchte Nullstelle, sondern nur ein neuer Näherungswert $\boldsymbol{x}^{(m+1)}$.

NEWTON-*Verfahren für Gleichungssysteme:*

$\boldsymbol{x}^{(0)}$ (vorgegebener Ausgangsvektor),

$m = 0, 1, \ldots$ (Schrittnummer),

$$F(\boldsymbol{x}^{(m)}) .= \begin{pmatrix} \frac{\partial f_1}{\partial x_1} & \frac{\partial f_1}{\partial x_2} & \cdots & \frac{\partial f_1}{\partial x_N} \\ \vdots & & & \\ \frac{\partial f_N}{\partial x_1} & \frac{\partial f_N}{\partial x_2} & \cdots & \frac{\partial f_N}{\partial x_N} \end{pmatrix} \quad \begin{matrix} \text{(Funktionalmatrix an} \\ \text{der Stelle } \boldsymbol{x} = \boldsymbol{x}^{(m)}) \\ \\ \boldsymbol{x} = \boldsymbol{x}^{(m)}, \end{matrix} \tag{4}$$

$$\boldsymbol{f}(\boldsymbol{x}^{(m)}) + F(\boldsymbol{x}^{(m)}) (\boldsymbol{x}^{(m+1)} - \boldsymbol{x}^{(m)}) = \boldsymbol{0}. \tag{5}$$

Ist $F(\boldsymbol{x}^{(m)})$ nichtsingulär, so besitzt das lineare Gleichungssystem (5) eine eindeutige Lösung. Sie kann entweder iterativ (vgl. Kap. 2) oder explizit aus

$$\boldsymbol{x}^{(m+1)} = \boldsymbol{x}^{(m)} - F^{-1}(\boldsymbol{x}^{(m)}) \boldsymbol{f}(\boldsymbol{x}^{(m)}) \tag{6}$$

berechnet werden. Bei jedem NEWTON-Schritt muß also ein lineares Gleichungssystem gelöst werden. Man kann die Rechnung vereinfachen, indem man anstelle von $F^{-1}(\boldsymbol{x}^{(m)})$ die im ersten Schritt berechnete inverse Matrix $F^{-1}(\boldsymbol{x}^{(0)})$ benutzt (*vereinfachtes* NEWTON-*Verfahren*).

Es läßt sich zeigen, daß das NEWTON-Verfahren wie im eindimensionalen Fall quadratisch konvergiert, wenn die Anfangsnäherung $\boldsymbol{x}^{(0)}$ in einer hinreichend kleinen Umgebung der Nullstelle $\boldsymbol{x}^*$ liegt und $F(\boldsymbol{x})$ in dieser Umgebung nicht singulär ist. Für die NEWTON-Iteration (5) oder (6) benötigt man die Existenz aller ersten partiellen Ableitungen der f_n ($n = 1, 2, \ldots, N$) für den Konvergenzbeweis müssen auch die zweiten partiellen Ableitungen existieren (vgl. BERESIN-SHIDKOW [2], COLLATZ [2], HENRICI [2], ORTEGA-RHEINBOLDT [1]).

Aufg. 3.18: Gegeben sei $f_1(x_1, x_2) = x_1^2 + x_2^2 - 4$, $f_2(x_1, x_2) = e^{x_1} - x_2$. Man bestimme aus einer Skizze möglichst genaue Näherungswerte für die beiden Wurzeln des nichtlinearen Systems $f_1 = 0$, $f_2 = 0$ und verbessere die abgelesenen Werte nach (5) oder (6).

3.4.2. *Regula falsi*

Ersetzt man in (4) die partiellen Ableitungen durch partielle Differenzenquotienten

$$\begin{aligned}&\frac{\partial f_k(x_1^{(m)}, \ldots, x_N^{(m)})}{\partial x_n}\\ &\approx \frac{f_k(x_1^{(0)}, \ldots, x_{n-1}^{(0)}, x_n^{(m)}, x_{n+1}^{(0)}, \ldots, x_N^{(0)}) - f_k(x_1^{(0)}, \ldots, x_N^{(0)})}{x_n^{(m)} - x_n^{(0)}}\\ &= \frac{1}{x_n^{(m)} - x_n^{(0)}} \left[f_k(\boldsymbol{x}^{(0)} + (x_n^{(m)} - x_n^{(0)})\,\boldsymbol{e}_n) - f_k(\boldsymbol{x}^{(0)})\right],\end{aligned}$$

so erhält man aus (5) die

Regula falsi für Systeme:

$\boldsymbol{x}^{(0)}, \boldsymbol{x}^{(1)}$ (vorgegebene Ausgangsvektoren),

$m = 1, 2, \ldots$ (Schrittnummer), (7)

$$\boldsymbol{f}(\boldsymbol{x}^{(m)}) + \sum_{n=1}^{N} \frac{x_n^{(m+1)} - x_n^{(m)}}{x_n^{(m)} - x_n^{(0)}} \left[\boldsymbol{f}(\boldsymbol{x}^{(0)} + (x_n^{(m)} - x_n^{(0)})\,\boldsymbol{e}_n) - \boldsymbol{f}(\boldsymbol{x}^{(0)})\right] = 0.$$

Dabei bezeichnet $\boldsymbol{e}_n$ den n-ten Einheitsvektor, also den Vektor mit den Komponenten δ_{kn}, $k = 1, 2, \ldots, N$ (Kronecker-Symbol). Wie beim Newton-Verfahren für Systeme ist auch hier bei jedem Iterationsschritt ein lineares Gleichungssystem aufzulösen. Damit das Verfahren konvergiert, müssen hinreichend gute Anfangsnäherungen $\boldsymbol{x}^{(0)}, \boldsymbol{x}^{(1)}$ bekannt sein, es ist, wie auch das Newton-Verfahren, lokal konvergent. In jüngerer Zeit sind sogenannte global konvergente Methoden entwickelt worden, die ohne diese einschränkende Voraussetzung auskommen (vgl. Ortega-Rheinboldt [1]. Wir können auf die Lösung nichtlinearer Gleichungssysteme hier nicht ausführlicher eingehen und verweisen auf die Spezialliteratur (s. auch Traub [1], Ostrowski [1]).

4. Eigenwertprobleme

4.1. *Direkte Methode*

Wenn die Vektorgleichung

$$A\boldsymbol{x} = t\boldsymbol{x} \tag{1}$$

eine nichttriviale Lösung $\boldsymbol{x} \neq \boldsymbol{0}$ besitzt, nennt man die (reelle oder komplexe) Zahl t *charakteristische Wurzel* oder *Eigenwert*[1]) und $\boldsymbol{x}$ *Eigenvektor* der Matrix A. Bei vorgegebener Matrix ist (1) ein homogenes lineares Gleichungssystem für die Komponenten von $\boldsymbol{x}$:

$$(A - tI)\,\boldsymbol{x} = \boldsymbol{0} \tag{2}$$

oder ausführlich geschrieben

$$\begin{array}{lllll} (a_{11} - t)x_1 & + a_{12}x_2 & + \cdots + & a_{1n}x_n & = 0, \\ a_{21}x_1 & + (a_{22} - t)x_2 & + \cdots + & a_{2n}x_n & = 0, \\ \vdots & \vdots & & \vdots & \vdots \\ a_{n1}x_1 & \quad a_{n2}x_2 & + \cdots + & (a_{nn} - t)x_n & = 0. \end{array} \tag{2'}$$

Es hat nur dann nichttriviale Lösungen, wenn die Koeffizientendeterminante verschwindet, in unserem Fall also, wenn

$$\det(A - tI) = 0 \tag{3}$$

ist. Entwickelt man die Determinante nach dem WEIERSTRASSschen Entwicklungssatz, so zeigt sich, daß die *charakteristische Gleichung* (3) der Matrix A eine algebraische Gleichung n-ten Grades ist. Aus dem Fundamentalsatz der Algebra folgt damit, daß eine n-reihige quadratische Matrix genau n (reelle oder komplexe) charakteristische Wurzeln besitzt, wobei mehrfache Wurzeln entsprechend ihrer Vielfachheit gezählt werden.

Wir betrachten als einfaches Beispiel die Matrix $A = \begin{pmatrix} 3 & -1 \\ -5 & -1 \end{pmatrix}$. Sie hat die charakteristische Gleichung

$$\det(A - tI) = \begin{vmatrix} 3 - t & -1 \\ -5 & -1 - t \end{vmatrix} = t^2 - 2t - 8 = 0$$

---

[1]) Häufig wird die Bezeichnung Eigenwert auch für den reziproken Wert $1/t$ verwendet.

mit den beiden charakteristischen Wurzeln $t_1 = 4$, $t_2 = -2$. Die zugehörigen Eigenvektoren ergeben sich aus den entsprechenden homogenen Gleichungssystemen

$$(A - t_1 I)\,\boldsymbol{x}^{(1)} = \begin{pmatrix} -1 & -1 \\ -5 & -5 \end{pmatrix} \begin{pmatrix} x_1^{(1)} \\ x_2^{(1)} \end{pmatrix} = \mathbf{0}, \quad x_1^{(1)} \text{ beliebig}, \; x_2^{(1)} = -x_1^{(1)},$$

$$(A - t_2 I)\,\boldsymbol{x}^{(2)} = \begin{pmatrix} 5 & -1 \\ -5 & 1 \end{pmatrix} \begin{pmatrix} x_1^{(2)} \\ x_2^{(2)} \end{pmatrix} = \mathbf{0}, \quad x_1^{(2)} \text{ beliebig}, \; x_2^{(2)} = 5x_1^{(2)}.$$

Nichttriviale Lösungen homogener linearer Gleichungssysteme sind nicht eindeutig bestimmt. Das gilt auch für die Eigenvektoren. Mit $\boldsymbol{x}$ ist auch ein beliebiges Vielfaches $c\boldsymbol{x}$ (c reell oder komplex) Eigenvektor. Die Matrix A besitzt also gewisse *Eigenrichtungen*. Alle Vektoren, die in diese Richtungen zeigen, sind Eigenvektoren. In der Regel gibt man sie deshalb in normierter Form an.

In unserem Beispiel erhält man bei Verwendung der Maximumnorm

$$\boldsymbol{x}^{(1)} = \begin{pmatrix} 1 \\ -1 \end{pmatrix}, \; \boldsymbol{x}^{(2)} = \begin{pmatrix} 1/5 \\ 1 \end{pmatrix}, \text{ denn } \|\boldsymbol{x}^{(1)}\|_\infty = \|\boldsymbol{x}^{(2)}\|_\infty = 1,$$

und bei Verwendung der euklidischen Norm

$$\boldsymbol{x}^{(1)} = \begin{pmatrix} 1/\sqrt{2} \\ 1/\sqrt{2} \end{pmatrix}, \boldsymbol{x}^{(2)} = \begin{pmatrix} 1/\sqrt{26} \\ 1/\sqrt{26} \end{pmatrix}, \text{ denn } \|\boldsymbol{x}^{(1)}\|_2 = \|\boldsymbol{x}^{(2)}\|_2 = 1.$$

Das in dem Beispiel verwendete Lösungsverfahren heißt

Direkte Methode:

A vorgegebene quadratische Matrix.

1) Aufstellung der charakteristischen Gleichung

$$\det(A - tI) = a_0 t^n + a_1 t^{n-1} + \cdots + a_n = 0,$$

2) Bestimmung der charakteristischen Wurzeln t_i ($i = 1, 2, \ldots, n$) mit Hilfe eines Verfahrens aus Kap. 3,

3) Lösung der zugehörigen homogenen Gleichungssysteme (4)

$$(A - t_i I)\boldsymbol{x}^{(i)} = \mathbf{0} \qquad (i = 1, 2, \ldots, n),$$

4) Normierung der Eigenvektoren $\boldsymbol{x}^{(i)}$ bezüglich irgendeiner Vektornorm.

Aufg. 4.1: Man bestimme die charakteristischen Wurzeln und Eigenvektoren der Matrix $A = \begin{pmatrix} -4 & 2 & 3 \\ 3 & -4 & 2 \\ 2 & 3 & -4 \end{pmatrix}$.

Wir können auf die zahlreichen Varianten der direkten Methode, die sich u. a. darin unterscheiden, wie die Koeffizienten a_j der charakteristischen Gleichung aus den Koeffizienten a_{ik} der Matrix A berechnet werden, nicht eingehen (vgl. BERESIN-SHIDKOW [2], Bd. 2, S. 190—228).

Für großes n hat die direkte Methode einen entscheidenden Nachteil. Kleine Fehler der Koeffizienten a_j können große Fehler der charakteristischen Wurzeln nach sich ziehen (vgl. das WILKINSONsche Polynom-Beispiel in 1.1). Wenn also die Koeffizienten a_j durch Rundungsfehler verfälscht sind, können die charakteristischen Wurzeln und damit auch die Eigenvektoren unter Umständen nur sehr ungenau bestimmt werden. In solchen Fällen sind Iterationsverfahren günstiger.

4.2. *Potenzmethode*

Es sei jetzt die Matrix A von *einfacher Struktur*, d. h., sie besitze n linear unabhängige Eigenvektoren $\boldsymbol{x}^{(1)}, \boldsymbol{x}^{(2)}, \ldots, \boldsymbol{x}^{(n)}$.

$$A\boldsymbol{x}^{(i)} = t_i\boldsymbol{x}^{(i)} \qquad (i = 1, 2, \ldots, n). \tag{1}$$

Dann kann man jeden Vektor $\boldsymbol{x}$ aus R_n als Linearkombination der $\boldsymbol{x}^{(i)}$ darstellen:

$$\boldsymbol{x} = c_1\boldsymbol{x}^{(1)} + c_2\boldsymbol{x}^{(2)} + \cdots + c_n\boldsymbol{x}^{(n)}. \tag{2}$$

Multipliziert man diese Gleichung wiederholt von links mit der Matrix A und ersetzt auf der rechten Seite die Produkte $A\boldsymbol{x}^{(i)}$ nach (1) jeweils durch $t_i\boldsymbol{x}^{(i)}$, so folgt

$$A^k\boldsymbol{x} = c_1t_1{}^k\boldsymbol{x}^{(1)} + c_2t_2{}^k\boldsymbol{x}^{(2)} + \cdots + c_nt_n{}^k\boldsymbol{x}^{(n)} \quad (k = 1, 2, \ldots). \tag{3}$$

Hat nun A eine betragsmäßig größte charakteristische Wurzel (wir bezeichnen sie der Einfachheit halber mit t_1),

$$|t_1| > |t_i| \qquad (i = 2, 3, \ldots, n),$$

so ergibt sich aus (3)

$$A^k\boldsymbol{x} = t_1{}^k\left[c_1\boldsymbol{x}^{(1)} + c_2\left(\frac{t_2}{t_1}\right)^k\boldsymbol{x}^{(2)} + \cdots + c_n\left(\frac{t_n}{t_1}\right)^k\boldsymbol{x}^{(n)}.\right] \tag{4}$$

Für $k \to \infty$ gehen mit Ausnahme des ersten alle Summanden in der eckigen Klammer gegen Null, also strebt

$$\frac{A^k\boldsymbol{x}}{c_1t_1{}^k} \to \boldsymbol{x}^{(1)},$$

gegen den zu t_1 gehörenden Eigenvektor. Da Eigenvektoren nur bis auf einen Zahlenfaktor eindeutig bestimmbar sind, genügt es, die Folge der Vektoren

$$\boldsymbol{y}^{(k+1)} = A\boldsymbol{y}^{(k)} \quad (k = 0, 1, 2, \ldots), \quad \boldsymbol{y}^{(0)} = \boldsymbol{x} \tag{5}$$

zu berechnen und sie hin und wieder zu normieren, falls ihre Komponenten zu groß bzw. zu klein werden.

In dem oben behandelten Beispiel erhält man mit dem Ausgangsvektor $\boldsymbol{y}^{(0)} = (1,1)^t$ die Werte

k	0	1		2		3		4	
$y_1^{(k)}$	1	2	1	6	3	10	5	22	11
$y_2^{(k)}$	1	−6	−3	−2	−1	−14	−7	−18	−9

k	5		6		7	
$y_1^{(k)}$	42	21	86	1	3.954	1
$y_2^{(k)}$	−46	−23	−82	−0.954	−4.046	−1.023

Also ergibt sich für den ersten Eigenvektor

$$\boldsymbol{x}^{(1)} \approx \boldsymbol{y}^{(7)} = (1, \ -1.023)^t$$

und für die betragsmäßig größte charakteristische Wurzel wegen

$$\boldsymbol{y}^{(7)} = A\boldsymbol{y}^{(6)} \approx t_1\boldsymbol{y}^{(6)}$$

$$t_1 \approx \frac{y_1^{(7)}}{y_1^{(6)}} = \frac{3.954}{1} \quad \text{bzw.} \quad t_1 \approx \frac{y_2^{(7)}}{y_2^{(6)}} = \frac{-4.046}{-0.954} = 4.24.$$

Die Differenz der beiden Näherungswerte für t_1 ist ein Maß für die Genauigkeit von t_1. Als Ergebnis nehmen wir den Mittelwert

$$\underline{t_1 \approx 4.10.}$$

Wir stellen die Formeln noch einmal zusammen:

Potenzmethode zur Berechnung der betragsmäßig größten charakteristischen Wurzel t einer Matrix A.

A (vorgegebene quadratische Matrix),

$\boldsymbol{y}^{(0)}$ (vorgegebener Ausgangsvektor),

$k = 1, 2, \ldots$ (Schrittnummer),

$\boldsymbol{z} = A\boldsymbol{y}^{(k)}$ (Multiplikation mit der Matrix A), (6)

$\boldsymbol{y}^{(k+1)} = \dfrac{\boldsymbol{z}}{\|\boldsymbol{z}\|}$ (Normierung mit beliebiger Vektornorm $\|.\|$),

$t \approx \dfrac{1}{n}\sum\limits_{i=1}^{n} \dfrac{z_i}{y_i^{(k)}}$ (arithmetisches Mittel der Näherungswerte für t).

Aus (4) erkennt man, daß das Verfahren um so schneller konvergiert, je kleiner die Quotienten $|t_i/t_1|$ $(i = 2, 3, \ldots, n)$ sind, je größer also t_1 im Vergleich zu den übrigen charakteristischen Wurzeln ist. Deshalb kann man unter Umständen die Konvergenz wesentlich verbessern, indem man die t-Achse verschiebt, d. h.

$$t = s - t_0 \tag{7}$$

setzt. Das Ausgangsproblem $(A - tI)\boldsymbol{x} = \mathbf{0}$ geht dadurch über in $(A + t_0 I - sI)\boldsymbol{x} =. (B - sI)\boldsymbol{x} = \mathbf{0}$. Die nur in den Hauptdiagonalelementen von A abweichende Matrix

$$B .= A + t_0 I \tag{8}$$

hat also dieselben Eigenvektoren wie A, und die charakteristischen Wurzeln unterscheiden sich lediglich durch t_0:

$$t_i = s_i - t_0 \qquad (i = 1, 2, \ldots, n). \tag{7'}$$

In unserem Beispiel setzen wir $t_0 = 1$ und erhalten $B = \begin{pmatrix} 4 & -1 \\ -5 & 0 \end{pmatrix}$. Die Potenzmethode liefert die Näherungen

k	0	1	2	3		4	
$y_1^{(k)}$	1	3	17	83	1	5.024	1
$y_2^{(k)}$	1	−5	−15	−85	−1.024	−5.000	−0.995,

also $s_1 \approx \frac{1}{2}(5.02 + 4.88) = 4.95$

oder zurücktransformiert

$$t_1 = s_1 - t_0 \approx 4.95 - 1 = \underline{3.95.}$$

Mit vier Iterationsschritten haben wir also ein genaueres Ergebnis erhalten als oben mit 7 Schritten.

Die t-Transformation (7) ist auch im Fall

$$t_1 = -t_2, \quad |t_1| = |t_2| > |t_i| \quad (i = 3, 4, \ldots, n) \tag{9}$$

anwendbar, in dem die auf A angewendete Potenzmethode divergiert.

Aufg. 4.2: Man wende die Potenzmethode auf die Matrix $A = \begin{pmatrix} 2 & -1 \\ -5 & -2 \end{pmatrix}$ an. Falls sie nicht konvergiert, transformiere man t.

Die Potenzmethode liefert die betragsmäßig größte charakteristische Wurzel. Wählt man t_0 zu groß, so entspricht unter Umständen der betragsmäßig größten Wurzel von B nicht die gesuchte betragsmäßig größte

Wurzel der Ausgangsmatrix A. Ändert sich bei einer Verschiebung um verschiedene t_0-Werte nichts an der Divergenz, so liegt eine komplexe charakteristische Wurzel vor: Ein Paar komplexer charakteristischer Wurzeln $t_1 = u + iv$, $t_2 = u - iv$ der Ausgangsmatrix A geht durch die Transformation (7) über in $s_1 = u + t_0 + iv$, $s_2 = u + t_0 - iv$. Aus $|t_1| = |t_2|$ folgt also $|s_1| = |s_2|$ unabhängig von t_0. Natürlich darf auch hier wieder t_0 nicht zu groß gewählt werden, weil sonst die Größenverhältnisse

$$|t_1| = |t_2| > |t_j| \qquad (j = 3, 4, \ldots, n), \tag{10}$$

bei der Transformation nicht erhalten bleiben und s_j existieren können mit

$$|s_j| > |s_1| = |s_2| \qquad (j \neq 1, 2).$$

Man kann auch im Fall eines einfachen Paares komplexer charakteristischer Wurzeln mit Hilfe der Potenzmethode Näherungswerte für $t_1 = |t_1|\,e^{i\varphi}$ bzw. $t_2 = \overline{t_1} = |t_1|\,e^{-i\varphi}$ bestimmen. Die Gleichung (4) wird dann zu

$$A^k \boldsymbol{x} = |t_1|^k \left[c_1 e^{ik\varphi} \boldsymbol{x}^{(1)} + c_2 e^{-ik\varphi} \boldsymbol{x}^{(2)} + c_3 \left(\frac{t_3}{|t_1|}\right)^k \boldsymbol{x}^{(3)} - \cdots + c_n \left(\frac{t_n}{|t_1|}\right)^k \boldsymbol{x}^{(n)} \right], \tag{4'}$$

und für $k \to \infty$ streben außer den ersten beiden alle Summanden in der eckigen Klammer gegen Null. Es ist also bis auf Glieder der Ordnung $t_3{}^{k-1}$

$$\begin{aligned}
t_1\overline{t_1}\boldsymbol{y}^{(k-1)} &= c_1 t_1{}^k \overline{t_1} \boldsymbol{x}^{(1)} + c_2 t_1 \overline{t_1}{}^k \boldsymbol{x}^{(2)},\\
(-t_1 - \overline{t_1})\boldsymbol{y}^{(k)} &= c_1(-t_1 - \overline{t_1}) t_1{}^k \boldsymbol{x}^{(1)} + c_2(-t_1 - \overline{t_1})\overline{t_1}{}^k \boldsymbol{x}^{(2)},\\
\boldsymbol{y}^{(k+1)} &= c_1 t_1{}^{k+1} \boldsymbol{x}^{(1)} + c_2 \overline{t_1}{}^{k+1} \boldsymbol{x}^{(2)}.
\end{aligned}$$

Addiert man die drei Gleichungen, so folgt

$$\boldsymbol{y}^{(k+1)} + (-t_1 - \overline{t_1})\boldsymbol{y}^{(k)} + t_1\overline{t_1}\boldsymbol{y}^{(k-1)} = 0 \tag{11}$$

oder komponentenweise geschrieben

$$y_j{}^{(k+1)} + (-t_1 - \overline{t_1}) y_j{}^{(k)} + t_1\overline{t_1} y_j{}^{(k-1)} = 0 \quad (j = 1, 2, \ldots, n). \tag{11'}$$

Aus je zwei dieser Komponentengleichungen können Näherungswerte für

$$p .= -t_1 - \overline{t_1}, \quad q .= t_1\overline{t_1}$$

berechnet werden. Die Auflösung der quadratischen Gleichung

$$t^2 + pt + q = 0 \tag{12}$$

liefert dann t_1 und $\overline{t_1}$.

Als Beispiel berechnen wir die charakteristischen Wurzeln der Matrix

$$A = \begin{pmatrix} -4 & 2 & 3 \\ 3 & -4 & 2 \\ 2 & 3 & -4 \end{pmatrix}.$$

Die Potenzmethode liefert folgende Werte

k	0	1	2	3	4	5	6	7
$y_1^{(k)}$	1	−4	28	−1.73	1.06	−6.37	3.71	−2.08
$y_2^{(k)}$	0	3	−20	1.50	−1.07	7.49	−5.13	3.45
$y_3^{(k)}$	0	2	−0.7	0.24	0.01	−1.12	1.42	−1.37

k	8	9	10	11	12
$y_1^{(k)}$	1.11	−0.55	2.37	−7.16	−8.83
$y_2^{(k)}$	−2.28	1.48	−9.43	58.95	−360.86
$y_3^{(k)}$	1.17	−0.93	7.06	−51.79	369.69

Dabei wurden, um die Zahlen klein zu halten, die Spalten 1—4 und 6—9 durch 10 dividiert. Aus den umrandeten Zahlen ergibt sich nach (11′) das folgende Gleichungssystem für p und q:

$$\begin{aligned} 2.37q - 7.16p &= 8.83, \\ -9.43q + 58.95p &= 360.86 \end{aligned}$$

mit der Lösung $p = 13$, $q = 43$, woraus man durch Auflösung der quadratischen Gleichung (12) die komplexen charakteristischen Wurzeln

$$t_1 = -\frac{13}{2} + i\,\frac{\sqrt{3}}{2}, \quad t_2 = -\frac{13}{2} - i\,\frac{\sqrt{3}}{2}$$

erhält.

Wir betrachten abschließend den Fall

$$t_1 = t_2 = \cdots = t_p, \quad |t_1| > |t_j| \quad (j = p + 1, \ldots, n),$$

also den Fall, in dem die betragsmäßig größte Wurzel die Vielfachheit p hat. Die Gleichung (4) wird dann zu

$$A^k \boldsymbol{x} = t_1{}^k \left[c_1 \boldsymbol{x}^{(1)} + \cdots + c_p \boldsymbol{x}^{(p)} + c_{p+1} \left(\frac{t_{p+1}}{t_1}\right)^k \boldsymbol{x}^{(p+1)} + \cdots + c_n \left(\frac{t_n}{t_1}\right)^k \boldsymbol{x}^{(n)} \right] \tag{4''}$$

und für $k \to \infty$ streben die letzten $n - p$ Summanden gegen Null. Die Potenzmethode konvergiert also gegen eine Linearkombination der ersten p Eigenvektoren. Der Fall einer mehrfachen betragsmäßig größten Wurzel liegt vor, wenn die Potenzmethode bei verschiedenen Ausgangsvektoren zu linear unabhängigen Eigenvektoren mit derselben charakteristischen Wurzel führt. Jede Linearkombination dieser Eigenvektoren ist dann ebenfalls Eigenvektor.

Aufg. 4.3: Mit Hilfe der Potenzmethode berechne man die betragsmäßig größte charakteristische Wurzel und den zugehörigen Eigenvektor der Matrix

$$A = \begin{pmatrix} 4 & 1.5 & 1.5 \\ 0 & 2.5 & -1.5 \\ 0 & -1.5 & 2.5 \end{pmatrix}$$

mit den Ausgangsvektoren $\boldsymbol{y}^{(0)} = \begin{pmatrix} 0 \\ 1 \\ 0 \end{pmatrix}$ bzw. $\boldsymbol{y}^{(0)} = \begin{pmatrix} 0 \\ 0 \\ 1 \end{pmatrix}$.

Ist die betragsmäßig kleinste charakteristische Wurzel gesucht und ist A nichtsingulär, so kann man die Gleichung (4.1; 1) mit A^{-1} multiplizieren und $t' .= \frac{1}{t}$ setzen. Dann ergibt sich statt (4.1; 2) das Eigenwertproblem

$$(A^{-1} - t'I)\boldsymbol{x} = \boldsymbol{0}.$$

Die betragsmäßig kleinste charakteristische Wurzel von A ist gleich dem reziproken Wert der größten charakteristischen Wurzel von A^{-1}, die zugehörigen Eigenvektoren stimmen überein. Leider liegen allerdings bei vielen technischen Eigenwertproblemen die kleinen charakteristischen Wurzeln dicht beisammen, so daß die Potenzmethode in diesem Falle schlecht konvergiert.

4.3. *Jacobi-Verfahren*

Im folgenden setzen wir die Matrix A als symmetrisch voraus. Aus dem Algebra-Grundkurs ist bekannt, daß symmetrische Matrizen n-ter Ordnung n reelle (nicht notwendig verschiedene) charakteristische Wurzeln und ein vollständiges System orthonormierter Eigenvektoren besitzen. Man kann solche Matrizen A durch eine Ähnlichkeitstransformation

$$U^tAU .= \hat{A} \tag{1}$$

mit einer orthogonalen Transformationsmatrix U

$$U^tU = I \tag{2}$$

auf Diagonalgestalt $\hat{A}$ bringen und spricht dann von einer *Hauptachsentransformation* (SCHWARZ-RUTISHAUSER-STIEFEL [1], S. 112). Die Diagonalelemente der Matrix $\hat{A}$ sind die gesuchten charakteristischen Wurzeln, die

Spalten von U die zugehörigen Eigenvektoren. Methoden, die auf der Hauptachsentransformation beruhen, bestimmen also alle charakteristischen Wurzeln und zugehörigen Eigenvektoren.

Orthogonale Matrizen ändern nur die Richtung, nicht aber die Länge (euklidische Norm) eines Vektors: Es sei $\boldsymbol{y} = U\boldsymbol{x}$, dann gilt

$$\|\boldsymbol{y}\|_2^2 = (\boldsymbol{y}, \boldsymbol{y}) = (U\boldsymbol{x}, U\boldsymbol{x}) = \boldsymbol{x}^t U^t U \boldsymbol{x} = \boldsymbol{x}^t \boldsymbol{x} = \|\boldsymbol{x}\|_2^2.$$

Es handelt sich also lediglich um Drehungen oder Drehspiegelungen. Wir setzen die gesuchte Drehung U aus Einzeldrehungen in geeignet gewählten Koordinatenebenen[1]) zusammen. Die Matrix

$$U_1 = \begin{pmatrix} 1 & 0 & \cdots & & & & & & 0 \\ 0 & 1 & & & & & & & \cdot \\ & & \ddots & & & & & & \cdot \\ 0 & & & 1 & & & & & \cdot \\ \cdot & & & \cos\alpha & & \sin\alpha & & & \cdot \\ \cdot & & & & 1 & & & & \cdot \\ \cdot & & & & & \ddots & & & \cdot \\ \cdot & & & & & 1 & & & \cdot \\ \cdot & & & -\sin\alpha & & \cos\alpha & & & \cdot \\ \cdot & & & & & & 1 & & \cdot \\ \cdot & & & & & & & \ddots & \cdot \\ \cdot & & & & & & & 1 & 0 \\ 0 & & & & & & & 0 & 1 \end{pmatrix} \quad \begin{matrix} \\ \\ \\ \\ \text{(Zeile } p) \\ \\ \\ \\ \text{(Zeile } q) \\ \\ \\ \\ \\ \end{matrix} \tag{3}$$

mit den Komponenten

$$\begin{aligned} u_{pp} &= u_{qq} = \cos\alpha, & u_{ii} &= 1, \quad i \neq p, q, \\ u_{pq} &= -u_{qp} = \sin\alpha, & u_{ij} &= 0 \quad \text{sonst} \end{aligned} \tag{4}$$

entspricht einer Drehung in der x_p, x_q-Koordinatenebene. Wir bilden zunächst $A' .= U_1{}^t A$. Die Multiplikation mit $U_1{}^t$ macht sich nur in den Zeilen p und q bemerkbar. in allen übrigen Elementen stimmen die Matrizen A' und A überein:

$$\begin{aligned} a'_{pk} &.= a_{pk}\cos\alpha - a_{qk}\sin\alpha \quad (k = 1, 2, \ldots, n), \\ a'_{qk} &.= a_{pk}\sin\alpha + a_{qk}\cos\alpha, \\ a'_{ik} &.= a_{ik}, \quad i \neq p, q. \end{aligned} \tag{5}$$

Entsprechend erhält man für $A'' .= A' U_1$

$$\begin{aligned} a''_{ip} &.= a'_{ip}\cos\alpha - a'_{iq}\sin\alpha \quad (i = 1, 2, \ldots, n), \\ a''_{iq} &.= a'_{ip}\sin\alpha + a'_{iq}\cos\alpha, \\ a''_{ik} &.= a'_{ik}, \quad k \neq p, q. \end{aligned} \tag{6}$$

[1]) Die folgende Herleitung lehnt sich an SCHWARZ-RUTISHAUSER-STIEFEL [1], S. 112ff., an.

Und zusammengesetzt ergibt sich schließlich für $A'' = U_1{}^t A U_1$ der folgende Formelsatz für eine

JACOBI-*Rotation*:

$$
\begin{aligned}
a''_{pp} &= a_{pp} \cos^2 \alpha - 2a_{pq} \cos \alpha \sin \alpha + a_{qq} \sin^2 \alpha , \\
a''_{qq} &= a_{pp} \sin^2 \alpha + 2a_{pq} \cos \alpha \sin \alpha + a_{qq} \cos^2 \alpha , \\
a''_{pq} &= a''_{qp} = (a_{pp} - a_{qq}) \cos \alpha \sin \alpha + a_{pq} (\cos^2 \alpha - \sin^2 \alpha), \\
a''_{pk} &= a_{pk} \cos \alpha - a_{qk} \sin \alpha , \quad k \neq p, q , \\
a''_{qk} &= a_{pk} \sin \alpha + a_{qk} \cos \alpha , \\
a''_{ip} &= a_{ip} \cos \alpha - a_{iq} \sin \alpha , \quad i \neq p, q , \\
a''_{iq} &= a_{ip} \sin \alpha + a_{iq} \cos \alpha , \\
a''_{ik} &= a_{ik} \quad \text{sonst.}
\end{aligned}
\tag{7}
$$

Wir werden durch eine Folge von JACOBI-Rotationen die Nichtdiagonalelemente der Matrix A zu Null machen. Dazu wählen wir ein betragsmäßig größtes Element a_{pq} oberhalb der Hauptdiagonalen

$$|a_{pq}| \geqq |a_{ik}|, \quad i < k. \tag{8}$$

Damit ist die Drehebene festgelegt. Wir bestimmen nun den Drehwinkel α so, daß $a''_{pq} = 0$ wird, also daß

$$(a_{pp} - a_{qq}) \frac{1}{2} \sin 2\alpha + a_{pq} \cos 2\alpha = 0$$

oder

$$\cot 2\alpha = \frac{a_{qq} - a_{pp}}{2a_{pq}} \tag{9}$$

gilt. Es ist rechentechnisch günstiger, nicht erst den Winkel selbst zu bestimmen, sondern $\tan \alpha$ und daraus dann $\sin \alpha$ und $\cos \alpha$ auszurechnen. Das gelingt mit Hilfe der trigonometrischen Formel

$$\cot 2\alpha = \frac{1 - \tan^2 \alpha}{2 \tan \alpha}, \quad \text{abgekürzt } \Theta = \frac{1 - \tau^2}{2\tau}.$$

Da $\Theta .= \cot 2\alpha$ bekannt ist, kann man nach $\tau .= \tan \alpha$ auflösen:

$$\tau = -\Theta \pm \sqrt{\Theta^2 + 1} = \frac{1}{\Theta \pm \sqrt{\Theta^2 + 1}}.$$

Um im Nenner eine Auslöschung gültiger Ziffern zu vermeiden, wählen wir das Vorzeichen so, daß Θ und die Wurzel das gleiche Vorzeichen haben, also wir setzen

$$\tau = \begin{cases} 1, & \text{falls } \Theta = \cos 2\alpha = 0, \text{ also } a_{pp} = a_{qq}, \\ 1/[\Theta + (\operatorname{sgn} \Theta) \sqrt{\Theta^2 + 1}], & \text{falls } \Theta \neq 0. \end{cases} \tag{10}$$

Daraus sind dann $\cos\alpha$ und $\sin\alpha$ leicht zu bestimmen:

$$\cos\alpha = \frac{1}{\sqrt{1+\tan^2\alpha}} = \frac{1}{\sqrt{1+\tau^2}}, \quad \sin\alpha = \tau\cos\alpha. \tag{11}$$

Hat man die zugehörige JACOBI-Rotation ausgeführt, so bestimmt man in der transformierten Matrix A'' ein betragsmäßig größtes Nichtdiagonalelement und wiederholt die Rechnung. Dabei kann nun allerdings ein früher beseitigtes Nichtdiagonalelement wieder verschieden von Null werden. Es läßt sich zeigen, daß trotzdem die Folge der transformierten Matrizen

$$A^{(2l)} = U_l{}^t U_{l-1}^t \ldots U_1{}^t A U_1 U_2 \ldots U_l \qquad (l = 1, 2, \ldots)$$

gegen die gesuchte Diagonalmatrix $\hat{A}$ strebt. Dazu betrachten wir die Quadratsumme der Nichtdiagonalelemente

$$S(A) .= \sum_{\substack{i=1\\ i\neq k}}^{n} \sum_{k=1}^{n} a_{ik}^2 .$$

Die entsprechende Summe für A'' spalten wir auf,

$$S(A'') = \sum_{\substack{i=1\\ i\neq p,q}}^{n} \sum_{\substack{k=1\\ k\neq p,q}}^{n} a_{ik}''^2 + \sum_{\substack{i=1\\ i\neq p,q}}^{n} (a_{ip}''^2 + a_{iq}''^2) + \sum_{\substack{k=1\\ k\neq p,q}}^{n} (a_{pk}''^2 + a_{qk}''^2) + 2a_{pq}''^2,$$

und ersetzen dann nach (7) die $a_{ik}''^2$ durch die a_{ik}:

$$S(A'') = \sum_{\substack{i=1\\ i\neq p,q}}^{n} \sum_{\substack{k=1\\ k\neq p,q}}^{n} a_{ik}^2 + \sum_{\substack{i=1\\ i\neq p,q}}^{n} (a_{ip}^2 + a_{iq}^2) + \sum_{\substack{k=1\\ k\neq p,q}}^{n} (a_{pk}^2 + a_{qk}^2) + 0 .$$

Es ist also wegen $a_{pq}''^2 = 0$

$$S(A'') = S(A) - 2a_{pq}^2,$$

d. h., die Quadratsumme nimmt bei jeder JACOBI-Rotation ab. Eine quadratische n-reihige Matrix hat $n^2 - n$ Nichtdiagonalelemente; wegen (8) gilt also

$$S(A) \leqq (n^2 - n)\, a_{pq}^2 \quad \text{oder} \quad \frac{2S(A)}{n^2 - n} \leqq 2a_{pq}^2$$

und damit

$$S(A'') \leqq \left(1 - \frac{2}{n^2 - n}\right) S(A),$$

$$\vdots$$

$$S(A^{(2l)}) = \left(1 - \frac{2}{n^2 - n}\right)^l S(A) \qquad (l = 1, 2, \ldots).$$

Da $\left|1 - \frac{2}{n^2 - n}\right| < 1$ ist für $n = 2, 3, \ldots$, geht die Quadratsumme $S(A^{(2l)})$ für $l \to \infty$ gegen Null, es bleiben also nur die Diagonalelemente, und das sind die gesuchten charakteristischen Wurzeln. Werden auch die Eigenvektoren benötigt, so muß man die Transformationsmatrizen multiplizieren:

$$U = \lim_{l \to \infty} U_1 U_2 \ldots U_l.$$

Bei der praktischen Durchführung bricht man das Verfahren ab, wenn die Nichtdiagonalelemente unter einer vorgegebenen Schranke ε bleiben. Dann gilt (HENRICI [1])

$$|a_{ii}^{(2l)} - t_i| < n\varepsilon, \quad |a_{ik}^{(2l)}| \leqq \varepsilon \text{ für } i \neq k. \tag{12}$$

Wegen der Symmetrie der Matrix A genügt es, die Hauptdiagonalelemente und die Komponenten oberhalb der Hauptdiagonale zu berechnen. Sollen die charakteristischen Wurzeln großer Matrizen mit Hilfe elektronischer Rechenautomaten bestimmt werden, so ist es unwirtschaftlich, jeweils das größte Nichtdiagonalelement aufzusuchen. Es ist günstiger, die Elemente oberhalb der Hauptdiagonalen zyklisch zu durchlaufen. Das JACOBI-Verfahren konvergiert auch in diesem Fall (HENRICI [1]).

JACOBI-*Verfahren.*

A vorgegebene reelle symmetrische Matrix,
ε vorgegebene Genauigkeit.

1. Auswahl eines Elements $a_{pq} \neq 0$, $p < q$ entweder nach (8) oder zyklisch,
2. Berechnung von $\cos\alpha$ und $\sin\alpha$:

$$\Theta .= \frac{a_{qq} - a_{pp}}{2a_{pq}},$$

$$\tau .= \begin{cases} 1, & \text{falls } \Theta = 0, \\ 1/\left[\Theta + (\operatorname{sgn}\Theta)\sqrt{\Theta^2 + 1}\right], & \text{falls } \Theta \neq 0, \end{cases}$$

$$\cos\alpha = 1/\sqrt{1 + \tau^2},$$

$$\sin\alpha = \tau\cos\alpha,$$

3. JACOBI-Rotation,
4. Stop, falls $|a_{ik}| < \varepsilon \quad (i = 1, 2, \ldots, n, \; i < k)$.

Aufg. 4.4: Nan bestimme die charakteristischen Wurzeln und Eigenvektoren der Matrix $A = \begin{pmatrix} 1 & 2 & 3 \\ 2 & 3 & 1 \\ 3 & 1 & 2 \end{pmatrix}$ mit Hilfe des JACOBI-Verfahrens ($\varepsilon = 0.5 \cdot 10^{-2}$).

5. Interpolation

5.1. *Problemstellung und Haarsche Bedingung*

Interpolationsmethoden wurden in erster Linie ausgearbeitet, um Zwischenwerte von Funktionen zu bestimmen, die in Form von Tafeln vorlagen. Heute haben diese Anwendungen etwas an Bedeutung verloren, weil elektronische Rechenautomaten die benötigten Funktionswerte nach anderen Methoden direkt mit Hilfe von Unterprogrammen berechnen. Wenn wir trotzdem einige Interpolationsverfahren behandeln, dann deshalb, weil sie die Grundlage für die numerische Differentiation und Integration (vgl. Kap. 7) bilden.

Wir beginnen mit einem aus der Schule bekannten Interpolationsproblem. Gesucht ist der Funktionswert $x(t')$ einer Funktion $x(t)$, z. B. $x(t) .= \lg (t)$, an einer Zwischenstelle t', z. B. $t' = 5.205$. In der Logarithmentafel finden wir aber nur die benachbarten Werte

$$x(t_0) = \lg 5.20 = 0.71600,$$
$$x(t_1) = \lg 5.21 = 0.71684.$$

Man ersetzt deshalb $x(t)$ im Intervall $[t_0, t_1]$ durch eine einfache Funktion $y(t)$, z. B. durch eine Gerade (vgl. Abb. 5.1),

$$y(t) .= c_0 + c_1 t,$$

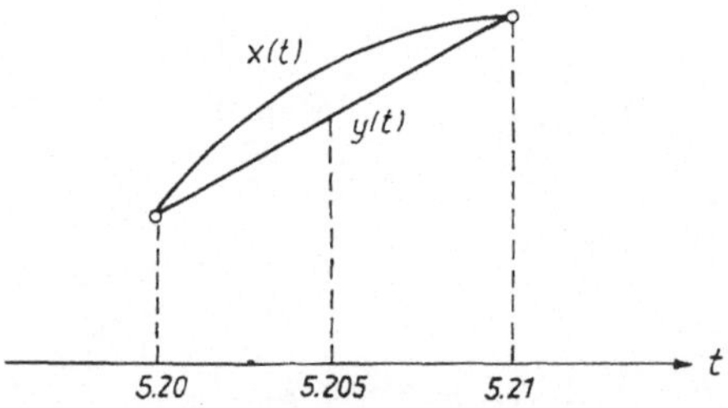

Abb. 5.1

und bestimmt die unbekannten Koeffizienten c_0 und c_1 so, daß die interpolierende Funktion $y(t)$ wenigstens in den Punkten t_0 und t_1 mit $x(t)$ übereinstimmt:

$$y(t_i) = x(t_i) =. x_i \qquad (i = 0, 1).$$

Daraus resultiert das Gleichungssystem

$$c_0 + c_1 t_0 = x_0,$$
$$c_0 + c_1 t_1 = x_1,$$

das für $t_0 \neq t_1$ eindeutig auflösbar ist. Setzen wir die Lösung c_0, c_1 in $y(t)$ ein, so erhalten wir die Geradengleichung

$$y(t) = x_0 + (x_1 - x_0) \frac{t - t_0}{t_1 - t_0}$$

und in unserem Beispiel den Näherungswert

$$x(t') \approx y(t') = 0.71600 + 0.00084 \frac{5}{10} = 0.71642.$$

Wir betrachten noch ein zweites Beispiel. Für einen stetigen physikalischen, technischen oder ökonomischen Prozeß $x(t)$ seien Meßwerte nur zu festen Zeitpunkten t_i bekannt. Gesucht ist eine stetige Näherungsfunktion $y(t)$, z. B. ein Polynom

$$y(t) .= c_0 + c_1 t + c_2 t^2 + \cdots + c_N t^N,$$

das in den Zeitpunkten t_i mit $x(t)$ übereinstimmt:

$$y(t_i) = x(t_i) \qquad (i = 0, 1, 2, \ldots, N).$$

Auch in diesem Fall können die unbekannten Koeffizienten c_n aus den angegebenen Bedingungen berechnet werden.

Wir formulieren nun das *allgemeine lineare Interpolationsproblem*: Gegeben sei eine Menge D (z. B. ein Intervall, ein Teilgebiet eines mehrdimensionalen Raumes oder eine beliebige abstrakte Menge), eine reellwertige, auf D erklärte Funktion $x(t)$, eine sogenannte Referenz, d. h. eine Punktmenge

$$R .= \{t_n;\, n = 0, 1, \ldots, N,\ t_n \in D,\ t_n \neq t_m \text{ für } n \neq m\}$$

und $N + 1$ auf D erklärte sogenannte Basisfunktionen (z. B. Potenzen trigonometrische Funktionen)

$$y_0(t), y_1(t), \ldots, y_N(t).$$

Gesucht ist eine Linearkombination

$$y(t) .= \sum_{n=0}^{N} c_n y_n(t) \tag{1}$$

der Basisfunktionen, die in den Punkten t_n der Referenz R, den sogenannten Stützstellen, mit $x(t)$ übereinstimmt:

$$y(t_m) = x(t_m) =. x_m \qquad (m = 0, 1, 2, \ldots, N). \tag{2}$$

Wann ist das Interpolationsproblem eindeutig lösbar? Geht man mit dem Ansatz (1) in die Bedingungen (2) ein, so ergibt sich das folgende lineare Gleichungssystem für die Koeffizienten c_n:

$$\sum_{n=0}^{N} c_n y_n(t_m) = x_m \qquad (m = 0, 1, 2, \ldots, N). \tag{3}$$

Es ist genau dann eindeutig lösbar, wenn die Koeffizientendeterminante

$$H .= \det \begin{pmatrix} y_0(t_0) & \cdots & y_N(t_0) \\ \vdots & & \vdots \\ y_0(t_N) & \cdots & y_N(t_N) \end{pmatrix} \tag{4}$$

von Null verschieden ist. Wir bezeichnen die Determinante H als HAAR*sche Determinante*.

Wir definieren: Die Basisfunktionen $y_0(t), y_1(t), \ldots, y_N(t)$ erfüllen die HAAR*sche Bedingung*, wenn die Determinante H für beliebige Referenzen $R \subset D$ von Null verschieden ist[1]).

Satz: *Das Interpolationsproblem* (1), (2) *ist genau dann für beliebige Referenzen $R \subset D$ eindeutig lösbar, wenn die Basisfunktionen die Haarsche Bedingung erfüllen.*

Aufg. 5.1: Man zeige, daß die Basisfunktionen $y_0(t) .= 1, y_1(t) .= t, \ldots, y_N(t) .= t^N$ die HAARsche Bedingung auf jedem Intervall D der reellen Achse erfüllen.

Aufg. 5.2: Man zeige, daß die Basisfunktionen $y_0(t) .= t,\ y_1(t) .= t^2, \ldots, y_N(t) .= t^{N+1}$ die HAARsche Bedingung nicht erfüllen, wenn das Intervall D den Nullpunkt enthält.

Wir betrachten eine zweidimensionale Interpolationsaufgabe. Eine Funktion $x(s, t)$ sei über dem Einheitsquadrat

$$D .= \{(s, t); 0 \leqq s \leqq 1,\ 0 \leqq t \leqq 1\}$$

zu interpolieren. Als Basisfunktionen wählen wir

$$y_0(s, t) .= 1, \quad y_1(s, t) .= s, \quad y_2(s, t) .= t.$$

Die Referenz R bestehe aus drei Punkten

$$R .= \{(s_n, t_n); \quad n = 0, 1, 2, \quad (s_n, t_n) \neq (s_m, t_m) \text{ für } n \neq m\}.$$

1) Es genügt nicht, daß es eine Referenz gibt, für die $H \neq 0$ ist. Die HAARsche Bedingung ist nur dann erfüllt, wenn für alle Referenzen aus D die HAARsche Determinante verschieden von Null ist.

Die interpolierende Funktion hat die Gestalt

$$y(s, t) .= c_0 + c_1 s + c_2 t,$$

und für die HAARsche Determinante ergibt sich

$$H = \det \begin{pmatrix} 1 & s_0 & t_0 \\ 1 & s_1 & t_1 \\ 1 & s_2 & t_2 \end{pmatrix}.$$

Diese Determinante verschwindet, wenn die drei Punkte (s_n, t_n) auf einer Geraden liegen. Die HAARsche Bedingung ist also nicht erfüllt. Das gilt allgemein für zweidimensionale Gebiete. Wir beweisen den

Satz: *Auf einem zweidimensionalen Gebiet D gibt es für $N \geqq 1$ kein stetiges Funktionensystem $y_0(s, t)$, $y_1(s, t)$, ..., $y_N(s, t)$ das die HAARsche Bedingung erfüllt.*

Beweis. Die Funktionen $y_n(s, t)$ sind nach Voraussetzung in beiden Veränderlichen stetig. Also hängt die HAARsche Determinante

$$H(s_0, t_0; s_1, t_1; \ldots; s_N, t_N) .= \det \big(y_n(s_m, t_m)\big)$$

stetig von den Punkten (s_m, t_m) ab. Wir lassen einen Punkt (s_i, t_i) an die Stelle eines anderen Punktes (s_k, t_k) wandern und diesen zweiten Punkt an die Stelle von (s_i, t_i). Die Determinanten zu Beginn und am Ende unterscheiden sich nur durch das Vorzeichen,

$$\begin{aligned} &H(s_0, t_0; \ldots; s_k, t_k; \ldots; s_i, t_i; \ldots; s_N, t_N) \\ &= -H(s_0, t_0; \ldots; s_i, t_i; \ldots; s_k, t_k; \ldots; s_N, t_N), \end{aligned}$$

denn es werden lediglich die Zeilen k und i miteinander vertauscht. Die Funktion H ist stetig, sie war zu Beginn der „Punktwanderung" positiv und ist am Ende negativ (oder umgekehrt). Dazwischen muß es eine Stelle geben $\big($d. h. eine Lage von (s_k, t_k) und (s_i, t_i) mit $(s_k, t_k) \neq (s_i, t_i)\big)$, an der sie den Wert Null annimmt. Es gibt also eine Referenz mit verschwindender HAARscher Determinante.

5.2. *Explizite Darstellungen der Interpolationsfunktion*

Wir setzen voraus, daß die HAARsche Bedingung erfüllt ist. Dann kann das Gleichungssystem (5.1; 3) nach den Koeffizienten c_n aufgelöst werden.

Nach der CRAMERschen Regel ergeben sich mit den Abkürzungen

$$Y_{kn} .= \frac{(-1)^{k+n}}{H} \det \begin{pmatrix} y_0(t_0) & \dots & y_{n-1}(t_0) & y_{n+1}(t_0) & \dots & y_N(t_0) \\ \vdots & & \vdots & \vdots & & \vdots \\ y_0(t_{k-1}) & \dots & y_{n-1}(t_{k-1}) & y_{n+1}(t_{k-1}) & \dots & y_N(t_{k-1}) \\ y_0(t_{k+1}) & \dots & y_{n-1}(t_{k+1}) & y_{n+1}(t_{k+1}) & \dots & y_N(t_{k+1}) \\ \vdots & & \vdots & \vdots & & \vdots \\ y_0(t_N) & \dots & y_{n-1}(t_N) & y_{n+1}(t_N) & \dots & y_N(t_N) \end{pmatrix} \tag{1}$$

die Formeln

$$c_n = \sum_{k=0}^{N} x_k Y_{kn}. \tag{1'}$$

Damit gehen wir in den Ansatz (5.1; 1) ein, vertauschen die Reihenfolge der Summation und fassen die Summe bezüglich n als Entwicklung einer Determinante nach der k-ten Zeile auf. Dann erhalten wir die Beziehungen

$$y(t) = \sum_{n=0}^{N} \sum_{k=0}^{N} x_k Y_{kn} y_n(t) = \sum_{k=0}^{N} x_k \sum_{n=0}^{N} Y_{kn} y_n(t),$$

also die interpolierende Funktion

$$y(t) = \sum_{k=0}^{N} x_k L_k^{(N)}(t) \tag{2}$$

mit den Interpolationskoeffizienten

$$L_k^{(N)}(t) .= \frac{1}{H} \det \begin{pmatrix} y_0(t_0) & \dots & y_N(t_0) \\ \vdots & & \vdots \\ y_0(t_{k-1}) & \dots & y_N(t_{k-1}) \\ y_0(t) & \dots & y_N(t) \\ y_0(t_{k+1}) & \dots & y_N(t_{k+1}) \\ \vdots & & \vdots \\ y_0(t_N) & \dots & y_N(t_N) \end{pmatrix}. \tag{3}$$

Aufg. 5.3: Man beweise die Relationen

$$L_k^{(N)}(t_i) = \delta_{ki} .= \begin{cases} 0 & \text{für } i \neq k, \\ 1 & \text{für } i = k. \end{cases} \tag{4}$$

5.2.1. Lagrangesche Interpolationsformel

Es sei jetzt D ein Intervall der reellen Achse. Als Basisfunktionen wählen wir die Potenzen

$$y_n(t) .= t^n \qquad (n = 0, 1, 2, \dots, N), \tag{5}$$

d. h., wir interpolieren die Funktion $x(t)$ mit einem Polynom N-ten Grades. Die Interpolationskoeffizienten $L_k^{(N)}(t)$ sind Quotienten von VANDERMONDEschen Determinanten der Form

$$H = \det\begin{pmatrix} 1 & t_0 & t_0^2 & \dots & t_0^N \\ \vdots & & & & \vdots \\ 1 & t_N & t_N^2 & \dots & t_N^N \end{pmatrix} = \prod_{0 \leq m < n \leq N} (t_n - t_m), \tag{6}$$

wobei im Zähler t_k durch t ersetzt wird. Alle Faktoren, die im Zähler t bzw. im Nenner t_k nicht enthalten sind, heben sich heraus. Wir erhalten die *Lagrangeschen Interpolationskoeffizienten*

$$L_k^{(N)}(t) = \frac{(t - t_0) \dots (t - t_{k-1})\,(t - t_{k+1}) \dots (t - t_N)}{(t_k - t_0) \dots (t_k - t_{k-1})\,(t_k - t_{k+1}) \dots (t_k - t_N)} = \prod_{\substack{n=0 \\ n \neq k}}^{N} \frac{t - t_n}{t_k - t_n} \tag{3'}$$

für $k = 0, 1, \dots, N$. Die Formel (2) mit den Koeffizienten (3′) heißt

LAGRANGE*sche Interpolationsformel.*

(LAGRANGEsches Interpolationspolynom)

$k = 0, 1, 2, \dots, N$ (Anzahl der Stützstellen),

$t_k;\ t_k \neq t_i$ für $k \neq i$ (vorgegebene Stützstellen),

$x_k = x(t_k)$, $k = 0, 1, \dots, N$ (vorgegebene Stützwerte),

$L_k^{(N)}(t) = \prod\limits_{\substack{n=0 \\ n \neq k}}^{N} \dfrac{t - t_n}{t_k - t_n}$ (LAGRANGEscher Interpolationskoeffizient),

$y(t) = p_N(t) := \sum\limits_{k=0}^{N} x_k L_k^{(N)}(t)$ (LAGRANGEsches Interpolationspolynom). (7)

Aufg. 5.4: Man verifiziere die Interpolationseigenschaften der LAGRANGEschen Interpolationspolynome für $N = 1$

$$p_1(t) = x_0 \frac{t - t_1}{t_0 - t_1} + x_1 \frac{t - t_0}{t_1 - t_0} \tag{7'}$$

und für $N = 2$

$$p_2(t) = x_0 \frac{(t - t_1)\,(t - t_2)}{(t_0 - t_1)\,(t_0 - t_2)} + x_1 \frac{(t - t_0)\,(t - t_2)}{(t_1 - t_0)\,(t_1 - t_2)} + x_2 \frac{(t - t_0)\,(t - t_1)}{(t_2 - t_0)\,(t_2 - t_1)}. \tag{7''}$$

Aufg. 5.5: Man interpoliere die Funktion $x(t) = 1 + t - t^2$ im Intervall $[-1, 2]$ durch Polynome ersten, zweiten und dritten Grades.

Offenbar stimmen die Interpolationspolynome zweiten und dritten Grades mit dem interpolierenden Polynom $x(t)$ überein. Das gilt allgemein:

Polynome von höchstens N-tem Grade stimmen mit ihrem Lagrangeschen Interpolationspolynom überein, d. h., es gilt identisch in t

$$x(t) = y(t),$$

denn ein Polynom von höchstens N-tem Grade ist bekanntlich durch die Funktionswerte in $N + 1$ Punkten eindeutig festgelegt.

Aufg. 5.6: Es seien

$$x(t) = \sum_{n=0}^{N} d_n t^n, \quad y(t) = \sum_{n=0}^{N} c_n t^n$$

zwei Polynome, die in $N + 1$ Punkten übereinstimmen:

$$x(t_i) = y(t_i) \text{ für } i = 0, 1, 2, \ldots N; \quad t_i \neq t_j \text{ für } i \neq j.$$

Man zeige, daß $d_n = c_n$ für $n = 0, 1, 2, \ldots N$ gilt.

Speziell wird das Polynom nullten Grades $x(t) = 1$, identisch in t, von jedem Interpolationspolynom exakt interpoliert. Daraus folgt die Relation

$$\sum_{k=0}^{N} L_k^{(N)}(t) = 1 \tag{8}$$

für $N \geqq 0$, identisch in t.

Aufg. 5.7: Man interpoliere die Funktion $x(t) .= \sin \pi t$ im Intervall $[0, 1]$ durch Polynome ersten, zweiten und dritten Grades.

Aufg. 5.8: Wir führen die Hilfsfunktion

$$w(t) .= \prod_{n=0}^{N} (t - t_n) \tag{9}$$

ein. Man beweise, daß die Lagrangeschen Interpolationskoeffizienten (3′) auch in der Form

$$L_k^{(N)}(t) = \frac{w(t)}{w'(t_k)\,(t - t_k)} \qquad (k = 0, 1, 2, \ldots N) \tag{10}$$

dargestellt werden können.

Oft ist es günstig, äquidistante[1]) Stützstellen zu wählen:

$$t_n .= t_0 + nh \qquad (n = 0, 1, 2, \ldots, N). \tag{11}$$

Transformiert man die t-Achse für gerades N und mit $r .= \frac{N}{2}$ gemäß

$$t = t_r + sh, \tag{12}$$

[1]) äquidistant (lat.) — in gleichem Abstand.

dann entsprechen den Stützstellen (11) in der Variablen s die Werte

$$s = -r, -r + 1, \ldots, -1, 0, 1, \ldots, r - 1, r.$$

Die LAGRANGEschen Interpolationskoeffizienten bekommen die Gestalt

$$\begin{aligned} L_k^{(N)}(t) &= L_k^{(N)}(t_r + sh) = \prod_{\substack{n=0\\ n\neq k}}^{N} \frac{t_r + sh - t_r - (n - r)h}{t_r + (k - r)h - t_r - (n - r)h} \\ &= \prod_{\substack{n=0\\ n\neq k}}^{N} \frac{s + r - n}{k - n} =: l_k^{(N)}(s) \quad \left(k = 0, 1, 2, \ldots, N; \quad r = \frac{N}{2}\right). \end{aligned} \tag{3''}$$

Sie hängen nicht von der Schrittweite h ab und können ein für allemal als Funktionen von s berechnet werden. Man kann sie auch aus Tafeln entnehmen (vgl. KARMASINA-KUROČKINA [1] oder Tables of the Lagrangian Interpolation Coefficients [1]).

Wir betrachten ein Beispiel. Die Werte der Funktion $\sin(t)$ seien an den Stellen $t = 0, 0.5, 1.0, 1.5$ und 2.0 gegeben (vgl. Tabelle 5.1). Gesucht ist der Wert $\sin(1.1)$. Wir haben $N = 4$, $r = 2$, $h = 0.5$ und $s = 0.2$. Wir entnehmen die Werte $l_k^{(4)}(s)$ an der Stelle $s = 0.2$ aus der Tabelle 5.1 und erhalten

$$\sin(1.1) \approx y(t_2 + sh) = \sum_{k=0}^{4} \sin(t_k)\, l_k^{(4)}(s) = 0.8911,$$

während der auf 4 Stellen gerundete exakte Wert durch 0.8912 gegeben ist. Lineare Interpolation zwischen den Werten $\sin(1.0)$ und $\sin(1.5)$ würde den Näherungswert

$$\sin(1.1) \approx 0.8727$$

mit einem nahezu 200mal größeren Fehler liefern.

Tabelle 5.1

k	t_k	$\sin t_k$	$l_k(0.2) = l_{4-k}(-0.2)$	$l_k(0.4) = l_{4-k}(-0.4)$	$l_k(0.6) = l_{4-k}(-0.6)$	$l_k(0.8) = l_{4-k}(-0.8)$
0	0.0	0.0000	0.0144	0.0224	0.0224	0.0144
1	0.5	0.4794	−0.1056	−0.1536	−0.1456	−0.0896
2	1.0	0.8415	0.9504	0.8064	0.5824	0.3024
3	1.5	0.9975	0.1584	0.3584	0.5824	0.8064
4	2.0	0.9093	−0.0176	−0.0336	−0.0416	−0.0336

Aufg. 5.9: Mit Hilfe der in Tabelle 5.1 angegebenen Werte berechne man $\sin(0.6)$, $\sin(0.8)$ und $\sin(1.3)$ durch LAGRANGE-Interpolation vierten Grades.

5.2.2. *Newtonsche Interpolationsformel*

Will man den Grad eines bereits bekannten Interpolationspolynoms N-ten Grades durch Hinzunahme einer weiteren Stützstelle und einer weiteren Basisfunktion erhöhen, so muß man bei Verwendung des LAGRANGEschen Interpolationspolynoms die Rechnung mit den dann vorhandenen $N + 2$ Punkten völlig von vorn beginnen. Wir wollen das bereits bekannte Polynom

$$y(t)^{(\text{alt})} .= p_N(t), \quad p_N(t_k) = x_k \quad (k = 0, 1, \ldots, N) \tag{13}$$

verwenden und setzen

$$y(t)^{(\text{neu})} .= p_{N+1}(t) = p_N(t) + c(t - t_0)(t - t_1) \ldots (t - t_N). \tag{14}$$

Offenbar verläuft das so definierte Interpolationspolynom $(N + 1)$-ten Grades durch die Stützwerte x_k $(k = 0, 1, \ldots, N)$, denn es gilt

$$p_{N+1}(t_k) = p_n(t_k) + c \cdot 0 = x_k.$$

Es nimmt auch in dem neu hinzugekommenen Punkt t_{N+1} den Wert x_{N+1} an, wenn

$$c .= \frac{x_{N+1} - p_N(t_{N+1})}{(t_{N+1} - t_0)(t_{N+1} - t_1) \ldots (t_{N+1} - t_N)} \tag{15}$$

gesetzt wird. Mit der Abkürzung (9) ergibt sich aus (14) und (15) die

Rekursive Bestimmung NEWTON*scher Interpolationspolynome*:

$t_0, t_1, \ldots$ (vorgegebene Stützstellen),

$x_0, x_1, \ldots$ (vorgegebene Stützwerte),

$p_0(t) .= x_0$ (Interpolationspolynom nullten Grades),

$N = 0, 1, 2, \ldots$ (Grad des Interpolationspolynoms),

$$w(t) .= \prod_{n=0}^{N} (t - t_n),$$

$$p_{N+1}(t) = p_N(t) + \frac{x_{N+1} - p_N(t_{N+1})}{w(t_{N+1})} w(t). \tag{16}$$

Aufg. 5.10: Man bestätige, daß das NEWTONsche Interpolationspolynom für $N = 1$ die Gestalt

$$y(t) = p_1(t) = x_0 + \frac{x_1 - x_0}{t_1 - t_0}(t - t_0) \tag{17}$$

und für $N = 2$ die Gestalt

$$y(t) = p_2(t) = x_0 + \frac{x_1 - x_0}{t_1 - t_0}(t - t_0) + \frac{\dfrac{x_2 - x_0}{t_2 - t_0} - \dfrac{x_1 - x_0}{t_1 - t_0}}{t_2 - t_1}(t - t_0)(t - t_1) \tag{18}$$

besitzt und mit dem LAGRANGEschen Interpolationspolynom (7′) bzw. (7″) identisch ist.

Wieder ergeben sich wesentliche Vereinfachungen, wenn wir äquidistante Stützstellen $t_n .= t_0 + nh$ verwenden. Mit

$$t = t_0 + sh \tag{19}$$

erhält man

$$\frac{w(t)}{w(t_{N+1})} = \prod_{n=0}^{N} \frac{t - t_n}{t_{N+1} - t_n} = \prod_{n=0}^{N} \frac{s - n}{N + 1 - n} = \binom{s}{N+1}$$

und damit aus (16) für $N = 1$

$$y(t) = p_1(t_0 + sh) = x_0 + \binom{s}{1} \Delta^1 x_0 \tag{20}$$

und für $N = 2$

$$y(t) = p_2(t_0 + sh) = x_0 + \binom{s}{1} \Delta^1 x_0 + \binom{s}{2} \Delta^2 x_0 . \tag{21}$$

Dabei sind $\Delta^1 x_0$ und $\Delta^2 x_0$ durch

$$\Delta^1 x_0 .= x_1 - x_0 , \quad \Delta^2 x_0 .= \Delta^1 x_1 - \Delta^1 x_0 = x_2 - 2x_1 + x_0 \tag{22}$$

definierte, sogenannte *absteigende* (vgl. das Differenzenschema in Aufg. 5.12) oder *vorwärts genommene* Differenzen.

Aufg. 5.11: Man beweise durch vollständige Induktion, daß das NEWTONsche Interpolationspolynom N-ten Grades für äquidistante Stützstellen $t_n = t_0 + nh$ $(n = 0, 1, \ldots, N)$ die Gestalt

$$y(t) = p_N(t_0 + sh) = x_0 + \binom{s}{1} \Delta^1 x_0 + \cdots + \binom{s}{N} \Delta^N x_0 \tag{23}$$

besitzt, wobei die Differenzen $\Delta^n x_0$ rekursiv aus (22) und

$$\Delta^n x_0 .= \Delta^{n-1} x_1 - \Delta^{n-1} x_0 \quad (n = 1, 2, \ldots, N) \tag{24}$$

gebildet werden und s durch (19) definiert ist.

Aufg. 5.12: Man berechne sin (1.1) näherungsweise durch ein NEWTONsches Interpolationspolynom 4-ten Grades aus den sin-Werten der Tabelle 5.1.

Hinweis: Die Differenzen berechnet man am besten in Form eines Differenzenschemas:

$$\begin{array}{ccccc}
\boxed{x_0} & & & & \\
 & \boxed{\Delta^1 x_0} & & & \\
x_1 & & \boxed{\Delta_2 x_0} & & \\
 & \Delta^1 x_1 & & \boxed{\Delta^3 x_0} & \\
x_2 & & \Delta^2 x_1 & & \boxed{\Delta^4 x_0} \\
 & \Delta^1 x_2 & & \underline{\Delta^3 x_1} & \\
x_3 & & \underline{\Delta^2 x_2} & & \\
 & \underline{\Delta^1 x_3} & & & \\
x_4 & & & &
\end{array}$$

Neben (23) sind eine Vielzahl weiterer, auf Differenzen beruhender Darstellungen des NEWTONschen Interpolationspolynoms gebräuchlich (vgl. z. B. ZURMÜHL [2], S. 205—212). Wir geben eine davon an, die bei der Integration gewöhnlicher Differentialgleichungen (Abschnitt 7.4.) verwendet wird:

Aufg. 5.13: Man zeige: Das NEWTONsche Interpolationspolynom für die äquidistanten Stützstellen $t_n .= t_0 + nh$ $(n = 0, 1, \ldots, N)$ kann dargestellt werden durch

$$y(t) = p_N(t_N + \bar{s}h) = x_N + \binom{\bar{s}}{1} \nabla^1 x_N + \binom{\bar{s}+1}{2} \nabla^2 x_N + \cdots + \binom{\bar{s}+N-1}{N} \nabla^N x_N . \tag{25}$$

Dabei sind die *aufsteigenden* oder *rückwärts genommenen Differenzen* definiert durch

$$\nabla^l x_n = \Delta^l x_{n-l} \qquad (n = 1, 2, \ldots, N; \quad l = 1, 2, \ldots, n). \tag{26}$$

Für die Darstellung (25) benötigt man also im Fall $N = 4$ die im oben angeführten Schema unterstrichenen Differenzen $\Delta^1 x_3 = \nabla^1 x_4, \Delta^2 x_2 = \nabla^2 x_4, \ldots$.

5.2.3. *Nevillescher Algorithmus*

Mit Hilfe dieses Algorithmus kann man den Wert eines Interpolationspolynoms an einer vorgegebenen Stelle $t = t'$ rekursiv berechnen, ohne das Interpolationspolynom explizit bestimmen zu müssen. Das Verfahren beruht auf dem folgenden

Lemma von AITKEN (vgl. HENRICI [2], S. 204): *$p_{n-1}^{(m-1)}(t)$ und $p_{n-1}^{(m)}(t)$ seien Interpolationspolynome $(n-1)$-ten Grades durch die ersten bzw. letzten n Punkte der Punktmenge*

$$(t_k, x_k), \quad k = m - n, m - n + 1, \ldots, m; \quad m \geqq n, \quad \textit{fest}, \tag{27}$$

d. h., es gelte

$$p_{n-1}^{(m-1)}(t_k) = x_k \quad \textit{für} \quad k = m-n, \; m-n+1, \ldots, m-1 \tag{28}$$

und

$$p_{n-1}^{(m)}(t_k) = x_k \quad \textit{für} \quad k = m-n+1, \; m-n+2, \ldots, m. \tag{29}$$

Dann kann das Interpolationspolynom n-ten Grades durch die $n+1$ Punkte (27) *durch*

$$p_n^{(m)}(t) = \frac{(t-t_{m-n})\, p_{n-1}^{(m)}(t) - (t-t_m) p_{n-1}^{(m-1)}(t)}{t_m - t_{m-n}} \tag{30}$$

dargestellt werden.

Aufg. 5.14: Man beweise das Lemma von AITKEN.

Hinweis: Da $p_{n-1}^{(m-1)}(t)$ und $p_{n-1}^{(m)}(t)$ Polynome $(n-1)$-ten Grades sind, ist $p_n^{(m)}(t)$ nach (30) ein Polynom n-ten Grades. Es ist also (unter Verwendung von (28) und (29)) lediglich nachzuweisen, daß

$$p_n^{(m)}(t_k) = x_k \text{ für } k = m-n, \; m-n+1, \ldots, m \tag{31}$$

gilt.

Geht man nun von den Polynomen nullten Grades

$$p_0^{(m)}(t) := x_m \qquad (m = 0, 1, 2, \ldots, N) \tag{32}$$

aus, die durch die Punkte (t_m, x_m) gehen, berechnet mit (30) die Polynome ersten Grades $p_1^{(m)}(t)$, die durch die Punktpaare

$$\{(t_{m-1}, x_{m-1}), (t_m, x_m)\} \qquad (m = 1, 2, \ldots, N)$$

bestimmt sind, und daraus (wieder mit (30)) die Polynome zweiten Grades durch je drei aufeinanderfolgende Punkte, so erhält man das Schema:

m	t_m	$p_0^{(m)}$		$p_1^{(m)}$		$p_2^{(m)}$	$\ldots$	$p_N^{(m)}$
0	t_0	p_0						
			$\diagdown$					
1	t_1	$p_0^{(1)}$	—	$p_1^{(1)}$				
			$\diagdown$		$\diagdown$			
2	t_2	$p_0^{(2)}$	—	$p_1^{(2)}$	—	$p_2^{(2)}$		
$\vdots$	$\vdots$	$\vdots$		$\vdots$		$\vdots$		
N	t_N	$p_0^{(N)}$		$p_1^{(N)}$		$p_2^{(N)}$	$\ldots$	$p_N^{(N)}$

Der Wert des durch die Punkte (t_k, x_k), $(k = 0, 1, \ldots, N)$ bestimmten Interpolationspolynoms $p_N^{(N)}(t)$ an der Stelle $t = t'$ kann folglich berechnet werden nach dem folgenden

NEVILLE-*Algorithmus*:

$t = t'$ (vorgegebener t-Wert),

$t_k, x_k,\ k = 0, 1, \ldots, N$ (vorgegebene Stützstellen und Stützwerte),

$p_0^{(k)} = x_k,\ k = 0, 1, \ldots, N$ (Ausgangspolynome nullten Grades), (4)

$m = 1, 2, \ldots, N$ (Nummer des neu hinzukommenden Punktes),

$n = m, m + 1, \ldots, N$ (Grad des Interpolationspolynoms),

$$p_n^{(m)}(t) = \frac{(t - t_{m-n})p_{n-1}^{(m)}(t) - (t - t_m)p_{n-1}^{(m-1)}(t)}{t_m - t_{m-n}}.$$

Aufg. 5.15: Mit Hilfe des NEVILLE-Algorithmus berechne man sin (1.1) näherungsweise durch das Polynom $p_3^{(3)}(t)$. (Die benötigten Werte t_k und $x_k = \sin t_k$ $(k = 0, 1, 2, 3)$ können aus Tabelle 5.1 entnommen werden.)

5.3. *Interpolationsfehler und Konvergenz*

An den Stützstellen stimmen die zu interpolierende Funktion $x(t)$ und das Interpolationspolynom N-ten Grades $y(t) = p_N(t)$ überein:

$$p_N(t_k) = x(t_k) \qquad (k = 0, 1, \ldots, N) \tag{1}$$

Über die Differenz $x(t) - p_N(t)$ an einer beliebigen Stelle t zwischen den Stützstellen kann man nichts aussagen, wenn man nicht zusätzliche Informationen über $x(t)$ besitzt. Setzt man z. B. voraus, daß $x(t)$ in einem Intervall $[a, b]$, das alle $N + 1$ Stützstellen enthält, $(N + 1)$-mal differenzierbar ist, so kann man die Differenz berechnen.

Wir führen die Hilfsfunktion

$$h(t) .= x(t) - p_N(t) - cw(t), \quad w(t) .= \prod_{n=0}^{N} (t - t_n), \tag{2}$$

ein. Sie hat wegen (1) offenbar Nullstellen bei $t = t_0, t_1, \ldots, t_N$. Ein beliebiges $t' \neq t_n$ $(n = 0, 1, 2, \ldots, N)$ ist ebenfalls Nullstelle von $h(t)$, wenn man die Konstante c in folgender Weise festlegt:

$$c .= c(t') .= \frac{x(t') - p_N(t')}{w(t')}. \tag{3}$$

Insgesamt besitzt $h(t)$ dann $N + 2$ Nullstellen. Nach dem Satz von ROLLE hat die Ableitung $h'(t)$ in jedem Intervall zwischen zwei Nullstellen von $h(t)$ mindestens eine Nullstelle, insgesamt also mindestens $N + 1$. Genauso schließt man, daß $h''(t)$ mindestens N, $h'''(t)$ mindestens $N - 1$ und schließlich $h^{(N+1)}(t)$ mindestens eine Nullstelle zwischen $t_0, t_1, \ldots, t_N$ und t' besitzt. Wir bezeichnen diese von den t_n und dem willkürlich vorgegebenen Wert t' abhängende Nullstelle mit $\tau = \tau(t')$. Aus (2) ergibt sich durch $(N + 1)$-malige Differentiation

$$h^{(N+1)}(t) = x^{(N+1)}(t) - p_N{}^{(N+1)}(t) - c(t')\,(N + 1)!\,;$$

$p_N{}^{(N+1)}(t)$ ist identisch gleich Null, weil $p_N(t)$ ein Polynom N-ten Grades ist. Man erhält also wegen $h^{(N+1)}(\tau) = 0$

$$c(t') = \frac{x^{(N+1)}\big(\tau(t')\big)}{(N + 1)!}.$$

Setzt man schließlich für c noch den Ausdruck (3) ein, so ergibt sich das

Restglied der Polynominterpolation

(τ Zwischenstelle), (4)

$$R_N(t) \mathrel{.=} x(t) - p_N(t) = \frac{x^{(N+1)}\big(\tau(t)\big)}{(N + 1)!} \prod_{n=0}^{N} (t - t_n),$$

wobei der Strich bei t weggelassen wurde, weil t' beliebig wählbar ist und die Formel (4) also für jedes t gilt. Wie bei dem aus der Differentialrechnung bekannten LAGRANGEschen Restglied der TAYLOR-Entwicklung ist auch hier die Zwischenstelle τ im allgemeinen nicht bekannt. Man kann aber (4) zur Abschätzung des Restes benutzen, wenn für die $(N + 1)$-te Ableitung von $x(t)$ die Maximumnorm bekannt ist,

$$|x^{(N+1)}(t)| \leqq \|x^{(N+1)}\|_\infty \quad \text{für} \quad t \in [a, b], \tag{5}$$

denn dann ist offenbar

$$|R_N(t)| = |x(t) - p_N(t)| \leqq \frac{\|x^{(N+1)}\|_\infty}{(N + 1)!} \prod_{n=0}^{N} |t - t_n|. \tag{6}$$

Aufg. 5.16: Man schätze den in den Aufgaben 5.9 und 5.12 aufgetretenen Interpolationsfehler $R_4(t)$ ab.

Es erhebt sich die Frage, ob die Differenz $|x(t) - p_N(t)|$ für alle $t \in [a, b]$ klein gemacht werden kann, ob also

$$\max_{t\in[a,b]} |x(t) - p_N(t)| \to 0 \tag{7}$$

geht, wenn man die Anzahl der Stützstellen in $[a, b]$ gegen unendlich streben läßt, wenn man also eine Referenzenfolge

$$R^{(N)} \mathrel{.=} \{t_n{}^{(N)};\ n = 0, 1, 2, \ldots, N;\ t_n{}^{(N)} \in [a, b],\ t_n{}^{(N)} \neq t_m{}^{(N)} \text{ für } n \neq m\} \tag{8}$$

mit wachsender Stützstellenzahl zugrunde legt. Auf Grund der Abschätzung (6) wird man erwarten, daß (7) erfüllt ist, wenn die Funktion $x(t)$ beliebig oft differenzierbar ist und die Betragsschranken M_n für ihre Ableitungen $x^{(n)}(t)$ nicht zu stark wachsen. Tatsächlich gilt (vgl. z. B. NATANSON [1], S. 358) der

Satz: *Ist $x(t)$ eine ganze Funktion*[1]), *d. h., besitzt sie eine beständig konvergente Potenzreihe, so gilt* (7) *für beliebige Referenzenfolgen* (8).

Aber auch wenn man nur die Stetigkeit von $x(t)$ voraussetzt, kann man $x(t)$ durch Polynome beliebig genau annähern WEIERSTRASSscher Approximationssatz, vgl. z. B. NATANSON [1], S. 3). In diesem Falle gilt (7) jedoch nicht mehr für jede Referenzenfolge (8), denn es bestehen die folgenden Sätze (ohne Beweis):

Satz (MARCINKIEWICZ): *Zu jeder auf $[a, b]$ stetigen Funktion $x(t)$ gibt es eine Referenzenfolge $R^{(N)}$, so daß* (7) *gilt (vgl. z. B.* NATANSON [1], *S.* 374).

Satz (FABER): *Zu jeder Referenzenfolge $R^{(N)}$ läßt sich eine auf $[a, b]$ stetige Funktion $x(t)$ angeben, so daß* (7) *nicht gilt (vgl. z. B.* NATANSON [1], *S.* 372).

Für äquidistante Unterteilung des Intervalls $[-1, 1]$ ist eine solche Funktion z. B. $x(t) = |t|$.

Beispiel von S. N. BERNSTEIN: *Es sei $a = -1$, $b = 1$ und $t_n^{(N)} .= -1 + \frac{2n}{N}$. Dann gilt für kein $t \in [-1, 1]$ (mit Ausnahme der drei Werte $t = 0, \pm 1$)*

$$||t| - p_N(t)| \to 0$$

(vgl. z. B. NATANSON [1], *S.* 375).

5.4. *Intervallweise Interpolation und Splines*

Ist eine große Zahl von Stützstellen vorgegeben, so ist die Berechnung von Interpolationspolynomen entsprechend hohen Grades sehr aufwendig. In solchen Fällen ist es günstiger, die gegebene Funktion $x(t)$ stückweise durch Polynome niedrigeren Grades anzunähern.

5.4.1. *Intervallweise lineare Interpolation*

Die einfachste Möglichkeit ist die Interpolation durch ein Sehnenpolygon. Es sei die Referenz

$$R .= \{a = t_0 < t_1 < \cdots < t_N = b\} \tag{1}$$

---

[1]) Ganze Funktionen sind z. B. die Funktionen e^t, $\sin t$, $\cos t$.

mit N nicht notwendig äquidistanten Stützstellen t_n vorgegeben. Als Basisfunktionen wählen wir die folgenden stückweise linearen Funktionen, die wir *Intervallfunktionen nullter Ordnung* nennen wollen (vgl. Abb. 5.2):

$$\psi_k(t_{k-1} + sh_k) .= \begin{cases} 1 - s & \text{für } 0 \leqq s \leqq 1, \\ 0 & \text{sonst}, \quad h_k .= t_k - t_{k-1}, \end{cases} \tag{2}$$

$$\overline{\psi}_k(t_{k-1} + sh_k) .= \begin{cases} s & \text{für } 0 \leqq s \leqq 1, \\ 0 & \text{sonst}, \quad k = 1, 2, \ldots, N. \end{cases}$$

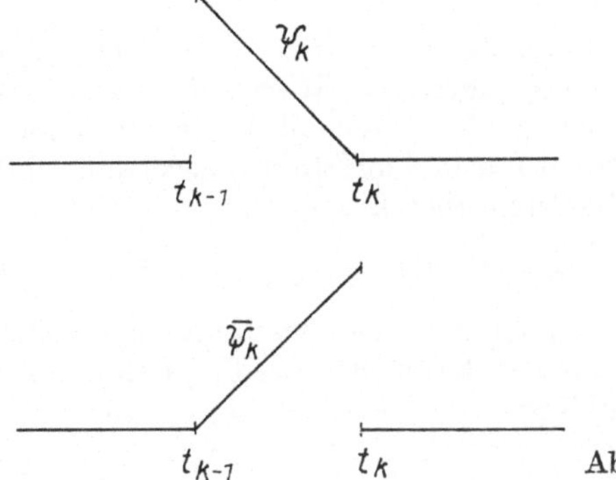

Abb. 5.2

Die Linearkombination

$$y(t) .= \sum_{k=1}^{N} [x_{k-1}\psi_k(t) + x_k\overline{\psi}_k(t)] \tag{3}$$

erfüllt offenbar die Interpolationsforderung

$$y(t_k) = x(t_k) = x_k \quad (k = 0, 1, \ldots, N), \tag{4}$$

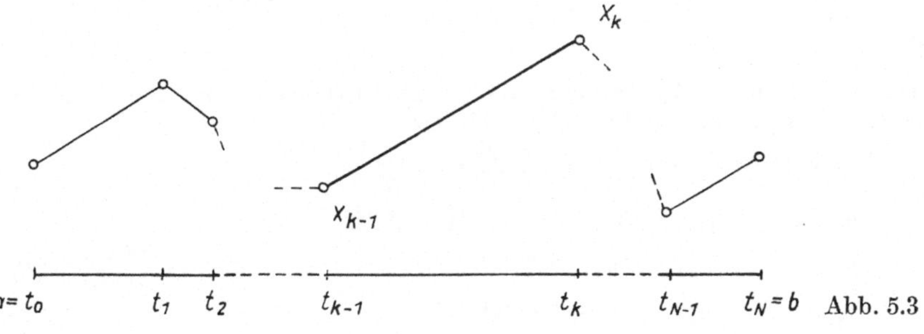

Abb. 5.3

denn im Teilintervall $[t_{k-1}, t_k]$ sind nur die Funktionen $\psi_k(t)$ und $\overline{\psi}_k(t)$ verschieden von Null, und dort gilt

$$y(t_{k-1} + sh_k) = x_{k-1}(1 - s) + x_k s = x_{k-1} + s(x_k - x_{k-1});$$
$$0 \leqq s \leqq 1 .$$

Die interpolierende Funktion $y(t)$ ist also die geradlinige Verbindung der Punkte (t_{k-1}, x_{k-1}) und (t_k, x_k) (Abb. 5.3).

5.4.2. *Intervallweise Hermite-Interpolation*

Von der zu interpolierenden Funktion seien an den Stützstellen t_k nicht nur die Funktionswerte x_k, sondern auch die Werte der ersten Ableitung $x'(t_k) = x_k'$ bekannt. Wir suchen eine interpolierende Funktion $y(t)$, die mit $x(t)$ an den Stützstellen nicht nur in den Funktionswerten, sondern auch in den Werten der ersten Ableitung übereinstimmt.

$$y(t_k) = x(t_k) =. x_k, \quad y'(t_k) = x'(t_k) =. x_k' \quad (k = 0, 1, \ldots, N). \tag{4'}$$

Da in jedem Teilintervall $[t_{k-1}, t_k]$ die vier Bestimmungsstücke x_{k-1}, x_k, x_{k-1}' und x_k' zur Verfügung stehen, kann $y(t)$ aus Polynomstücken dritten Grades zusammengesetzt werden:

$$y(t) = \sum_{k=1}^{N} [x_{k-1}\psi_{0k}(t) + x_k\overline{\psi}_{0k}(t) + x_{k-1}'\psi_{1k}(t) + x_k'\overline{\psi}_{1k}(t)]. \tag{5}$$

Man prüft leicht nach, daß $y(t)$ den Interpolationsforderungen (4') genügt, wenn die Basisfunktionen ψ_{0k}, $\overline{\psi}_{0k}$, ψ_{1k}, $\overline{\psi}_{1k}$ außerhalb $[t_{k-1}, t_k]$ identisch verschwinden und in den Punkten t_{k-1} und t_k die Bedingungen

$$\begin{aligned}
&\psi_{0k}(t_{k-1}) = 1, && \psi_{0k}(t_k) = 0, && \psi_{0k}'(t_{k-1}) = 0, && \psi_{0k}'(t_k) = 0,\\
&\overline{\psi}_{0k}(t_{k-1}) = 0, && \overline{\psi}_{0k}(t_k) = 1, && \overline{\psi}_{0k}'(t_{k-1}) = 0, && \overline{\psi}_{0k}'(t_k) = 0,\\
&\psi_{1k}(t_{k-1}) = 0, && \psi_{1k}(t_k) = 0, && \psi_{1k}'(t_{k-1}) = 1, && \psi_{1k}'(t_k) = 0,\\
&\overline{\psi}_{1k}(t_{k-1}) = 0, && \overline{\psi}_{1k}(t_k) = 0, && \overline{\psi}_{1k}'(t_{k-1}) = 0, && \overline{\psi}_{1k}'(t_k) = 1
\end{aligned} \tag{6}$$

erfüllen.

Aufg. 5.17: Man beweise, indem man kubische Polynome ansetzt, die den Bedingungen (6) genügen, folgende Darstellung für die

Intervallfunktionen 1. Ordnung (vgl. Abb. 5.4):

$$\begin{aligned}
&h_k .= t_k - t_{k-1}, \quad 0 \leqq s \leqq 1, \quad k = 1, 2, \ldots, N,\\
&\psi_{0k}(t_{k-1} + sh_k) .= 1 - 3s^2 + 2s^3,\\
&\overline{\psi}_{0k}(t_{k-1} + sh_k) \ .= 3s^2 - 2s^3,
\end{aligned} \tag{7}$$

$$\begin{aligned}\psi_{1k}(t_{k-1} + sh_k) &.= h_k(s - 2s^2 + s^3),\\ \overline{\psi}_{1k}(t_{k-1} + sh_k) &.= h_k(-s^2 + s^3),\\ \psi_{0k}(t) = \overline{\psi}_{0k}(t) = \psi_{1k}(t) &= \overline{\psi}_{1k}(t) = 0 \quad \text{für} \quad t \notin [t_{k-1}, t_k].\end{aligned} \tag{7}$$

In jedem Teilintervall $[t_{k-1}, t_k]$ ist $y(t)$ nach (5) eine Linearkombination dieser vier Polynome dritten Grades, also selbst ein solches Polynom. In den Stütz-

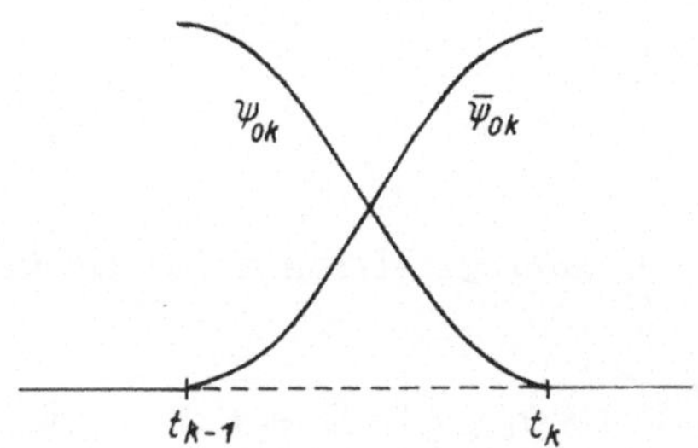

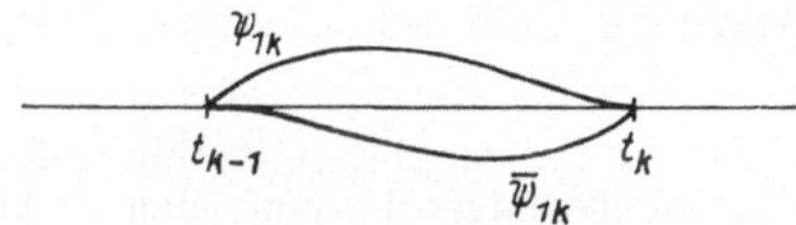

Abb. 5.4

punkten (t_k, x_k) gehen die Polynomstücke glatt (d. h. mit übereinstimmender erster Ableitung) ineinander über.

Aufg. 5.18: Man zeige: Die zweite Ableitung von $y(t)$ ist an den Stellen $t = t_k$ im allgemeinen unstetig.

Es bereitet wenig Mühe, interpolierende Funktionen zu konstruieren, die an den Stellen $t = t_k$ auch in den zweiten oder noch höheren Ableitungen mit $x(t)$ übereinstimmen. Man erhält dann Intervallfunktionen zweiter und höherer Ordnung (Polynome fünften und höheren Grades). Wir wollen darauf nicht eingehen.

Den Interpolationsfehler kann man in jedem Teilintervall $[t_{k-1}, t_k]$ nach dem Vorbild der Formel (5.3; 4) ausrechnen, falls $x(t)$ viermal stetig differenzierbar ist. Man führt wieder eine Hilfsfunktion

$$h(t) .= x(t) - y(t) - c(t - t_{k-1})^2 (t - t_k)^2 \tag{8}$$

ein, die in $[t_{k-1}, t_k]$ zwei doppelte, also vier Nullstellen besitzt. Eine weitere kann man durch Wahl von c gemäß

$$c(t') .= \frac{x(t') - y(t')}{(t' - t_{k-1})^2 (t' - t_k)^2} \tag{9}$$

vorgeben. Nach dem Satz von Rolle hat die vierte Ableitung von $h(t)$ mindestens eine Nullstelle τ zwischen t_{k-1}, t_k und t':

$$h^{(4)}(\tau) = 0 = x^{(4)}(\tau) - 0 - c(t') \cdot 4!, \tag{10}$$

so daß man mit (9) die Gleichung

$$x(t) - y(t) = \frac{x^{(4)}(\tau(t))}{4!} (t - t_{k-1})^2 (t - t_k)^2 \tag{11}$$

erhält. Setzt man rechts $t = t_{k-1} + sh_k$ ein, so ergibt sich wegen

$$|s(s-1)| \leqq \frac{1}{4}, \quad 0 \leqq s \leqq 1$$

schließlich die

Fehlerabschätzung für intervallweise HERMITE-*Interpolation erster Ordnung*

$$|x(t) - y(t)| \leqq \frac{h_k{}^4}{2^4} \frac{\|x^{(4)}\|_\infty}{4!}, \quad t \in [t_{k-1}, t_k] \quad (k = 1, 2, \ldots, N). \tag{12}$$

Offenbar konvergiert $y(t)$ im Intervall $[a, b]$ gegen $x(t)$, wenn die Referenzenfolge so gewählt wird, daß sämtliche Teilintervallängen $h_k .= t_k - t_{k-1}$ gegen Null gehen.

Aufg. 5.19: Man interpoliere $x(t) = \sin \pi t$ im Intervall $[0, 1]$ mit Hilfe von Intervallfunktionen erster Ordnung. In wieviel Teilintervalle muß man $[0, 1]$ einteilen, wenn der Interpolationsfehler kleiner als $5 \cdot 10^{-4}$ sein soll.

5.4.3. *Spline-Interpolation*

Wir haben interpolierende Funktionen $y(t)$ betrachtet, die in den inneren Teilpunkten $t_1, t_2, \ldots, t_{N-1}$ differenzierbar ineinander übergehen, deren zweite Ableitungen in den Teilpunkten aber im allgemeinen unstetig sind. Wir wollen jetzt auch noch die Stetigkeit der zweiten Ableitung verlangen und fordern: $y(t)$ sei in jedem Teilintervall $[t_k, t_{k+1}]$ ein Polynom dritten Grades, es genüge in den Endpunkten eines jeden Teilintervalls den Bedingungen

$$y(t_k) = x_k, \quad y(t_{k+1}) = x_{k+1} \qquad (k = 0, 1, \ldots, N-1), \tag{13}$$

und es besitze in jedem inneren Teilpunkt eine stetige erste und zweite Ableitung

$$y'(t_k - 0) = y'(t_k + 0) \qquad (k = 1, 2, \ldots, N-1), \tag{14}$$

$$y''(t_k - 0) = y''(t_k + 0) \qquad (k = 1, 2, \ldots, N-1). \tag{15}$$

Das sind $2N + 2(N-1)$ Bedingungen für die $4N$ unbekannten Koeffizienten. Damit die Anzahl der Gleichungen mit der Anzahl der Unbekannten übereinstimmt, geben wir noch die Werte der ersten Ableitung für $t = t_0$

und $t = t_N$ vor:

$$y'(t_0) = x_0',\ y'(t_N) = x_N';\ x_0', x_N' \text{ vorgegeben.}^{1)} \tag{16}$$

Aus (13), (14), (15) und (16) lassen sich die Koeffizienten eindeutig berechnen.

Wir werden diesen allgemeinen Ansatz nicht benutzen, sondern die Ergebnisse des vorigen Abschnitts verwenden. Wir setzen $y(t)$ wieder in der Form (5) an, wobei jetzt aber nur die x_{k-1}, x_k vorgegeben, die x_{k-1}' und x_k' (mit Ausnahme von x_0' und x_N') dagegen unbekannt sind. Die Forderungen (13) und (14) sind dann bereits erfüllt, und (15) liefert das folgende Gleichungssystem für die x_k':

$$\begin{aligned} &x_{k-1}\psi''_{0k} + x_k\bar{\psi}''_{0k} + x_{k-1}'\psi''_{1k} + x_k'\bar{\psi}''_{1k} \\ &= x_k\psi''_{0k+1} + x_{k+1}\bar{\psi}''_{0k+1} + x_k'\psi''_{1k+1} + x_{k+1}'\bar{\psi}''_{1k+1} \end{aligned} \tag{17}$$

für $t = t_k$ und $k = 1, 2, \ldots, N - 1$. Mit (7) ergibt sich

$$\begin{aligned} \psi''_{1k}(t_k) &= \frac{1}{h_k}\,[-4 + 6s]_{s=1} = \frac{2}{h_k}, \\ \bar{\psi}''_{1k}(t_k) &= \frac{1}{h_k}\,[-2 + 6s]_{s=1} = \frac{4}{h_k}, \\ \psi''_{1k+1}(t_k) &= \frac{1}{h_{k+1}}\,[-4 + 6s]_{s=0} = -\frac{4}{h_{k+1}}, \\ \bar{\psi}''_{1k+1}(t_k) &= \frac{1}{h_{k+1}}\,[-2 + 6s]_{s=0} = -\frac{2}{h_{k+1}}. \end{aligned} \tag{18}$$

Berücksichtigt man noch (16), so hat die Koeffizientenmatrix des sich aus (17) durch Umordnung ergebenden linearen Gleichungssystems für die x_k' die folgende Gestalt:

$$\begin{array}{cccccc} x_1' & x_2' & x_3' & \ldots & x_{N-2}' & x_{N-1}' \\ \hline c & d_2 & & & & \\ d_1 & c & d_2 & & & \\ & \ddots & \ddots & \ddots & & \\ & & & & c & d_2 \\ & & & & d_1 & c \end{array}$$

$$c := 4\left(\frac{1}{h_k} + \frac{1}{h_{k+1}}\right), \quad d_1 := \frac{2}{h_k}, \quad d_2 := \frac{2}{h_{k+1}}.$$

---

1) Für manche Probleme ist es auch sinnvoll, $y'(t_0 + 0) = y'(t_N - 0)$, $y''(t_0 + 0) = y''(t_N - 0)$ zu fordern. Man spricht dann von periodischer Spline-Interpolation mit der Periode $b - a$.

Die Matrix ist tridiagonal mit überwiegenden Diagonalelementen, das System kann also eindeutig aufgelöst werden (vgl. Kapitel 2).

Aufg. 5.20: Man bestätige, daß sich bei der kubischen Spline-Interpolation im Fall $N = 2$, $h_1 = h_2 = \frac{b-a}{2} =. h$, für $y(t)$ die Polynome

$$y(x_0 + sh) = x_0 + hx_0's + s^2\left(-\frac{9}{4}x_0 + 3x_1 - \frac{3}{4}x_2 - \frac{7}{4}hx_0' + \frac{h}{4}x_2'\right)$$
$$+ s^3\left(\frac{5}{4}x_0 - 2x_1 + \frac{3}{4}x_2 + \frac{3}{4}h\,x_0' - \frac{h}{4}x_2'\right), \quad 0 \leqq s \leqq 1,$$
$$y(x_1 + sh) = x_1 + s\left(\frac{3}{4}(x_2 - x_0) - \frac{h}{4}(x_0' + x_2')\right) \tag{19}$$
$$+ s^2\left(\frac{3}{2}(x_0 - 2x_1 + x_2) + \frac{h}{2}(x_0' - x_2')\right)$$
$$+ s^3\left(-\frac{3}{4}x_0 + 2x_1 - \frac{5}{4}x_2 - \frac{h}{4}x_0' + \frac{3}{4}hx_2'\right), \quad 0 \leqq s \leqq 1,$$

ergeben.

Aufg. 5.21: Man interpoliere $x(t) = \sin \pi t$ im Intervall $[0, 1]$ durch kubische Splines.

Das Interpolationspolynom mit kubischen Splines ist in folgendem Sinne optimal (vgl. z. B. Ahlberg, Nilson, Walsh [1], S. 77):

Satz (Holladay): *Unter allen zweimal stetig differenzierbaren Funktionen* $z(t)$, *die der Interpolationsbedingung* $z(t_k) = x_k$, $k = 0,1 \ldots, N$, *und den Randbedingungen* $z'(t_0) = x_0'$, $z'(t_N) = x_N'$ *genügen, minimisiert die kubische Spline-Funktion* $y(t)$ *das Integral*

$$\int_a^b [z''(t)]^2\,\mathrm{d}t.$$

Beweis: Wir gehen von der Identität

$$\int_a^b (z'')^2\mathrm{d}t = \int_a^b (y'')^2\mathrm{d}t + \int_a^b (z'' - y'')^2\mathrm{d}t + 2\int_a^b (z'' - y'')y''\mathrm{d}t \tag{20}$$

aus und zeigen, daß das letzte Integral verschwindet:

$$\int_a^b (z'' - y'')y''\mathrm{d}t = \sum_{k=1}^{N} \int_{t_{k-1}}^{t_k} (z'' - y'')y''\mathrm{d}t = 0. \tag{21}$$

Durch partielle Integration folgt nämlich

$$\sum_{k=1}^{N} \int_{t_{k-1}}^{t_k} (z'' - y'')y''\mathrm{d}t = \sum_{k=1}^{N} [(z' - y')y'']_{t_{k-1}}^{t_k} - \sum_{k=1}^{N} \int_{t_{k-1}}^{t_k} (z' - y')y'''\mathrm{d}t. \tag{22}$$

Die Ableitung y''' ist in jedem Teilintervall konstant, also gilt für die Summanden der zweiten Summe

$$\int_{t_{k-1}}^{t_k} (z' - y')y'''\mathrm{d}t = [(z - y)y''']_{t_{k-1}}^{t_k} = 0.$$

Von (22) bleibt damit nur

$$\sum_{k=1}^{N} \int_{t_{k-1}}^{t_k} (z'' - y'')y''\mathrm{d}t = [z'(t_N) - y'(t_N)]\, y''(t_N) - [z'(t_0) - y'(t_0)]\, y''(t_0) = 0$$

übrig, denn die restlichen eckigen Klammern verschwinden auf Grund der Randbedingungen

$$y'(t_0) = z'(t_0) = x_0', \quad y'(t_N) = z'(t_N) = x_N'.$$

Aus (20) entsteht damit die Identität

$$\int_a^b (z'')^2\mathrm{d}t = \int_a^b (y'')^2\mathrm{d}t + \int_a^b (z'' - y'')^2\mathrm{d}t \tag{20'}$$

und daraus die Ungleichung

$$\int_a^b (z'')^2\mathrm{d}t \geqq \int_a^b (y'')^2\mathrm{d}t,$$

die den Satz von HOLLADAY beweist.

Im Rahmen dieses Buches können wir auf die Spline-Interpolation nicht näher eingehen und verweisen deshalb auf die Literatur (vgl. z. B. AHLBERG, NILSON, WALSH [1] oder RICE [1]).

6. Approximation

6.1. *Problemstellung*

Wie bei der Interpolation betrachten wir stetige Funktionen $x(t)$ und Linearkombinationen

$$y(t) .= \sum_{n=1}^{N} c_n y_n(t) \tag{1}$$

von gegebenen linear unabhängigen Basisfunktionen

$$\{y_1(t), y_2(t), \ldots, y_N(t)\}. \tag{2}$$

Wir bezeichnen mit L_N den Raum aller Linearkombinationen der Form (1). Wir messen den „Abstand" zwischen den Funktionen $x(t)$ und $y(t)$ durch einen Ausdruck der Form $\|x(t) - y(t)\|$, wobei die Funktionennorm $\|x(t)\|$ beispielsweise durch die Formeln (1.2; 12) oder (1.2; 13) gegeben ist. Wir suchen eine Linearkombination

$$p_N(t) .= \sum_{n=1}^{N} a_n y_n(t) \tag{3}$$

mit kleinstem Abstand

$$\|x(t) - p_N(t)\| = \inf_{y(t) \in L_N} \|x(t) - y(t)\|. \tag{4}$$

Jede Lösung $p_N(t)$ des Problems (4) bezeichnen wir als eine *beste Approximation* von $x(t)$ in L_N.

Wenn wir die Maximumnorm $\|x(t)\|_\infty$ wählen, dann ist $p_N(t)$ eine Linearkombination mit kleinster maximaler Abweichung. Für die Norm $\|x(t)\|_1$ erhalten wir als beste Approximation $p_N(t)$ eine Linearkombination, die mit der Funktion $x(t)$ den betragsmäßig kleinsten Flächeninhalt einschließt. Der Norm $\|x(t)\|_2$ entspricht die sogenannte Approximation im Mittel. Die beste Approximation $p_N(t)$ hängt natürlich von der Auswahl der Basisfunktionen, aber auch von der Festlegung der Norm ab. Mitunter wählt man anstelle der Linearkombinationen (1) approximierende Funktionen $y(t; c_1, \ldots, c_N)$, die in nichtlinearer Weise von den Parametern $c_1, c_2, \ldots, c_N$

abhängig sind. Wir betrachten hier nur das lineare Approximationsproblem (4) und auch nur für die Norm $\|x(t)\|_2$ (Approximation im Mittel) und die Norm $\|x(t)\|_\infty$ (gleichmäßige Approximation). Wir können hier nur einige elementare Algorithmen zur Bestimmung von besten Approximationen anführen. Für tiefergehende Untersuchungen des allgemeinen linearen und nichtlinearen Approximationsproblems müssen wir den Leser auf die Spezialliteratur verweisen (z. B. NATANSON [1], ACHIESER [1], CHENEY [1], RICE [1], MEINARDUS [1], SINGER [1], KIESEWETTER [1]). Ohne Beweis geben wir an, daß jedes lineare Approximationsproblem (4) in einem endlich-dimensionalen Unterraum L_N eines normierten Raumes eine Lösung p_N besitzt. Im allgemeinen muß man damit rechnen, daß für ein Approximationsproblem (4) mehrere beste Approximationen existieren. Das gilt beispielsweise für bestimmte Approximationsprobleme bezüglich der Maximumnorm $\|x(t)\|_\infty$ und der Norm $\|x(t)\|_1$. Dagegen ist die beste Approximation bezüglich der Norm $\|x(t)\|_2$ immer eindeutig bestimmt.

Approximationen im Mittel und gleichmäßige Approximationen stetiger Funktionen finden Anwendung bei der Berechnung von Funktionen in einem Rechenautomaten mit Hilfe von Bibliotheksprogrammen.

6.2. *Approximation im Mittel*

Wir betrachten die Norm $\|x(t)\|_2$ (vgl. (1.2; 12)), die durch das Skalarprodukt (1.2; 14) erzeugt wird:

$$\|x(t)\|_2 := \sqrt{(x, x)} = \left(\int_a^b \mathrm{d}t \; x(t)^2\right)^{\frac{1}{2}}. \tag{1}$$

Es ist zweckmäßig, wenn wir von vornherein eine Gewichtsfunktion $\omega(t)$ einführen und zu dem verallgemeinerten Skalarprodukt

$$(x, y)_\omega := \int_a^b \mathrm{d}t \; \omega(t) \, x(t) \, y(t) \tag{2}$$

übergehen. Wir setzen voraus, daß $\omega(t)$ so gewählt ist, daß der Ausdruck (2) für stetige Funktionen $x(t)$ und $y(t)$ die Eigenschaften eines Skalarproduktes (vgl. Abschnitt 1.2.) erfüllt. Dazu soll die Funktion $\omega(t)$ insbesondere auf dem Intervall $[a, b]$ erklärt, im RIEMANNschen Sinne integrierbar und mit Ausnahme von endlich vielen Punkten positiv sein.

Mit dem Skalarprodukt (2) definieren wir die Norm

$$\|x\|_\omega := \sqrt{(x, x)_\omega} = \left(\int_a^b \mathrm{d}t \; \omega(t) \left(x(t)\right)^2\right)^{\frac{1}{2}}. \tag{3}$$

Die stetigen Funktionen $x(t)$ bilden mit dem Skalarprodukt (2) einen unitären Raum (vgl. Abschnitt 1.2.). Dieser kann zu einem HILBERT-Raum H_ω vervollständigt werden, wobei sich die Zugehörigkeit bestimmter Funktionen zum Raum H_ω verändern kann, wenn man die Gewichtsfunktion wechselt.

In einem endlich-dimensionalen HILBERT-Raum können wir immer von einer orthonormierten Basis ausgehen, d. h., wir können voraussetzen, daß die Basisfunktionen $y_n(t)$ die Relationen

$$(y_m, y_n)_\omega = \delta_{mn} .= \begin{cases} 0 & (m \neq n), \\ 1 & (m = n) \end{cases} \tag{4}$$

für $m, n = 1, 2, \ldots, N$ erfüllen.

Falls ein vorgegebenes System von Basisfunktionen (5.1; 2) die Relationen (4) nicht erfüllt, dann kann man dieses System nach dem bekannten SCHMIDTschen Orthogonalisierungsverfahren in ein orthonormiertes System umwandeln.

Aufg. 6.1: Man orthonormiere die Potenzen $1, t, t^2, \ldots, t^5$ auf dem Intervall $[-1, 1]$ bezüglich des Skalarproduktes (2) mit den Gewichtsfunktionen a) $\omega(t) .= 1$ und b) $\omega(t) .= \dfrac{1}{\sqrt{1-t^2}}$.

Im Fall a) erhält man die (normierten) LEGENDREschen Polynome und im Fall b) die (normierten) TSCHEBYSCHEWschen Polynome. Weitere orthogonale Polynome entnimmt man der Literatur (vgl. z. B. RYSHIK-GRADSTEIN [1]).

Orthogonale Polynome ($n = 0, 1, 2, \ldots$)

Intervall	$\omega(t)$	Polynome	Normierung	Bezeichnung
$[-1, 1]$	1	$P_n(t) .= \dfrac{1}{2^n n!} \dfrac{d^n}{dt^n} (t^2 - 1)^n$	$\sqrt{n + \dfrac{1}{2}}\, P_n$	LEGRENDRE
$[-1, 1]$	$\dfrac{1}{\sqrt{1-t^2}}$	$T_n(t) .= \cos(n \arccos t)$	$\dfrac{1}{\sqrt{\pi}} T_0, \sqrt{\dfrac{2}{\pi}}\, T_n$	TSCHEBYSCHEW
$[0, \infty]$	e^{-t}	$L_n(t) .= \sum\limits_{k=0}^{n} \binom{n}{k} \dfrac{(-t)^k}{k!}$	L_n	LAGUERRE
$[-\infty, \infty]$	$e^{-\frac{1}{2}t^2}$	$H_n(t) .=$ $(-1)^n e^{\frac{1}{2}t^2} \dfrac{d^n}{dt^n} \left(e^{-\frac{1}{2}t^2}\right)$	$\dfrac{1}{\sqrt{n!\sqrt{2\pi}}}\, H_n$	HERMITE

In Hilbert-Räumen kann die beste Approximation $p_N(t)$ für jede Approximationsaufgabe in einfacher Weise konstruiert werden. Wir führen die Konstruktion bezüglich eines orthonormierten Systems von Basisfunktionen (4) aus. Dazu beweisen wir die grundlegende Relation

$$\|x - y\|_\omega^2 = \|x\|_\omega^2 - \sum_{n=1}^{N} (x, y_n)_\omega^2 + \sum_{n=1}^{N} [(x, y_n)_\omega - c_n]^2. \tag{5}$$

Nach den Rechenregeln für Skalarprodukte gelten unter Berücksichtigung der Relationen (4) die folgenden Umformungen:

$$\begin{aligned} \|x - y\|_\omega^2 &= (x - y, x - y)_\omega \\ &= (x, x)_\omega - 2(x, y)_\omega + (y, y)_\omega \\ &= \|x\|_\omega^2 - 2 \sum_{n=1}^{N} c_n (x, y_n)_\omega + \sum_{n=1}^{N} c_n^2 \\ &= \|x\|_\omega^2 - \sum_{n=1}^{N} (x, y_n)_\omega^2 + \sum_{n=1}^{N} [(x, y_n)_\omega - c_n]^2. \end{aligned}$$

Damit ist die Relation (5) bewiesen.

Die ersten beiden Terme in der rechten Seite der Formel (5) ändern sich nicht, wenn die Koeffizienten c_n variieren. Der kleinste Wert wird dann und nur dann angenommen, wenn die Gleichungen

$$c_n = (x, y_n)_\omega \tag{6}$$

für $n = 1, 2, \ldots, N$ gelten. Die Koeffizienten (6) bezeichnet man als Fourier-*Koeffizienten* der Funktion $x(t)$ bezüglich der orthonormierten Basis (4). Sie bestimmen die beste Approximation. Damit gilt der folgende

Satz: *Die Funktion*

$$p_N(t) = \sum_{n=1}^{N} (x, y_n)_\omega y_n(t) \tag{7}$$

ist die beste Approximation der Funktion $x(t)$ in dem Unterraum L_N, der durch die orthonormierten Basisfunktionen $y_1(t), y_2(t), \ldots, y_N(t)$ aufgespannt wird.

Die Bezeichnung „Fourier-Koeffizienten" wird verständlich, wenn als Basisfunktionen speziell die trigonometrischen Funktionen

$$\frac{1}{\sqrt{2\pi}}, \frac{1}{\sqrt{\pi}} \cos nt, \frac{1}{\sqrt{\pi}} \sin nt \qquad (n = 1, 2, \ldots) \tag{8}$$

auf dem Intervall $[-\pi, \pi]$ und das Skalarprodukt

$$(x, y) .= \int_{-\pi}^{\pi} \mathrm{d}t\, x(t)\, y(t) \tag{9}$$

verwendet werden. Dann erhält man für c_n gerade die aus der Theorie der FOURIER-Reihen bekannten FOURIER-Koeffizienten.

Wir können die beste Approximation $p_N(t)$ geometrisch deuten, indem wir x, p_N und die Basiselemente $y_1, y_2, \ldots, y_N$ als Vektoren darstellen: Die beste Approximation p_N ist die Projektion von x auf den Unterraum L_N.

Wir weisen nach, daß die Orthogonalitätsrelation

$$(x - p_N, y)_\omega = 0 \tag{10}$$

für alle Funktionen $y(t)$ aus L_N erfüllt ist. Dazu bilden wir einfach für alle Basisfunktionen $y_m(t)$ $(m = 1, 2, \ldots, N)$ die Skalarprodukte

$$\begin{aligned}(x - p_N, y_m)_\omega &= (x, y_m)_\omega - \sum_{n=1}^{N} (x, y_n)_\omega\, (y_n, y_m)_\omega \\ &= (x, y_m)_\omega - (x, y_m)_\omega = 0 .\end{aligned}$$

Hieraus ergibt sich die Orthogonalitätsrelation (10) für jede Linearkombination $y(t)$ der Basisfunktionen $y_m(t)$.

Aus der Relation (5) gewinnen wir eine einfache Formel für den Approximationsfehler, indem wir $y(t) = p_N(t)$ einsetzen.

$$\|x - p_N\|_\omega^2 = \|x\|_\omega^2 - \sum_{n=1}^{N} (x, y_n)_\omega^2 . \tag{11}$$

Der rechts stehende Ausdruck ist nicht negativ, d. h., es gilt die BESSEL*sche Ungleichung*

$$\sum_{n=1}^{N} (x, y_n)_\omega^2 \leqq \|x\|_\omega^2 . \tag{12}$$

Hieraus schließen wir, daß die links stehenden Summen für N gegen unendlich konvergieren, denn sie bilden eine nichtabnehmende durch $\|x\|_\omega^2$ beschränkte Folge. Es existiert der Grenzwert

$$\lim_{N\to\infty} \sum_{n=1}^{N} (x, y_n)_\omega^2 \leqq \|x\|_\omega^2 . \tag{13}$$

Wenn die Basisfunktionen $\{x_n(t)\}$ $(n = 1, 2, \ldots)$ so ausgewählt werden, daß das Gleichheitszeichen gilt,

$$\lim_{N\to\infty} \sum_{n=1}^{N} (x, y_n)_\omega^2 = \|x\|_\omega^2 , \tag{13'}$$

dann folgt aus der Gleichung (11) die Beziehung

$$\lim_{N\to\infty} \|x - p_N\|_\omega^2 = 0. \tag{11'}$$

Das bedeutet nach Definition der Konvergenz im Raum H_ω, daß die Funktion $x(t)$ im Sinne der Norm $\|x\|_\omega$ durch ihre FOURIER-Reihe

$$\lim_{N\to\infty} \sum_{n=1}^{N} (x, y_n)_\omega \, y_n(t) = x(t) \tag{14}$$

dargestellt wird. Dafür schreibt man auch kurz

$$x(t) = \sum_{n=1}^{\infty} (x, y_n)_\omega y_n(t). \tag{14'}$$

Die Gleichung (13′) wird als PARSEVAL*sche Gleichung* bezeichnet. Wenn die PARSEVALsche Gleichung für jede Funktion $x(t)$ erfüllt ist, dann ist das Basissystem $\{y_n(t)\}$ $(n = 1, 2, \ldots)$ *fundamental*, d. h., jede Funktion $x(t)$ kann durch Linearkombinationen der Basisfunktionen mit jeder beliebigen Genauigkeit approximiert werden.

Wenn dagegen in (13) für eine Funktion $x(t)$ die strenge Ungleichung

$$\lim_{N\to\infty} \sum_{n=1}^{N} (x, y_n)_\omega^2 =. \|x\|_\omega^2 - d^2 < \|x\|_\omega^2 \tag{13''}$$

gilt, dann kann $x(t)$ nicht mit beliebiger Genauigkeit durch Linearkombinationen der Basisfunktionen approximiert werden. Aus der Relation (5) folgt die Beziehung

$$\inf_{(y)} \|x - y\|_\omega = d > 0 \tag{15}$$

für alle Linearkombinationen $y(t)$ von Basisfunktionen $y_n(t)$, d. h., die Größe d ist der „Abstand" der Funktion $x(t)$ von dem Unterraum, der durch das Basissystem $\{y_n(t)\}$ $(n = 1, 2, \ldots)$ aufgespannt wird.

Es gibt zahlreiche Beispiele von orthonormierten Basissystemen, die bezüglich der Menge der stetigen Funktionen fundamental sind. Dazu gehören die trigonometrischen Funktionen (8) für die Norm $\|x\|_2$, die durch das Skalarprodukt (9) erzeugt wird, die LEGENDREschen und die TSCHEBYSCHEWschen Polynome jeweils für die entsprechende Norm $\|x\|_\omega$.

Aufg. 6.2: Man bestimme die beste Approximation gemäß (7) für die Funktionen a) $x(t) .= t^5$, b) $x(t) .= \sin \pi t$, c) $x(t) .= e^{-t^2}$ und d) $x(t) .= |t|$ durch die ersten drei LEGENDREschen bzw. TSCHEBYSCHEWschen Polynome. Wie groß sind die Approximationsfehler $\|x(t) - p_3(t)\|_\omega$ und die maximalen Fehler $\|x(t) - p_3(t)\|_\infty$?

6.3. *Gleichmäßige Approximation*

Wir legen jetzt die Maximumnorm $\|x\|_\infty$ (vgl. (1.2; 13)) zugrunde, d. h., wir sind im BANACH-Raum $C[a, b]$. Die Maximumnorm kann nicht durch ein Skalarprodukt erzeugt werden. Deshalb können wir uns bei der Berechnung von besten gleichmäßigen Approximationen auch nicht auf die Formel (6.2; 7) beziehen. Im Raum $C[a, b]$ gibt es keine entsprechende explizite Formel für beste Approximationen. Wir sind darauf angewiesen, beste Approximationen iterativ zu berechnen.

Beste gleichmäßige Approximationen werden in elektronischen Rechenautomaten angewendet, um spezielle Funktionen zu berechnen. In der Regel benutzt man beste gleichmäßige Approximationen durch Polynome. Man bestimmt die Koeffizienten einer besten Approximation, welche die gegebene Funktion mit der erforderlichen Genauigkeit approximiert und speichert diese Koeffizienten im Automaten. Beim Aufruf eines Funktionswertes berechnet man den Wert des approximierenden Polynoms mit einem Unterprogramm zur Polynomberechnung.

Ein wichtiges Verfahren zur Konstruktion von besten gleichmäßigen Approximationen liefert der REMES-Algorithmus. Wir können an dieser Stelle nur den konstruktiven Gedanken beschreiben, die Begründung für den REMES-Algorithmus wird in den genannten Lehrbüchern der Approximationstheorie gegeben.

Zur Vorbereitung beschreiben wir einen einfachen Algorithmus, der beim REMES-Algorithmus immer von neuem angewendet wird. Wir betrachten eine Referenz

$$R .= \{t_1, t_2, \ldots, t_{N+1}\}, \tag{1}$$

die aus $N + 1$ paarweise verschiedenen Punkten aus dem Intervall $a \leqq t \leqq b$ besteht. Wir wollen annehmen, daß diese Punkte in natürlicher Reihenfolge angeordnet sind:

$$a \leqq t_1 < t_2 < \cdots < t_{N+1} \leqq b. \tag{1'}$$

Wir bestimmen eine Linearkombination

$$y(t) .= \sum_{n=1}^{N} c_n y_n(t) \tag{2}$$

der Basisfunktionen $\{y_n(t)\}$, $(n = 1, 2, \ldots, N)$, so daß der Ausdruck

$$\|x(t) - y(t)\|_R .= \max_{1 \leqq k \leqq N+1} |x(t_k) - y(t_k)| \tag{3}$$

minimal wird. Wir bezeichnen den Ausdruck (3) als diskrete Norm, weil er die maximale Differenz an den diskreten Stellen $t_1, t_2, \ldots, t_{N+1}$ mißt. Die beste Linearkombination $y(t)$ im Sinne der diskreten Norm (3) bezeichnen wir mit $q(t)$ und nennen $q(t)$ eine *beste diskrete Approximation* bezüglich der Referenz R. $q(t)$ ist durch die Bedingung

$$\|x(t) - q(t)\|_R = \inf_{y(t)\in L_N} \|x(t) - y(t)\|_R \tag{4}$$

gekennzeichnet.

Wir setzen voraus, daß die HAARschen Determinanten

$$H_n .= \det \begin{pmatrix} y_1(t_1) & \dots & y_N(t_1) \\ \vdots & & \vdots \\ y_1(t_{n-1}) & \dots & y_N(t_{n-1}) \\ y_1(t_{n+1}) & \dots & y_N(t_{n+1}) \\ \vdots & & \vdots \\ y_1(t_{N+1}) & \dots & y_N(t_{N+1}) \end{pmatrix} \tag{5}$$

für $n = 1, 2, \ldots, N + 1$ von Null verschieden sind. Dann bilden wir das lineare Gleichungssystem

$$c_0(-1)^m \operatorname{sign}(H_m) + \sum_{n=1}^{N} c_n y_n(t_m) = x(t_m) \tag{6}$$

für $m = 1, 2, \ldots, N + 1$ zur Bestimmung der Größen c_0; $c_1, \ldots, c_N$. Die Koeffizientendeterminante dieses Gleichungssystems ist gerade

$$A .= -\sum_{m=1}^{N+1} |H_m| . \tag{7}$$

Sie ist nach Voraussetzung von Null verschieden. Deshalb ist die Lösung c_0; $c_1, c_2, \ldots, c_N$ eindeutig bestimmt.

Mit

$$q(t) .= \sum_{n=1}^{N} c_n y_n(t) \tag{8}$$

erhalten wir aus dem Gleichungssystem (6) die Relationen

$$x(t_m) - q(t_m) = c_0(-1)^m \operatorname{sign}(H_m) \tag{9}$$

für $m = 1, 2, \ldots, N$. Man zeige, daß $q(t)$ gemäß (8) eine beste diskrete Approximation bezüglich der Referenz R ist. Aus (9) folgt die Beziehung

$$\|x(t) - q(t)\|_R = |c_0| . \tag{10}$$

Im allgemeinen gilt die Ungleichung (ohne Beweis)

$$|c_0| \leqq \|x(t) - p_N(t)\|_\infty \leqq \|x(t) - q(t)\|_\infty . \tag{11}$$

Wir bezeichnen den Algorithmus, der durch das Gleichungssystem (6) definiert wird, als Algorithmus der besten diskreten Approximation. Aus der Ungleichung (11) ergibt sich, daß eine beste Approximation ($q = p_N$) genau dann vorliegt, wenn die Bedingung

$$|c_0| = \|x(t) - q(t)\|_\infty \tag{12}$$

erfüllt ist. Der REMES-*Algorithmus* besteht darin, daß man die Referenzen R schrittweise verbessert, so lange bis die Bedingung (12) erfüllt ist. In jedem Schritt bestimmt man eine neue beste diskrete Approximation. Der Parameter $|c_0|$ gibt eine untere Schranke für die optimale Approximationsgenauigkeit $\|x(t) - p_N(t)\|_\infty$, die bei jedem Schritt gemäß der Ungleichung (11) in Schranken eingeschlossen werden kann. Der REMES-Algorithmus kann abgebrochen werden, wenn die Differenz zwischen oberer und unterer Schranke genügend klein geworden ist. Die jeweils neue Referenz wird so bestimmt, daß die Extremalpunkte der Fehlerfunktion $x(t) - q^{\text{alt}}(t)$ gegen gewisse Punkte der alten Referenz ausgetauscht werden, denn am Ende müssen alle Referenzpunkte Extremalpunkte sein.

Aufg. 6.3: Man bestimme dasjenige Polynom zweiten Grades, das die Potenz t^3 auf dem Intervall $-1 \leqq t \leqq 1$ im Sinne der Maximumnorm am besten approximiert.

Auf diese Weise kann man die TSCHEBYSCHEWschen Polynome konstruieren, denn die Fehlerfunktion $t^3 - p(t)$ entspricht gerade dem TSCHEBYSCHEWschen Polynom dritten Grades.

Aufg. 6.4: Man bestimme dasjenige Polynom dritten Grades, das die Funktion $x(t) .= |t|$ auf dem Intervall $-1 \leqq t \leqq 1$ im Sinne der Maximumnorm am besten approximiert und vergleiche mit der Lösung der Aufgabe 6.2 d).

6.4. Methode der kleinsten Quadrate

Häufig wird die Aufgabe gestellt, Meßwerte

$$x_i .= x(t_i) \qquad (i = 1, 2, \ldots, M), \tag{1}$$

die in der Regel mit Fehlern behaftet sind und einer Verteilung $x(t)$ entsprechen, durch Linearkombinationen

$$y(t) .= \sum_{n=1}^{N} c_n s_n(t), \qquad 1 \leqq N < M, \tag{2}$$

von gegebenen Funktionen $s_n(t)$ zu approximieren, so daß sich die Fehler „ausgleichen". Wir setzen voraus, daß die Funktionen $s_n(t)$ linear unabhängig sind. Beispielsweise approximiert man beim linearen Ausgleich durch eine lineare Funktion $y(t) .= c_1 + c_2 t$. Die Abweichungen $x_i - y(t_i)$ sollen nach einer bestimmten Vorschrift klein gehalten werden. Wir setzen

$$y_i \mathrel{.=} y(t_i) \qquad (i = 1, 2, \ldots, M), \tag{3}$$

$$a_{in} \mathrel{.=} s_n(t_i) \qquad (i = 1, 2, \ldots, M) \tag{4}$$

und fassen die Werte in den Meßpunkten t_i $(i = 1, 2, \ldots, M)$ zu M-dimensionalen Vektoren zusammen:

$$\boldsymbol{x} \mathrel{.=} (x_1, x_2, \ldots, x_M)^t, \tag{1'}$$

$$\boldsymbol{y} \mathrel{.=} (y_1, y_2, \ldots, y_M)^t, \tag{3'}$$

$$\boldsymbol{s}_n \mathrel{.=} (a_{1n}, a_{2n}, \ldots, a_{Mn})^t \qquad (n = 1, 2, \ldots, N), \tag{4'}$$

wobei alle Vektoren als Spaltenvektoren aufgefaßt werden und der Exponent t (im Unterschied zur Variablen t) transponierte Vektoren bezeichnet.

Wir messen die Abweichung

$$\boldsymbol{x} - \boldsymbol{y} = \boldsymbol{x} - \sum_{n=1}^{N} c_n \boldsymbol{s}_n \tag{5}$$

in einer Vektornorm $\|\boldsymbol{x}\|$. Der Ausgleich soll so vorgenommen werden, daß die Norm $\|\boldsymbol{x} - \boldsymbol{y}\|$ minimal wird. Damit erhalten wir das lineare Approximationsproblem

$$\|\boldsymbol{x} - \boldsymbol{p}\| = \inf_{\boldsymbol{y} \in L_N} \|\boldsymbol{x} - \boldsymbol{y}\|, \tag{6}$$

wobei der Unterraum L_N durch die Basisvektoren $\{\boldsymbol{s}_n\}$, $(n = 1, 2, \ldots, N)$, aufgespannt wird, und die beste Approximation

$$\boldsymbol{p} \mathrel{.=} \sum_{n=1}^{N} d_n \boldsymbol{s}_n \tag{7}$$

dem Unterraum L_N angehört.

Bei der Methode der kleinsten Quadrate arbeitet man mit der euklidischen Vektornorm $\|\boldsymbol{x}\|_2$ (vgl. (1.2; 16)), d. h., man löst das Problem

$$\begin{aligned} \|\boldsymbol{x} - \boldsymbol{y}\|_2^2 &= \sum_{i=1}^{M} (x_i - y_i)^2 \\ &= \sum_{i=1}^{M} (x_i - \sum_{n=1}^{N} c_n s_n(t_i))^2 = \text{Minimum}. \end{aligned} \tag{8}$$

Für die Anwendungen sind auch andere Forderungen sinnvoll, beispielsweise die Bedingung

$$\max_{1 \leq i \leq M} \left| x_i - \sum_{n=1}^{N} c_n s_n(t_i) \right| = \text{Minimum}, \tag{9}$$

die der Maximumnorm $\|\boldsymbol{x}\|_\infty$ (vgl. (1.2; 17)) entspricht. Für das Approximationsproblem (9) hat man aber nicht die einfache Charakterisierung der besten Approximation $\boldsymbol{p}$ als Projektion in den Unterraum L_N zur Verfügung.

Bei der Methode der kleinsten Quadrate wird die beste Approximation durch die Orthogonalitätsbedingungen

$$(\boldsymbol{x} - \boldsymbol{p}, \mathbf{s}_k)_2 = 0 \quad (k = 1, 2, \ldots, N) \tag{10}$$

eindeutig festgelegt (vgl. (6.2; 10)). Hieraus erhalten wir unter Berücksichtigung von (7) das lineare Gleichungssystem

$$\sum_{n=1}^{N} d_n(\mathbf{s}_n, \mathbf{s}_k)_2 = (\boldsymbol{x}, \mathbf{s}_k)_2 \quad (k = 1, 2, \ldots, N) \tag{11}$$

oder ausführlich geschrieben

$$\sum_{n=1}^{N} d_n \sum_{i=1}^{M} a_{in} a_{ik} = \sum_{i=1}^{M} x_i a_{ik} \quad (k = 1, 2, \ldots, N) \tag{11'}$$

das zur Bestimmung der Koeffizienten d_n $(n = 1, 2, \ldots, N)$ dient. Die Koeffizientendeterminante des Gleichungssystems (11) bzw. (11′) ist von Null verschieden, weil die Vektoren $\mathbf{s}_n$, $n = 1, 2, \ldots, N$, nach Voraussetzung linear unabhängig sind. Die Gleichungen (11′) bezeichnet man als GAUSS*sche Normalgleichungen.*

Auch hier empfiehlt sich wie im Abschnitt 6.2. eine Orthogonalisierung der Vektoren $\mathbf{s}_n$ am Beginn der Rechnung. Dann kann man die Darstellung (6.2; 7) für die beste Approximation benutzen.

Aufg. 6.5: Man bestimme die Lösung der GAUSSschen Normalgleichung für $N = 1$ und $s_n(t) .= 1$, identisch in t.

Mit der angegebenen Methode können wir iterativ Probleme lösen, bei denen die approximierende Funktion

$$y(t; c_1, c_2, \ldots, c_N) \tag{12}$$

in nichtlinearer Weise von den Parametern c_n $(n = 1, 2, \ldots, N)$ abhängt. Wir gehen bei jedem Schritt von Näherungswerten

$$(\bar{c}_1, \bar{c}_2, \ldots, \bar{c}_N) \tag{13}$$

aus und machen in der Umgebung einen Näherungsansatz

$$\begin{aligned} &y(t; \bar{c}_1 + \Delta c_1, \ldots, \bar{c}_N + \Delta c_N), \\ &y(t; \bar{c}_1, \ldots, \bar{c}_N) + \sum_{n=1}^{N} \Delta c_n \frac{\partial y}{\partial c_n}(t; \bar{c}_1, \ldots, \bar{c}_N). \end{aligned} \tag{14}$$

Wir setzen:

$$\tilde{y}_i := y(t_i; \tilde{c}_1, \ldots, \tilde{c}_N) \quad (i = 1, 2, \ldots, M), \tag{15}$$

$$\tilde{\boldsymbol{y}} := (\tilde{y}_1, \tilde{y}_2, \ldots, \tilde{y}_M)^t, \tag{15'}$$

$$\tilde{a}_{in} := \frac{\partial y}{\partial c_n}(t_i; \tilde{c}_1, \ldots, \tilde{c}_N) \; (i = 1, 2, \ldots, M; n = 1, 2, \ldots, N), \tag{16}$$

$$\tilde{\mathbf{s}}_n := (\tilde{a}_{1n}, \tilde{a}_{2n}, \ldots, \tilde{a}_{Mn})^t \tag{16'}$$

und lösen das lineare Approximationsproblem

$$\|\boldsymbol{x} - \boldsymbol{y} - \boldsymbol{p}\| = \inf_{(\Delta c_n)} \left\| \boldsymbol{x} - \boldsymbol{y} - \sum_{n=1}^{N} \Delta c_n \mathbf{s}_n \right\| \tag{17}$$

für die euklidische Vektornorm $\|\boldsymbol{x}\|_2$ nach der angegebenen Methode. Die beste Approximation $\boldsymbol{p}$ sei wieder wie in (7) mit Koeffizienten d_n, $(n = 1, 2, \ldots, N)$ gegeben. Dann bilden wir den neuen Näherungswert gemäß

$$(\tilde{c}_1 + d_1, \tilde{c}_2 + d_2, \ldots, \tilde{c}_N + d_N) \tag{18}$$

und beginnen bei (13).

Aufg. 6.6: Gegeben sind drei trigonometrische Punkte $P_1 := (0,0)$, $P_2 := (-1,9)$ und $P_3 := (4.5, 2)$. Von jedem Punkt P_i aus messen wir die Winkel zwischen der Nordrichtung (y-Richtung) und der Richtung P_iP zu einem gesuchten Punkt P: $\varphi_1 := \frac{\pi}{4}$, $\varphi_2 := \frac{3\pi}{4}$ und $\varphi_3 := 0$. Man ermittele die Koordinaten (x, y) des Punktes P mit kleinster quadratischer Abweichung.

Hinweis: Die Abweichungen (allgemein: $x_i - y\,(t_i, c_1, c_2)$) haben hier die Gestalt

$$\varphi_i - \arctan \frac{x - x_i}{y - y_i} \qquad (i = 1, 2, 3).$$

Man beginne die Iteration mit den Näherungswerten $\tilde{x} := 4$ und $\tilde{y} := 4$.

7. Integration

7.1. *Problemstellung*

In der Integralrechnung wird das bestimmte RIEMANNsche Integral

$$I(x) .= \int_a^b \mathrm{d}t\, x(t) \tag{1}$$

als Grenzwert einer Folge von Näherungssummen definiert. Es existiert insbesondere für jede auf dem Intervall $a \leqq t \leqq b$ erklärte stetige Funktion $x(t)$. Wir bezeichnen wie üblich mit $C[a, b]$ den BANACH-Raum der auf dem abgeschlossenen Intervall $[a, b]$ erklärten stetigen Funktionen, der mit der Maximumnorm (1.2; 13) ausgestattet ist. Durch das Integral $I(x)$ wird jeder stetigen Funktion eine reelle Zahl zugeordnet, d. h., das Integral $I(x)$ ist ein Funktional auf dem Raum $C\,[a, b]$. Es ist überdies linear und beschränkt, also ein stetiges, lineares Funktional auf dem Raum $C\,[a, b]$.

Aufg. 7.1: Man beweise die Formel (vgl. (1.2; 10))

$$\|I\|_\infty .= \sup_{\substack{x(t) \in C[a,b] \\ x(t) \neq 0}} \frac{\left| \int_a^b \mathrm{d}t\, x(t) \right|}{\|x\|_\infty} = b - a \tag{2}$$

für die Funktionalnorm des Integrals $I(x)$ auf dem Raum $C\,[a, b]$.

Das Integral $I(x)$ kann nur für spezielle Funktionen bzw. Funktionenklassen in „geschlossener Form“ ausgewertet werden. In allen anderen Fällen ist man bei der Berechnung auf numerische Verfahren angewiesen. Dazu muß man den Grenzübergang, der zur Definition des Integrals geführt hat, wieder rückgängig machen. Wir approximieren $I(x)$ durch „gewichtete Summen“ von Funktionswerten der Form

$$Q_N(x) .= \sum_{k=0}^{N} q_k^{(N)} x(t_k^{(N)}) \tag{3}$$

mit reellen Gewichten $q_k^{(N)}$ und Stützstellen $t_k^{(N)}$, die in der Anordnung

$$a \leqq t_0^{(N)} < t_1^{(N)} < \cdots < t_N^{(N)} \leqq b \tag{4}$$

gegeben sein sollen. Der Ausdruck $Q_N(x)$ ist ebenfalls ein stetiges, lineares Funktional auf $C\,[a, b]$.

Aufg. 7.2: Man beweise die Formel

$$\|Q_N\|_\infty = \sum_{k=0}^{N} |q_k^{(N)}|. \tag{5}$$

Wir bezeichnen $Q_N(x)$ als *Quadraturformel*[1]), die Terme $x(t_k^{(N)})$ als *Punktfunktionale* und die Differenz

$$R_N(x) .= I(x) - Q_N(x) \tag{6}$$

als *Rest-* oder *Fehlerfunktional.*

In einer Quadraturformel $Q_N(x)$ werden von allen Funktionswerten $x(t)$ nur endlich viele Werte $x(t_k^{(N)})$ ($k = 0, 1, 2, \ldots, N$) berücksichtigt. Man kann nicht erwarten, daß eine Quadraturformel (3) mit festen Stützstellen $t_k^{(N)}$ und festen Gewichten $q_k^{(N)}$ für alle stetigen Funktionen gleich gut geeignet ist. Das kann man auch der Abb. 7.1 entnehmen, wo stetige Funk-

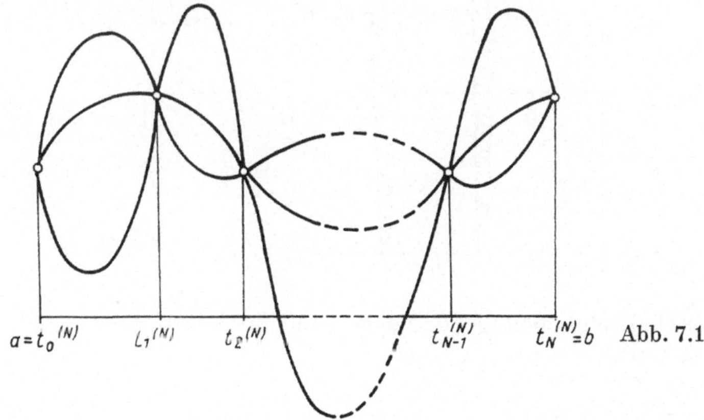

Abb. 7.1

tionen angegeben sind, auf denen $Q_N(x)$ den gleichen Wert annimmt, weil die Werte in den Stützstellen übereinstimmen, aber die Integrale dieser Funktionen unterscheiden sich sehr. Wie wichtig es ist, daß man den Anwendungsbereich einer Quadraturformel (3) geeignet einschränkt, zeigt

---

1) Die Bestimmung des Flächeninhalts krummlinig begrenzter, ebener Flächen, also z. B. die Berechnung des Integrals $\int_a^b x(t)\,dt$, bezeichnet man als Quadratur.

eine allgemeine Abschätzung des Fehlerfunktionals (6) für stetige Funktionen. Wir beweisen die Formel

$$\|R_N\|_\infty = b - a + \sum_{k=0}^{N} |q_k^{(N)}|. \tag{7}$$

Für alle stetigen Funktionen $x(t)$ gilt die Abschätzung

$$|R_N(x)| \leqq \int_a^b dt\,|x(t)| + \sum_{k=0}^{N} |q_k^{(N)}|\,|x(t_k^{(N)})| \leqq \left(b - a + \sum_{k=0}^{N} |q_k^{(N)}|\right) \|x\|_\infty .$$

Daraus folgt, daß die Norm $\|R_N\|_\infty$ nicht größer ist als der Ausdruck in (7). Umgekehrt wählen wir eine stetige Funktion $z(t)$ wie in Abb. 7.2, die in den Stützstellen die Werte

$$z(t_k^{(N)}) = -\|z\|_\infty \operatorname{sign} q_k^{(N)}$$

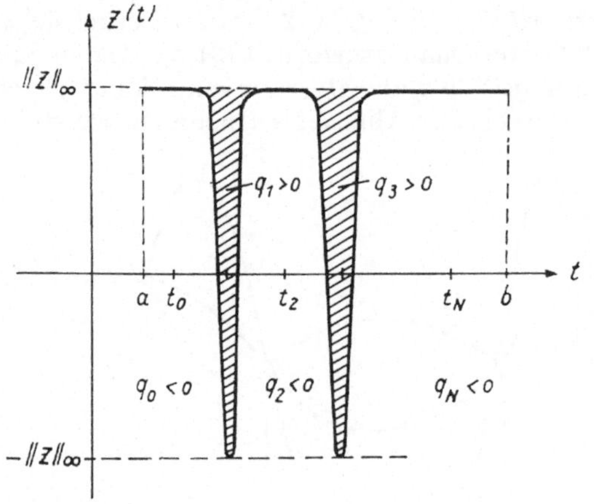

Abb. 7.2

und außerhalb einer genügend kleinen Umgebung $|t - t_k^{(N)}| \geqq \delta$ der Stützstellen $t_k^{(N)}$ den konstanten Wert

$$z(t) = \|z\|_\infty$$

annimmt. Für solche Funktionen $z(t)$ gilt

$$0 \leqq R_N(z) \leqq \left(b - a - \varepsilon + \sum_{k=0}^{N} |q_k^{(N)}|\right) \|z\|_\infty , \tag{8}$$

wobei die positive Zahl ε beliebig klein gehalten werden kann, dadurch, daß die Umgebungen der Stützstellen gegebenenfalls verkleinert werden. Damit ist gezeigt, daß man der in (7) angegebenen Schranke beliebig nahe kommt, d. h., die Formel (7) ist bewiesen. Nehmen wir einmal an, daß die Stützstellen $t_k^{(N)}$ fest vorgegeben sind. Dann suchen wir diejenigen Gewichte $q_k^{(N)}$, für die das Fehlerfunktional am kleinsten wird. Aus der Formel (7) folgt, daß die Gewichte

$$q_0^{(N)} = q_1^{(N)} = \cdots = q_N^{(N)} = 0$$

den kleinsten Fehler liefern, denn für jede Quadraturformel mit von Null verschiedenen Gewichten finden wir stetige Funktionen $z(t)$, auf denen gemäß (8) für genügend kleine ε ein Fehler

$$|R_N(z)| > (b - a) \, \|z\|_\infty$$

angenommen wird. Das bedeutet, daß das Nullfunktional $Q_N(x) = 0$, das auf allen stetigen Funktionen verschwindet, die beste Quadraturformel liefert, wenn alle stetigen Funktionen als Integranden auftreten können. Natürlich ist das Nullfunktional für die numerische Auswertung nicht brauchbar. Aus unseren Betrachtungen folgt aber für die Problemstellung, daß man günstige Quadraturformeln nur für Teilmengen von stetigen Funktionen gewinnen kann. Die Ungleichung (8) zeigt, für welche Funktionen eine vorgegebene Quadraturformel schlechte Näherungswerte liefert. Wenn man die Grenzen der Leistungsfähigkeit einer vorgegebenen Quadraturformel aufdecken will, muß man solche Funktionen $z(t)$ aussuchen, auf denen das Fehlerfunktional (6) maximal (vgl. die Definition (1.2; 11)) oder nahezu maximal ist.

Aufg. 7.3: Das Integral

$$I(x) \mathrel{.=} \int_{-1}^{1} \mathrm{d}t \, x(t)$$

soll durch eine Quadraturformel

$$Q_1(x) \mathrel{.=} q_0 x(-1) + q_1 x(1)$$

approximiert werden. Man bestimme diejenigen Gewichte q_0 und q_1, für die der Fehler auf allen Polynomen dritten Grades am kleinsten wird. Auf welchen Polynomen dritten Grades wird der maximale Fehler angenommen?

Bisher haben wir festgestellt, daß für jede Quadraturformel stetige Funktionen angegeben werden können, auf denen diese Quadraturformel schlechte Näherungswerte liefert. Wir können aber umgekehrt, wenn bestimmte Funktionen vorgegeben sind, die Gewichte und die Stützstellen einer Quadraturformel so festlegen, daß sie auf diesen Funktionen gute Näherungswerte hervorbringt. Natürlich nimmt die Leistungsfähigkeit einer Quadraturformel zu, wenn die Anzahl der Stützstellen erhöht wird. Wir wollen die Anzahl $N + 1$ der Stützstellen fixieren. Dann können wir die

Gewichte $q_k^{(N)}$ $(k = 0, 1, 2, \ldots, N)$ im allgemeinen so bestimmen, daß die entsprechende Quadraturformel für $N + 1$ linear unabhängige Funktionen und ihre Linearkombinationen die exakten Integralwerte liefert. Wir erhalten diese Quadraturformel allgemein als Lösung eines Interpolationsproblems. Wir geben $N + 1$ linear unabhängige Basisfunktionen

$$y_0(t),\, y_1(t), \ldots, y_N(t) \tag{9}$$

vor und stellen die Bedingungen

$$R_N(y_i) = 0 \qquad (i = 0, 1, 2, \ldots, N)\,. \tag{10}$$

Daraus ergibt sich das lineare Gleichungssystem

$$\sum_{k=0}^{N} q_k^{(N)} y_i(t_k^{(N)}) = I(y_i) \qquad (i = 0, 1, 2, \ldots, N) \tag{11}$$

zur Berechnung der Gewichte $q_k^{(N)}$ bei vorgegebenen Stützstellen $t_k^{(N)}$ $(k = 0, 1, 2, \ldots, N)$. Offensichtlich besteht ein enger Zusammenhang mit dem Interpolationsproblem (5.1; 3). Die Koeffizientenmatrizen dieser beiden Gleichungssysteme sind zueinander transponiert $(t_k .= t_k^{(N)})$. Das Gleichungssystem (11) ist genau dann eindeutig lösbar, wenn die HAARsche Determinante (vgl. (5.1; 4))

$$H .= \det \begin{pmatrix} y_0(t_0^{(N)}) & \ldots & y_0(t_N^{(N)}) \\ \vdots & & \vdots \\ y_N(t_0^{(N)}) & \ldots & y_N(t_N^{(N)}) \end{pmatrix} \tag{12}$$

von Null verschieden ist. Mit den Abkürzungen (5.2; 1) für $t_k .= t_k^{(N)}$ erhalten wir die Lösungen

$$q_k^{(N)} = \sum_{i=0}^{N}{}' \, Y_{ki} I(y_i) \qquad (k = 0, 1, 2, \ldots, N)\,. \tag{13}$$

Durch Vergleich mit den Formeln (5.2; 2) und (5.2; 3) ergeben sich die Beziehungen

$$q_k^{(N)} = \int_a^b \mathrm{d}t\, L_k^{(N)}(t) \qquad (k = 0,\, 1,\, 2, \ldots, N) \tag{14}$$

und

$$Q_N(x) = \int_a^b \mathrm{d}t \sum_{k=0}^{N} x(t_k^{(N)})\, L_k^{(N)}(t)\,. \tag{15}$$

Die gesuchte Quadraturformel entsteht also dadurch, daß anstelle der Funktion $x(t)$ die Funktion $y(t)$ gemäß (5.2; 2), die $x(t)$ in den Stützstellen

$t_k^{(N)}$ $(k = 0, 1, 2, \ldots, N)$ interpoliert, integriert wird. Deshalb bezeichnen wir die Quadraturformeln (15) als Interpolationsquadraturen. Für das Fehlerfunktional (6) erhalten wir die Formel

$$R_N(x) = \int_a^b \mathrm{d}t\, [x(t) - y(t)], \tag{16}$$

d. h. das Integral über den Interpolationsfehler.

Damit ergibt sich das folgende allgemeine Schema zur Erzeugung von

Interpolationsquadraturen:

Für $N = 0, 1, 2, \ldots;\ k = 0, 1, 2, \ldots, N$:

$y_k(t)$ (Basisfunktionen),

$t_k^{(N)}$ (Stützstellen),

$L_k^{(N)}(t)$ (Interpolationskoeffizienten, vgl. (5.2; 3)),

$x(t_k^{(N)})$ (Stützwerte),

$y(t) .= \sum_{k=0}^{N} x(t_k^{(N)})\, L_k^{(N)}(t)$ (Interpolationsfunktion),

$q_k^{(N)} .= \int_a^b \mathrm{d}t\, L_k^{(N)}(t)$ (Gewichte),

$Q_N(x) .= \int_a^b \mathrm{d}t\, y(t) = \sum_{k=0}^{N} q_k^{(N)} x(t_k^{(N)})$ (Interpolationsquadratur),

$R_N(x) = \int_a^b \mathrm{d}t\, [x(t) - y(t)]$ (Fehlerfunktional).

Die Interpolationsquadratur (15) liefert nach Konstruktion für alle Funktionen, die als Linearkombination der Basisfunktionen (9) dargestellt werden können, die exakten Integralwerte. Wir stellen die Frage: Gibt es weitere Funktionen, die durch die Interpolationsquadratur (15) „exakt integriert" werden?

Wir können diese Frage allgemein für jede Quadraturformel (3) beantworten. Wir bezeichnen den Raum der Funktionen $y(t)$, die durch eine Quadraturformel (3) exakt integriert werden, als Exaktheitsraum:

$$E(Q_N) .= \{y(t);\ y(t) \in C[a, b],\ R_N(y) = 0\}. \tag{17}$$

Wir nehmen an, daß eine stetige Funktion $z_0(t)$ existiert, die nicht exakt integriert wird, für die also

$$R_N(z_0) \neq 0 \tag{18}$$

gilt. Dann zerlegen wir jede stetige Funktion nach der Formel

$$x(t) = \frac{R_N(x)}{R_N(z_0)} z_0(t) + y(t) \tag{19}$$

in zwei Komponenten. Man prüft leicht nach, daß die Komponente $y(t)$ dem Exaktheitsraum $E(Q_N)$ angehört. Der Exaktheitsraum einer jeden Quadraturformel (3) ist also fast der volle Raum $C[a, b]$, denn er entsteht aus $C[a, b]$ durch Abspaltung eines eindimensionalen Unterraumes.

Mit diesem Ergebnis können wir eine Fehlerabschätzung für Quadraturformeln begründen, in der spezielle Eigenschaften der zu integrierenden Funktion $x(t)$ berücksichtigt werden. Für alle Funktionen $y(t)$ aus dem Exaktheitsraum $E(Q_N)$ gilt die Abschätzung

$$|R_N(x)| = |R_N(x - y)| \leqq \|R_N\|_\infty \, \|x - y\|_\infty . \tag{20}$$

Daraus folgt, daß die Ungleichung (20) auch für den kleinsten Wert

$$D_N(x) .= \inf_{y \in E(Q_N)} \|x - y\|_\infty \tag{21}$$

erfüllt ist. Die Größe $D_N(x)$ ist der Abstand der Funktion $x(t)$ von dem Exaktheitsraum $E(Q_N)$ im Sinne der gleichmäßigen Approximation von $x(t)$ durch Funktionen $y(t)$ aus dem Exaktheitsraum. Wir erhalten die Formel

$$|R_N(x)| \leqq \left(b - a + \sum_{k=0}^{N} |q_k^{(N)}|\right) D_N(x) \tag{22}$$

für alle stetigen Funktionen $x(t)$.

Hieraus gewinnen wir Hinweise für die Auswahl von Quadraturformeln für vorgegebene Integranden. Wir müssen die Stützstellen $t_k^{(N)}$ und die Gewichte $q_k^{(N)}$, $k = 0, 1, 2, \ldots, N$, so festlegen, daß der Maximalwert (7) auf den Integranden $x(t)$ nicht erreicht werden kann und daß die Integranden $x(t)$ möglichst gut durch Funktionen $y(t)$ aus dem Exaktheitsraum approximiert werden. Wir interessieren uns insbesondere für Folgen von Quadraturformeln

$$\{Q_N(x)\} \qquad (N = 0, 1, 2, \ldots) \tag{23}$$

mit steigender Anzahl von Stützstellen, die für alle Funktionen $x(t)$ aus dem Raum $C[a, b]$ die Beziehung

$$\lim_{N \to \infty} Q_N(x) = I(x) \tag{24}$$

erfüllen. Diese Folgen von Quadraturformeln bezeichnen wir als *Quadraturverfahren.*

Aufg. 7.4: Man zeige: Für alle Quadraturformeln (3), die Konstanten exakt integrieren, gilt

$$\sum_{k=0}^{N} q_k^{(N)} = b - a . \tag{25}$$

7.2. *Newton-Cotes-Formeln*

Die einfachsten Interpolationsquadraturen erhält man, wenn man das Integrationsintervall äquidistant unterteilt,

$$t_k^{(N)} = a + kh, \; h := \frac{b-a}{N} \quad (k = 0, 1, 2, \ldots, N), \tag{1}$$

$x(t)$ durch ein LAGRANGEsches Interpolationspolynom $p_N(t)$ (vgl. (5.2; 7)) ersetzt und die allgemeinen Formeln für Interpolationsquadraturen (vgl. Abschnitt 7.1.) auswertet.

Beispielsweise erhalten wir für $N = 1$ mit der Substitution

$$t = a + sh \tag{2}$$

die Werte

$$q_0^{(1)} = \int_a^b \mathrm{d}t \, L_0^{(1)}(t) = h \int_0^1 \mathrm{d}s \, \frac{a + sh - b}{a - b} = h \int_0^1 \mathrm{d}s (1 - s) = \frac{h}{2},$$

$$q_1^{(1)} = \int_a^b \mathrm{d}t \, L_1^{(1)}(t) = h \int_0^1 \mathrm{d}s \, \frac{a + sh - a}{b - a} = h \int_0^1 \mathrm{d}s \, s = \frac{h}{2}.$$

Aufg. 7.5: Man berechne die Gewichte $q_k^{(N)}$ für $N = 2, 3, 4$.

Damit erhalten wir die

NEWTON-COTES-*Quadraturen:*

N	h	a_N	R_N	Bezeichnung
1	$b - a$	$\frac{h}{2} [x(t_0^{(1)}) + x(t_1^{(1)})]$	$-\frac{h^3}{12} x''(\tau)$	Trapezregel
2	$\frac{b-a}{2}$	$\frac{h}{3} [x(t_0^{(2)}) + 4x(t_1^{(2)}) + x(t_2^{(2)})]$	$-\frac{h^5}{90} x^{(4)}(\tau)$	SIMPSON-Regel
3	$\frac{b-a}{3}$	$\frac{3h}{8} [x(t_0^{(3)}) + 3x(t_1^{(3)}) + 3x(t_2^{(3)}) + x(t_3^{(3)})]$	$-\frac{3h^5}{80} x^{(4)}(\tau)$	$\frac{3}{8}$-Regel
4	$\frac{b-a}{4}$	$\frac{2h}{45} [7x(t_0^{(4)}) + 32x(t_1^{(4)}) + 12x(t_2^{(4)}) + 32x(t_3^{(4)}) + 7x(t_4^{(4)})$	$-\frac{8h^7}{945} x^{(6)}$	—

Man kann sie leicht geometrisch interpretieren: Bei der *Trapezregel* wird der Integrand $x(t)$ durch ein Interpolationspolynom 1. Grades, also eine Gerade ersetzt, die durch die Punkte $\big(a, x(a)\big)$ und $\big(b, x(b)\big)$ geht (vgl. Abb. 1.1). Das Integral $I(x)$ wird durch den Trapez-Flächeninhalt

$$Q_1(x) = \frac{b-a}{2}\,[x(a) + x(b)] \tag{3}$$

approximiert. Bei der SIMPSON-*Regel* (oder auch KEPLER*schen Faßregel*) nimmt man den Funktionswert $x(t_1^{(2)}) = x\left(\frac{a+b}{2}\right)$ in der Intervallmitte hinzu, hat also jetzt drei Punkte, durch die eine Parabel gelegt wird. Bei der $\frac{3}{8}$-Regel wird die Funktion $x(t)$ durch ein kubisches Polynom und allgemein bei einer NEWTON-COTES-Formel N-ten Grades durch ein Polynom N-ten Grades ersetzt. Ist $x(t)$ selbst ein Polynom von höchstens N-tem Grade, so stimmt das Interpolationspolynom $y(t)$ mit $x(t)$ überein, und die NEWTON-COTES-Quadratur liefert den exakten Integralwert.

Aufg. 7.6: Mit Hilfe der 4 angegebenen NEWTON-COTES-Formeln integriere man näherungsweise

a) $x(t) = 1, t, t^2, t^3, t^4, t^5$ auf dem Intervall $[0, 1]$,

b) $x(t) = e^t \sin t$ auf dem Intervall $[0, 2]$,

c) $x(t) = \dfrac{1}{1+t^2}$ auf dem Intervall $[-4,4]$,

d) $x(t) = |t|$ auf dem Intervall $[-1,1]$

und vergleiche die Näherungswerte $Q_N(x)$ mit den exakten We rten $I(x)$.

Für $(N+1)$-mal stetig differenzierbare Funktionen $x(t)$ wurde im Abschnitt 5.3. ein Restglied der Polynominterpolation (5.3; 4) hergeleitet. Durch Integration ergibt sich daraus unter Beachtung von (1) und (2) eine Formel für das

Fehlerfunktional der NEWTON-COTES-*Quadratur:*

$$R_N(x) = \int_a^b [x(t) - p_N(t)]\,\mathrm{d}t = \frac{h^{N+2}}{(N+1)!}\int_0^N x^{(N+1)}\big(\tau(a+sh)\big)\prod_{n=0}^{N}(s-n)\,\mathrm{d}s. \tag{4}$$

Für die Trapezregel ($N = 1$) ergibt sich speziell

$$R_1(x) = \frac{h^3}{2} \int_0^1 x''\bigl(\tau(a + sh)\bigr)\, s(s - 1)\, ds.$$

Die Funktion $s(s - 1)$ ist in $[0, 1]$ nicht positiv, also gibt es nach der Erweiterung des 1. Mittelwertsatzes der Integralrechnung (MANGOLDT-KNOPP [1], Band 3, S. 127) einen Zwischenwert $\tau \in [a, b]$, so daß

$$R_1(x) = \frac{h^3}{2}\, x''(\tau) \int_0^N s(s - 1)\, ds = -\frac{h^3}{12}\, x''(\tau)$$

gilt. Die in der Formelzusammenstellung (3) angegebenen Fehlerfunktionale für die höheren NEWTON-COTES-Formeln können in ähnlicher Weise hergeleitet werden (vgl. z. B. WILLERS [1], S. 143). Von der Zwischenstelle τ ist wieder nur bekannt, daß sie im Intervall $[a, b]$ liegt. Um $R_N(x)$ abschätzen zu können, benötigt man wie im Kapitel 5 Normen für die Ableitungen von $x(t)$. Damit erhält man für den Fehler der Trapez- und SIMPSON-Regel

$$|R_1(x)| \leqq \frac{h^3}{12}\, \|x''\|_\infty, \tag{5}$$

$$|R_2(x)| \leqq \frac{h^5}{90}\, \|x^{(4)}\|_\infty. \tag{6}$$

Aufg. 7.7: Man bestimme Fehlerschranken für die in Aufgabe 7.6a), b), c) berechneten Näherungswerte $Q_N(x)$.

Für die Funktion $x(t) = \dfrac{1}{1 + t^2}$ in Aufgabe 7.5c) ist die Bestimmung von Schranken für die höheren Ableitungen sehr aufwendig. Die Funktion $x(t) = |t|$ ist nicht differenzierbar, für sie können die Fehlerformeln nicht verwendet werden.

Wir wollen bei diesen beiden Funktionen die Frage untersuchen: Bekommt man bessere Näherungswerte, wenn man N erhöht? Dazu stellen wir das (durch ein paar Werte ergänzte) Ergebnis der Aufgabe 7.5c) und d) in einer Tabelle zusammen:

	exakt	Q_1	Q_2	Q_3	Q_4	Q_6	Q_8
$\int_{-4}^{4} \frac{dt}{1 + t^2}$	2 arctan 4 = 2.651 ...	0.471	5.490	2.277	2.278	3.329	1,941
$\int_{-1}^{1} \|t\| dt$	1	2	$\frac{2}{3}$	1	$\frac{58}{45}$	...	...

Die Antwort ist negativ. Allgemein gilt (vgl. NATANSON [1], S. 461)

Satz: (P. O. Кузьмин): *Die* NEWTON-COTES-*Formeln konvergieren nicht für jede stetige Funktion $x(t)$ gegen $I(x)$, sind also keine Quadraturverfahren im Sinne der Definition im Abschnitt 7.1.*

Wir wollen dieses Resultat hier nicht beweisen. Es wird verständlich, wenn man an den Satz von FABER (Abschnitt 5.3) denkt, wonach es zu jeder Referenzenfolge, also auch der Folge äquidistanter Unterteilungen von $[a, b]$, stetige Funktionen $x(t)$ gibt, die sich nicht beliebig genau durch Polynome interpolieren lassen (vgl. das BERNSTEINsche Beispiel $x(t) = |t|$).

7.2.1. Zusammengesetzte Newton-Cotes-Formeln

Da die Erhöhung des Grades N des Interpolationspolynoms $p_N(t)$ nicht bei jeder Funktion $x(t)$ die Genauigkeit von $Q_N(x)$ erhöht, unterteilen wir das Gesamtintervall $[a, b]$ in (der Einfachheit halber wieder gleich große) Teilintervalle und wenden in jedem Teilintervall eine NEWTON-COTES-Formel niedrigeren Grades an. Zum Beispiel ergibt sich, wenn wir in jedem Teilintervall $[t_{k-1}, t_k]$ mit

$$t_k .= a + kh, \ h .= \frac{b-a}{N} \qquad (k = 0, 1, \dots, N)$$

die Trapezregel ansetzen, die

zusammengesetzte Trapezregel:

$$Q_N{}^{(1)}(x) = \frac{b-a}{2N} [x_0 + 2x_1 + 2x_2 + \cdots + 2x_{N-1} + x_N]; \ x_k .= x(t_k). \tag{7}$$

Man ersetzt $x(t)$ in jedem Teilintervall durch ein Geradenstück, approximiert $x(t)$ insgesamt auf $[a, b]$ also durch ein Sehnenpolygon (vgl. Abb. 5.3). Für den Quadraturfehler ergibt sich durch N-malige Verwendung des Restglieds der Trapezregel

$$R_N{}^{(1)}(x) = -\frac{\left(\frac{b-a}{N}\right)^3}{12} \sum_{k=1}^{N} x''(\tau_k), \quad \tau_k \in [t_{k-1}, t_k],$$

wobei die Zwischenstellen in den Teilintervallen $[t_{k-1}, t_k]$ mit τ_k bezeichnet werden. Ist $x''(t)$ im Gesamtintervall $[a, b]$ stetig, so gibt es dort eine Zwischenstelle (vgl. Abb. 7.3) mit

$$\sum_{k=1}^{N} x''(\tau_k) = N \cdot x''(\tau_0), \qquad \tau_0 \in [a, b]. \tag{8}$$

Aufg. 7.8: Man beweise die Relation (8).

Damit erhalten wir das folgende

Fehlerfunktional der zusammengesetzten Trapezregel:

$$R_N^{(1)}(x) = -\frac{(b-a)^3}{12} x''(\tau_0) \cdot \frac{1}{N^2}, \quad \tau_0 \in [a, b]. \tag{9}$$

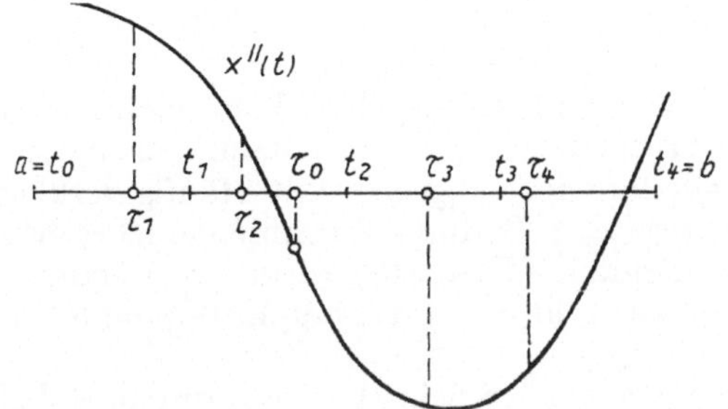

Abb. 7.3

Im nächsten Beispiel wählen wir N geradzahlig und wenden in jedem Doppelintervall $[t_{k-1}, t_{k+1}]$ mit

$$t_k := a + kh, \quad h := \frac{b-a}{N} \quad (k = 1, 3, 5, \ldots, N-1)$$

die SIMPSON-Regel an. Dann ergibt sich die

zusammengesetzte SIMPSON-*Regel:*

$$Q_N^{(2)}(x) = \frac{b-a}{3N} [x_0 + 4x_1 + 2x_2 + 4x_3 + 2x_4 + \cdots + 4x_{N-1} + x_N]. \tag{10}$$

In ähnlicher Weise wie bei der Trapezregel erhält man das

Fehlerfunktional der zusammengesetzten SIMPSON-*Regel:*

$$R_N^{(2)}(x) = -\frac{\left(\frac{b-a}{N}\right)^5}{90} \sum_{\substack{k=1 \\ k \text{ ungerade}}}^{N-1} x^{(4)}(\tau_k) = -\frac{(b-a)^5}{180} x^{(4)}(\tau_0) \frac{1}{N^4}, \quad \tau_0 \in [a, b]. \tag{11}$$

Läßt man in (9) bzw. (11) N gegen Unendlich streben, so gehen $R_N^{(1)}(x)$ und $R_N^{(2)}(x)$ bei beschränktem $x''(t)$ bzw. $x^{(4)}(t)$ gegen Null.

Satz: *Die Folgen der Quadraturformeln* (7) *bzw.* (11) *sind für Funktionen $x \in C^2 [a, b]$ bzw. $x \in C^4 [a, b]$ Quadraturverfahren.*

Aufg. 7.9: a) Man integriere die in Aufgabe 7.5 angegebenen Funktionen $x(t)$ näherungsweise mit Hilfe der zusammengesetzten Trapezregel (7) und der zusammengesetzten SIMPSON-Regel (11) (jeweils mit $N = 4$).

b) Wie groß ist der Quadraturfehler?

c) Wie groß müßte man N wählen, wenn man eine Genauigkeit von $5 \cdot 10^{-6}$ erreichen wollte?

7.2.2. *Romberg-Verfahren*

Mit Hilfe der zusammengesetzten Trapezregel (7) kann man nach dem Satz auf Seite 177 das Integral $I(x)$ beliebig genau approximieren, indem man die Anzahl N der Teilintervalle hinreichend groß wählt. Häufig verkleinert man die Intervallänge h schrittweise, z. B. durch fortlaufende Halbierung. Dann kann man die bereits bekannten Werte $x(t_k)$ wieder verwenden und muß nur jeweils die Funktionswerte in den Intervall-Mittelpunkten zusätzlich berechnen.

Hat man eine Rechnung mit einer Schrittweite h durchgeführt und sie mit der halben Schrittweite $\frac{h}{2}$ wiederholt, so kann man aus den beiden Näherungswerten (unter gewissen Voraussetzungen) einen verbesserten Wert bestimmen. Man extrapoliert, ausgehend von den beiden Gliedern der Folge in Richtung des Grenzwertes der Folge. Dieses Vorgehen wird häufig als RICHARDSON-*Extrapolation* bezeichnet, die Anwendung auf die zusammengesetzte Trapezregel heißt ROMBERG-*Verfahren*. Wir nehmen an, wir wären bei fortgesetzter Intervallhalbierung bereits bis $\frac{N}{2} = 2^n$ $(n = 0, 1, 2, \ldots)$ gekommen und berechnen nach (7) den zugehörigen Näherungswert $Q^{(1)}_{N/2}$. Dann verdoppeln wir die Anzahl der Teilintervalle und bestimmen den zugehörigen Wert $Q_N{}^{(1)}$. Durch Linearkombination von $Q^{(1)}_{N/2}$ und $Q_N{}^{(1)}$ versuchen wir nun, einen verbesserten Näherungswert $Q_N{}^{(2)}$ zu erhalten:

$$Q_N{}^{(2)}(x) = cQ^{(1)}_{N/2}(x) + dQ_N{}^{(1)}(x). \tag{12}$$

Wir stellen folgende Forderungen zur Bestimmung der Koeffizienten c und d:

a) Der Exaktheitsraum $E(Q_N{}^{(2)})$ soll die Exaktheitsräume $E(Q^{(1)}_{N/2})$ und $E(Q_N{}^{(1)})$ enthalten, d. h., aus

$$Q^{(1)}_{N/2}(y) = I(y) \quad \text{und} \quad Q_N{}^{(1)}(y) = I(y)$$

soll

$$Q_N{}^{(2)}(y) = I(y)$$

folgen. Daraus resultiert die Bedingung

$$Q_N{}^{(2)}(y) = cQ^{(1)}_{N/2}(y) + dQ_N{}^{(1)}(y) = (c + d)\, I(y) = I(y),$$

also

$$c + d = 1. \tag{13}$$

b) Die neue Quadraturformel $Q_N^{(2)}(x)$ soll noch für stückweise quadratische Funktionen exakt integrieren. Dazu betrachten wir das Fehlerfunktional

$$\begin{aligned} R_N^{(2)}(x) &.= I(x) - Q_N^{(2)}(x) = (c + d)\, I(x) - Q_N^{(2)}(x) \\ &= c[I(x) - Q_{N/2}^{(1)}(x)] + d[I(x) - Q_N^{(1)}(x)] \\ &= cR_{N/2}^{(1)}(x) + dR_N^{(1)}(x). \end{aligned}$$

Wir setzen die Formel (9) ein und erhalten

$$R_N^{(2)}(x) = -\frac{(b-a)^3}{12\left(\frac{N}{2}\right)^2}\left[cx''(\tau_0^{(N/2)}) + \frac{d}{4}\, x''(\tau_0^{(N)})\right],$$

wobei die Zwischenstellen $\tau_0^{(N/2)}$ und $\tau_0^{(N)}$ den entsprechenden Formeln zugeordnet sind. Wir fordern

$$c + \frac{d}{4} = 0. \tag{14}$$

Daraus ergibt sich in Verbindung mit (13)

$$c = -\frac{1}{3},\ d = \frac{4}{3}. \tag{15}$$

Damit bekommt das Restglied die Gestalt

$$R_N^{(2)}(x) = \frac{(b-a)^3}{3N^2}\,\frac{1}{3}\,[x''(\tau_0^{(N/2)}) - x''(\tau_0^{(N)})].$$

Nach dem Mittelwertsatz der Differentialrechnung gibt es, falls $x''(t)$ differenzierbar ist, eine Zwischenstelle τ_0 zwischen $\tau_0^{(N/2)}$ und $\tau_0^{(N)}$, so daß

$$x''(\tau_0^{(N/2)}) - x''(\tau_0^{(N)}) = (\tau_0^{(N/2)} - \tau_0^{(N)})\, x'''(\tau_0)$$

gilt, woraus sich schließlich

$$R_N^{(2)}(x) = \frac{(b-a)^3}{9N^2}\,(\tau_0^{(N/2)} - \tau_0^{(N)})\, x'''(\tau_0) \tag{16}$$

ergibt. Für stückweise quadratische Funktionen ist $x'''(t) = 0$, identisch in t, und folglich $R_N^{(2)}(x) = 0$. Die Forderung b) ist also erfüllt.

Aufg. 7.10: Man zeige, daß die Quadraturformel (12) mit den Konstanten (15) auch noch Polynome 3. Grades exakt integriert.

Hinweis: Es genügt, durch Einsetzen zu bestätigen, daß die Potenz $x(t) = t^3$ exakt integriert wird.

Wir bestimmen noch die explizite Gestalt der durch (12) und (15) rekursiv definierten neuen Quadraturformel $Q_N{}^{(2)}(x)$. Nach (7) ist, wenn man die $\frac{N}{2} + 1$ Stützstellen von $Q^{(1)}_{N/2}(x)$ mit geraden Indizes $0, 2, 4, \ldots, N$ bezeichnet (vgl. Abb. 7.4) und mit $c = -\frac{1}{3}$ multipliziert,

$$-\frac{1}{3}\,Q^{(1)}_{N/2}(x) = \frac{b-a}{3N}\,[-x_0 - 2x_2 - 2x_4 - \cdots - 2x_{N-2} - x_N].$$

Addiert man dazu $\frac{4}{3}\,Q_N{}^{(1)}$, so ergibt sich für $Q_N{}^{(2)}(x)$ nichts anderes als die bereits bekannte zusammengesetzte SIMPSON-Formel (10). Durch Linearkombination der beiden Quadraturformeln $Q^{(1)}_{N/2}(x)$ und $Q_N{}^{(1)}(x)$, die stück-

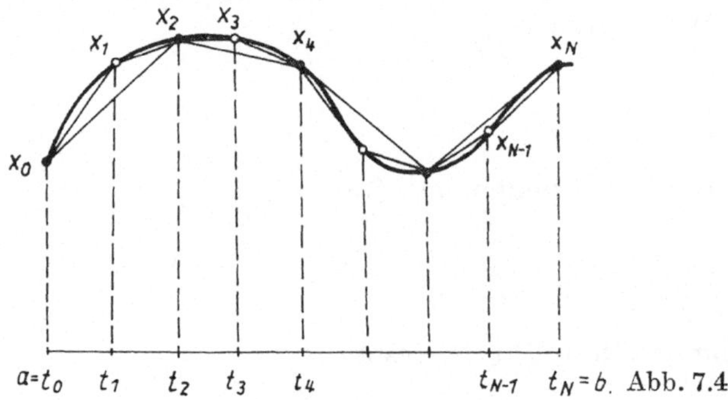

Abb. 7.4

weise lineare Funktionen exakt integrieren, bekommt man eine Quadraturformel $Q_N{}^{(2)}(x)$, die noch Funktionen exakt integriert, die in den Teilintervallen $[t_{k-1}, t_{k+1}]$ Polynome dritten Grades sind. Denn da $Q_N{}^{(2)}(x)$ mit der SIMPSON-Formel (10) identisch ist, gilt für $R_N{}^{(2)}(x)$ statt (16) die (für Fehlerabschätzungen günstigere) Darstellung (11), aus der $R_N{}^{(1)}(x) = 0$ für Funktionen mit identisch verschwindender vierter Ableitung folgt. Damit ist die Aussage von Aufgabe 7.9 noch einmal auf andere Weise bewiesen.

Man kann das Vorgehen mit den SIMPSON-Formeln wiederholen. Wir setzen

$$Q_N{}^{(3)}(x) = c\,Q^{(2)}_{N/2}(x) + d\,Q_N{}^{(2)}(x) \qquad (12')$$

und erhalten aus der Forderung a) wieder die Bedingung (13). Die Forderung b) lautet jetzt: $Q_N{}^{(3)}(x)$ soll auch noch Polynome vierten Grades exakt integrieren. Für das Restglied gilt analog zu (12′)

$$R_N{}^{(3)}(x) = cR^{(2)}_{N/2}(x) + dR_N{}^{(2)}(x)$$

und mit (11)

$$R_N{}^{(3)}(x) = -\frac{(b-a)^5}{180}\frac{1}{\left(\frac{N}{2}\right)^4}\left[cx^{(4)}(\tau_0{}^{(N/2)}) + \frac{d}{16}\,x^{(4)}\,(\tau_0{}^{(N)})\right].$$

Wir verlangen deshalb jetzt $c + \frac{d}{16} = 0$, woraus sich zusammen mit (13)

$$c = -\frac{1}{15},\quad d = \frac{16}{15} \tag{15′}$$

ergibt und damit

$$R_N{}^{(3)}(x) = \frac{(b-a)}{180}\frac{1}{\left(\frac{N}{2}\right)^4}\frac{1}{15}\,(\tau_0{}^{(N/2)} - \tau_0{}^{(N)})\,x^{(5)}(\tau_0). \tag{16′}$$

Die Forderung b) ist also erfüllt. Wieder integriert die linear kombinierte Quadraturformel auch noch die nächsthöhere (also jetzt fünfte) Potenz von t exakt, wie man durch Einsetzen nachprüfen kann. Wir wollen das Verfahren nicht fortsetzen, stellen aber abschließend die hergeleiteten Formeln in einer Tabelle zusammen.

h	Trapezformeln exakt bis t^1	Simpson-Formeln exakt bis t^3	exakt bis t^5
$b-a$	$Q_1{}^{(1)}$		
$\frac{b-a}{2}$	$Q_2{}^{(1)}$	$Q_2{}^{(2)} = Q_2{}^{(1)} + \frac{1}{3}(Q_2{}^{(1)} - Q_1{}^{(1)})$	
$\frac{b-a}{4}$	$Q_4{}^{(1)}$	$Q_4{}^{(2)} = Q_4{}^{(1)} + \frac{1}{3}(Q_4{}^{(1)} - Q_2{}^{(1)})$	$Q_4{}^{(3)} = Q_4{}^{(2)} + \frac{1}{15}(Q_4{}^{(2)} - Q_2{}^{(2)})$
.	...	...	...

Daraus schließt man auf das folgende allgemeine Bildungsgesetz für das

Romberg-*Quadraturverfahren:*

$$Q_N{}^{(k+1)}(x) = Q_N{}^{(k)} + \frac{1}{4^k - 1}\,[Q_N{}^{(k)}(x) - Q^{(k)}_{N/2}(x)];\quad k = 1, 2, \ldots, L;\quad N = 2^L. \tag{17}$$

Den Beweis findet man z. B. bei Stiefel [2].

Die für die Rekursion (17) benötigten Ausgangswerte $Q_N^{(1)}$, $N = 2^0, 2^1, 2^2$, berechnet man am besten rekursiv (vgl. STIEFEL [1], S. 131). Wir nehmen an, es sei $Q^{N/2}(x)$ aus den (wieder mit geraden Indizes bezeichneten) Stützwerten

$$x_{2m} = x(a + 2mh), \quad h .= \frac{b-a}{N} \quad \left(m = 0, 1, \ldots, \frac{N}{2}\right)$$

nach Formel (7) bereits berechnet:

$$Q_{N/2}^{(1)}(x) = \frac{b-a}{N}\,[x_0 + 2x_2 + 2x_4 + \cdots + 2x_{N-2} + x_N].$$

Um $Q_N^{(1)}(x)$ zu erhalten, müssen wir offenbar den Ausdruck

$$A_N .= (b-a)\,\frac{2}{N}\,(x_1 + x_3 + x_5 + \cdots + x_{N-1})$$

zu $Q_{N/2}^{(1)}$ addieren und die Summe halbieren. Damit erhält man die auch als selbständiges Quadraturverfahren verwendbare

Trapezregel mit Intervallhalbierung:

$$Q_1^{(1)} = \frac{b-a}{2}\big(x(a) + x(b)\big) \quad \text{(einfache Trapezregel)},$$

$$N = 2^1, 2^2, \ldots \quad \text{(Anzahl der Teilintervalle)},$$

$$h = \frac{b-a}{N} \quad \text{(Schrittweite)}, \tag{18}$$

$$A_N = 2h \sum_{m=0}^{N/2-1} x\big(a + (2m+1)h\big) \quad \text{(„Mittel" der neu hinzukommenden Werte)},$$

$$Q_N^{(1)} = \frac{1}{2}\,(Q_{N/2}^{(1)} + A_N) \quad \text{(zusammengesetzte Trapezregel)}.$$

Als Beispiel integrieren wir $x(t) = t^5$ auf dem Intervall [0,1] mit (17), (18)

N	h	A_N	$Q_N^{(1)}$	$Q_N^{(2)}$	$Q_N^{(3)}$
1	1	–	$\frac{1}{2}$	–	–
2	$\frac{1}{2}$	$\frac{1}{32}$	$\frac{17}{64}$	$\frac{3}{16}$	–
4	$\frac{1}{4}$	$\frac{61}{512}$	$\frac{197}{1024}$	$\frac{43}{256}$	$\frac{1}{6}$

Bereits mit 5 Stützstellen erhält man den exakten Wert $Q_4^{(3)}(t^5) = I(t^5) = \frac{1}{6}$. Bei einfacher Intervallhalbierung ohne ROMBERG-Verbesserungen bekäme man als nächste Näherung $Q_8^{(1)}(t^5) = 0.173\ldots$ statt des exakten Wertes $0.166\ldots$, und selbst für $N = 16$ liefert das Restglied (9) noch eine Fehlerschranke von

$$|R_{16}^{(1)}(t^5)| \leqq \frac{5}{3 \cdot 2^8} = 0.0065\ldots.$$

Da man den Rechenaufwand einer Quadraturformel nach der Anzahl der benötigten Funktionswerte mißt, ergibt sich eine große Überlegenheit der ROMBERG-Quadratur gegenüber der einfachen Intervallhalbierung.

Aufg. 7.11: Man stelle einen Programmablaufplan für das ROMBERG-Verfahren auf.

Aufg. 7.12: Man berechne π durch Integration von $\pi = \int\limits_0^1 \frac{4dt}{1+t^2}$ mit Hilfe des ROMBERG-Verfahrens (vgl. STIEFEL [1], S. 221).

7.3. *Gauß-Quadraturen*

Wir werden jetzt meistens das Intervall $[-1, 1]$ zugrunde legen. Das ist keine wesentliche Einschränkung.

Aufg. 7.13: Man zeige, daß jedes endliche Intervall $a \leqq s \leqq b$ durch die Transformation

$$s := \frac{a+b}{2} + \frac{b-a}{2}\, t \qquad (1)$$

auf das Intervall $-1 \leqq t \leqq 1$ zurückgeführt werden kann.

Die NEWTON-COTES-Formel $Q_N(x)$ integriert Polynome bis zum Grad N exakt. Ist das schon das Höchste, was man mit $N + 1$ Stützstellen erreichen kann? Wenn man in der Quadraturformel (7.1; 3) nicht nur die Gewichte $q_k^{(N)}$, sondern auch die Stützstellen $t_k^{(N)}$ als unbekannte Größen ansieht (sie also nicht mehr als äquidistant fest vorgibt), enthält diese Formel $2N + 2$ Parameter. Durch ebensoviele Koeffizienten wird ein Polynom $(2N + 1)$-ten Grades bestimmt. GAUSS forderte deshalb: Man bestimme die $2N + 2$ Größen $q_k^{(N)}$ und $t_k^{(N)}$ $(k = 0, 1, \ldots, N)$ so daß die Formel (7.1; 3) Polynome bis zum Grade $2N + 1$ exakt integriert, d. h.

$$Q_N(x) = I(x) \qquad (2)$$

für alle $x \in P_{2N+1}$, wobei P_{2N+1} die Menge aller Polynome von höchstens $(2N + 1)$-tem Grade bezeichnet. Als Beispiel betrachten wir den Fall

$N = 1$, also die Quadraturformel

$$Q_1(x) = q_0 x(t_0) + q_1 x(t_1).$$

Sie soll Polynome bis zum dritten Grad exakt integrieren, speziell also die Potenzen $x(t) = t^0, t^1, t^2, t^3$. Die GAUSSsche Forderung besagt

$$\begin{aligned} Q_1(1) &= I(1) = q_0 + q_1 = 2, \\ Q_1(t) &= I(t) = q_0 t_0 + q_1 t_1 = 0, \\ Q_1(t^2) &= I(t^2) = q_0 t_0^2 + q_1 t_1^2 = \frac{2}{3}, \\ Q_1(t^3) &= I(t^3) = q_0 t_0^3 + q_1 t_1^3 = 0. \end{aligned} \tag{3}$$

Die Lösung dieses nichtlinearen Gleichungssystems ist

$$q_0 = q_1 = 1, \quad -t_0 = t_1 = \sqrt{\frac{1}{3}} = 0.5773\ldots. \tag{4}$$

Man erhält die

GAUSS-LEGENDRE*sche Quadraturformel*[1]) *für* $N = 1$:

$$Q_1(x) = x\left(-\sqrt{\frac{1}{3}}\right) + x\left(\sqrt{\frac{1}{3}}\right), \; R_1(x) = \frac{x^{(4)}(\tau_0)}{135}, \; -1 \leqq \tau_0 \leqq 1. \tag{5}$$

Daraus ergibt sich für den Quadraturfehler die Abschätzung

$$|R_1(x)| \leqq \frac{1}{135} \|x^{(4)}\|_\infty. \tag{6}$$

Man erreicht also mit den zwei Stützstellen $t_{0,1} = \mp \sqrt{\frac{1}{3}}$ eine größere Genauigkeit als mit den drei Stützstellen $t_{0,2} = \mp 1, t_1 = 0$ der SIMPSON-Regel (vgl. (7.2; 3) und (7.2; 6)).

Aufg. 7.14: Man schreibe die GAUSS-LEGENDREsche Quadraturformel (5) für ein allgemeines Integrationsintervall $[a, b]$ auf (vgl. Aufg. 7.13).

Aufg. 7.15: Man berechne $\int_{-1}^{1} dt \sin t$ näherungsweise mit Hilfe von (5) und schätze den Quadraturfehler ab.

[1]) Die Herleitung des Restglieds findet man z. B. bei WILLERS [1].

Für $N > 1$ ist das nichtlineare Gleichungssystem für die Stützstellen und Gewichte schwieriger aufzulösen. Wir gehen deshalb einen anderen Weg. Gleichzeitig wollen wir die Problèmstellung etwas verallgemeinern. Statt des Integrals (7.1; 1) betrachten wir jetzt

$$I(x) = \int_a^b \mathrm{d}t\, \omega(t)\, x(t) \tag{7}$$

und versuchen wie bisher, das Integral durch eine Quadraturformel (7.1; 3) anzunähern. Die Gewichtsfunktion $\omega(t)$ soll (vgl. das allgemeine Skalarprodukt im Kapitel 6) höchstens in einzelnen Punkten des Integrationsintervalls[1]) verschwinden und sonst ein einheitliches Vorzeichen haben. Man spaltet also von dem Integranden einen Faktor $\omega(t)$ ab und braucht dann nur von dem verbleibenden Faktor $x(t)$ die Funktionswerte für die Quadraturformel bzw. die Ableitungen für das Restglied zu berechnen. Der Faktor $\omega(t)$ beeinflußt die Gewichte q_k. Wir ersetzen $x(t)$ in (7) wieder durch ein Lagrangesches Interpolationspolynom N-ten Grades und erhalten

$$Q_N(x) .= \int_a^b \mathrm{d}t\, \omega(t) \left(\sum_{k=0}^{N} x(t_k^{(N)})\, L_k^{(N)}(t) \right) = \sum_{k=0}^{N} q_k^{(N)}\, x(t_k^{(N)}) \tag{8}$$

mit

$$q_k^{(N)} .= \int_a^b \mathrm{d}t\, \omega(t)\, L_k^{(N)}(t) \qquad (k = 0, 1, \ldots, N)\,. \tag{9}$$

Wir beweisen den folgenden

Satz: *Die Quadraturformel* (8) *ist genau dann für alle Polynome* $(2N + 1)$*-ten Grades exakt, wenn die Stützstellen* $t_k^{(N)}$ $(k = 0, 1, 2, \ldots, N)$ *die Bedingung*

$$\int_a^b \mathrm{d}t\, \omega(t)\, (t - t_0^{(N)})\, (t - t_1^{(N)}) \ldots (t - t_n^{(N)})\, z(t) = 0 \tag{10}$$

für alle Polynome $z(t)$ N*-ten Grades erfüllen.*

Die Stützstellen müssen also so gewählt werden, daß das Polynom $(N + 1)$-ten Grades

$$w(t) .= \prod_{k=0}^{N} (t - t_k^{(N)}) \tag{11}$$

---

[1]) Die genaue Voraussetzung heißt: $\omega(t) = 0$ höchstens auf einer Menge vom Maß Null.

auf allen Polynomen N-ten Grades mit dem Gewicht $\omega(t)$ orthogonal ist. Mit anderen Worten: Die GAUSSschen Stützstellen sind Nullstellen orthogonaler Polynome.

Beweis: Wir zeigen zunächst, daß (10) notwendig ist, d. h., aus (2) folgt (10).

Wegen $w \in P_{N+1}$ und $z \in P_N$ ist das Produkt $wz \in P_{2N+1}$ und wird folglich durch Q_N exakt integriert:

$$\int_a^b dt\, \omega(t)\, w(t)\, z(t) = \sum_{k=0}^{N} q_k^{(N)}\, w(t_k^{(N)})\, z(t_k^{(N)}).$$

Die Summe ist aber gleich Null, da das Produkt $w(t_k^{(N)})$ für jedes k verschwindet. Also gilt (10).

Zum Beweis der Hinlänglichkeit dividieren wir ein beliebig vorgegebenes Polynom $x \in P_{2N+1}$ durch w,

$$x(t) = w(t)\, z(t) + y(t), \quad z \in P_N, \quad y \in P_{N-1}, \tag{12}$$

und integrieren:

$$I(x) = I(wz + y) = I(wz) + I(y).$$

Das Integral $I(wz)$ verschwindet wegen (10) für jedes $z \in P_N$. Das Restpolynom $y(t)$ ist von niedrigerem als N-tem Grade, wird also durch ein LAGRANGEsches Interpolationspolynom N-ten Grades exakt interpoliert und folglich durch (8) exakt integriert:

$$I(y) = Q_N(y) = \sum_{k=0}^{N} q_k^{(N)}\, y(t_k^{(N)}).$$

Wegen $w(t_k^{(N)}) = 0$ folgt aus (12)

$$y(t_k^{(N)}) = x(t_k^{(N)}),$$

so daß sich schließlich

$$I(x) = \sum_{k=0}^{N} q_k^{(N)}\, x(t_k^{(N)}) = Q_N(x)$$

ergibt.

Im Kapitel 6 wurden verschiedene Klassen orthogonaler Polynome mit dem zugehörigen Integrationsintervall und der zugehörigen Gewichtsfunktion $\omega(t)$ angegeben.

Wir benötigen hier die Nullstellen, die man z. B. bei KARMASINA [1], JAHNKE-EMDE [1] findet. Diese Nullstellen sind als Stützstellen für die

Gaussschen Quadraturen zu nehmen. Die zugehörigen Gewichte werden aus (9) berechnet. Wir geben hier eine Zusammenstellung der Stützstellen, Gewichte und Fehlerfunktionale (vgl. Ralston [1], S. 89, 95, 97):

N	$t_k^{(N)}$	$q_k^{(N)}$	Erläuterungen
1	$\mp 0.57735\ldots$	1.0	Gauss-Legendre-Quadratur
2	0.0	$0.88888\ldots$	Integrationsintervall $[-1, 1]$
	$\mp 0.77459\ldots$	$0.55555\ldots$	Gewichtsfunktion $\omega(t) .= 1$
3	$\mp 0.33998\ldots$	0.65214	$R_N(x) = \dfrac{2^{2N+3}\,[(N+1)!]^4}{(2N+3)\,[(2N+2)!]^3}\, x^{(2N+2)}(\tau)$
	$\mp 0.86113\ldots$	0.34785	$\tau \in [-1, 1]$
1	$\mp \cos \dfrac{\pi}{4}$	$\dfrac{\pi}{2}$	Gauss-Tschebyschew-Quadratur
2	0.0	$\dfrac{\pi}{3}$	Integrationsintervall $[-1, 1]$
	$\mp \cos \dfrac{\pi}{6}$		Gewichtsfunktion $\omega(t) .= \dfrac{1}{\sqrt{1-t^2}}$
3	$\mp \cos \dfrac{3\pi}{8}$	$\dfrac{\pi}{4}$	$R_N(x) = \dfrac{\pi}{2^{2N+1}\,(2N+2)!}\, x^{(2N+2)}(\tau)$
	$\mp \cos \dfrac{\pi}{8}$		$\tau \in [-1, 1]$
1	$0.58578\ldots$	$0.85355\ldots$	Gauss-Laguerre-Quadratur
	$3.41421\ldots$	$0.14644\ldots$	
2	$0.41577\ldots$	$0.71109\ldots$	Integrationsintervall $[0, \infty)$
	$2.29428\ldots$	$0.27851\ldots$	Gewichtsfunktion $\omega(t) .= e^{-t}$
	$6.28994\ldots$	$0.01038\ldots$	
3	$0.32254\ldots$	$0.60315\ldots$	$R_N(x) = \dfrac{[(N+1)!]^2}{(2N+2)!}\, x^{(2N+2)}(\tau),\ \tau \in (0, \infty)$
	$1.74576\ldots$	$0.35741\ldots$	
	$4.53662\ldots$	$0.38888\ldots$	
	$9.39507\ldots$	$0.00053\ldots$	
1	$\mp 0.70710\ldots$	$0.88622\ldots$	Gauss-Hermite-Quadratur
2	0.0	$1.18163\ldots$	Integrationsintervall $(-\infty, \infty)$
	$\mp 1.22474\ldots$	$0.29540\ldots$	
3	$\mp 0.52464\ldots$	$0.80491\ldots$	Gewichtsfunktion $\omega(t) .= e^{-\frac{1}{2}t^2}$
	$\mp 1.65068\ldots$	$0.08131\ldots$	$R_N(x) = \dfrac{\sqrt{\pi}\,(N+1)!}{2^{N+1}\,(2N+2)!}\, x^{(2N+2)}(\tau),\ \tau \in (-\infty, \infty)$

Aus den angegebenen Restgliedern ist abzulesen: Für Funktionen $x(t)$ mit beschränkten Ableitungen beliebig hoher Ordnung geht $R_N(x)$ für $N \to \infty$ gegen Null. Es läßt sich zeigen, daß das sogar für beliebige stetige Funktionen gilt (vgl. NATANSON [1], S. 439):

Satz (STIELTJES): *Jede Folge von* GAUSS*schen Quadraturformeln* $Q_N(x)$ *strebt für jede Funktion* $x(t) \in C[a, b]$ *bei wachsendem* N *gegen den Integralwert*

$$I(x) = \int_a^b \mathrm{d}t\, \omega(t)\, x(t).$$

Das heißt, jede Folge von GAUSSschen Quadraturformeln ist ein Quadraturverfahren im Sinne der Definition im Abschnitt 7.1.

Aufg. 7.16: Es seien eine Quadraturformel $Q_N{}^{[-1,1]}(x)$ der Gestalt (8) und eine Restgliedformel der Gestalt

$$R_N{}^{[-1,1]}(x) = Cx^{(2N+2)}(\tau), \qquad \tau \in [-1, 1], \qquad C = \text{const},$$

für das Integrationsintervall $[-1, 1]$ vorgegeben. Man zeige: Mit Hilfe der Transformation (1) ergibt sich für ein beliebiges endliches Integrationsintervall $[a, b]$

$$Q_N{}^{[a,b]}(x) = \frac{b-a}{2} \sum_{k=0}^{N} q_k{}^{(N)}\, x\left(\frac{a+b}{2} + \frac{b-a}{2}\, t_k{}^{(N)}\right),$$

$$R_N{}^{[a,b]}(x) = C\left(\frac{b-a}{2}\right)^{2N+3} x^{(2N+2)}(\sigma), \qquad \sigma \in [a, b].$$

Aufg. 7.17: Man integriere die in Aufgabe 7.5 angegebenen Funktionen näherungsweise mit Hilfe der ersten GAUSS-LEGENDRE-Formel, schätze für die differenzierbaren Integranden den Quadraturfehler ab und vergleiche die Resultate mit den exakten Werten.

Aufg. 7.18: Man berechne die Integrale

$$I(x) = \int_0^\infty \mathrm{d}t\, \mathrm{e}^{-t}\, x(t) \quad \text{und} \quad J(x) = \int_{-\infty}^{+\infty} \mathrm{d}t\, \mathrm{e}^{-\frac{t^2}{2}}\, x(t)$$

für die Funktionen $x(t) = t$, $\sin t$, $\cos t$ näherungsweise durch die ersten GAUSS-LAGUERRE- bzw. GAUSS-HERMITE-Formeln und schätze den Quadraturfehler ab.

7.4. Intervall-Quadraturen

Zur Interpolation des Integranden in (7.1; 1) verwenden wir jetzt die in 5.4 erklärten Intervallfunktionen. Dazu teilen wir das Integrationsintervall $[a, b]$ in N (der Einfachheit halber gleich große) Teilintervalle $[t_{k-1}, t_k]$

$(k = 1, 2, \ldots, N)$ der Länge

$$h := t_k - t_{k-1} = \frac{b-a}{N}.$$

Aufg. 7.19: Man zeige: Interpoliert man $x(t)$ mit Hilfe von (5.4; 3) intervallweise linear, so ergibt sich die zusammengesetzte Trapezregel (7.2; 7).

Benutzt man die intervallweise HERMITE-Interpolation (5.4; 5), so ergibt sich

$$\begin{aligned} Q_N(x) &= \int_a^b dt\, y(t) = \int_{t_0}^{t_N} dt \sum_{k=1}^{N} [x_{k-1}\psi_{0k}(t) + x_k\overline{\psi}_{0k}(t) \\ &\quad + x'_{k-1}\psi_{1k}(t) + x_k{}'\overline{\psi}_{1k}(t)] \\ &= \sum_{k=1}^{N} \left[x_{k-1} \int_{t_{k-1}}^{t_k} dt\, \psi_{0k}(t) + x_k \int_{t_{k-1}}^{t_k} dt\, \overline{\psi}_{0k}(t) \right. \\ &\quad \left. + x'_{k-1} \int_{t_{k-1}}^{t_k} dt\, \psi_{1k}(t) + x_k{}' \int_{t_{k-1}}^{t_k} dt\, \overline{\psi}_{1k}(t) \right] \\ &= \sum_{k=1}^{N} \left[\frac{h}{2}(x_{k-1} + x_k) + \frac{h^2}{12}(x'_{k-1} - x_k{}') \right], \end{aligned} \tag{1}$$

denn wegen (5.4; 7) gilt

$$\int_{t_{k-1}}^{t_k} dt\, \psi_{0k}(t) = h \int_0^1 ds\, \psi_{0k}(t_{k-1} + sh) = h \int_0^1 ds\, (1 - 3s^2 + 2s^3) = \frac{h}{2}.$$

Aufg. 7.20: Man berechne die Integrale der Intervallfunktionen $\overline{\psi}_{0k}$, ψ_{1k} und $\overline{\psi}_{1,k}$.

Aus der letzten Summe in (1) erhalten wir die

verbesserte Trapezregel:

$$\begin{aligned} Q_N(x) &= \frac{b-a}{2N}[x_0 + 2x_1 + 2x_2 + \cdots + 2x_{N-1} + x_N] \\ &\quad + \frac{(b-a)^2}{12N^2}(x_0{}' - x_N{}'). \end{aligned} \tag{2}$$

Die Werte $x_k{}' = x'(t_k)$ in den inneren Punkten $(k = 1, 2, \ldots, N-1)$ heben sich heraus. Man braucht also lediglich die Ableitung des Integranden im Anfangs- und Endpunkt zu berechnen. Die Fehlerabschätzung zeigt, daß sich dadurch eine wesentliche Verbesserung der Trapezregel ergibt: Wegen

(5.4; 11) gilt in jedem Teilintervall $[t_{k-1}, t_k]$

$$R_N^{[t_{k-1},t_k]}(x) = \int_{t_{k-1}}^{t_k} \mathrm{d}t\,[x(t) - y(t)] = \int_{t_{k-1}}^{t_k} \mathrm{d}t\,\frac{x^{(4)}(\tau(t))}{4!}\,(t - t_{k-1})^2(t - t_k)^2$$

und weiter mit $t = t_{k-1} + sh$ und der bereits in 7.2 benutzten Erweiterung des ersten Mittelwertsatzes der Integralrechnung

$$R_N^{[t_{k-1},t_k]}(x) = \frac{h^5 x^{(4)}(\tau_k)}{4!} \int_0^1 s^2(s - 1)^2\,\mathrm{d}s = \frac{h^5 x^{(4)}(\tau_k)}{30 \cdot 4!}, \quad \tau_k \in [t_{k-1}, t_k].$$

Addiert man die Restformeln der Teilintervalle und setzt analog zu (7.2; 8)

$$\sum_{k=1}^{N} x^{(4)}(\tau_k) = N x^{(4)}(\tau_0), \qquad \tau_0 \in [a, b], \tag{3}$$

so folgt schließlich mit $h .= (b - a)/N$ das

Fehlerfunktional der verbesserten Trapezregel:

$$R_N(x) = \frac{(b - a)^5}{720\,N^4}\,x^{(4)}(\tau_0), \qquad \tau_0 \in [a, b]. \tag{4}$$

Es liefert eine viermal kleinere Fehlerschranke als die zusammengesetzte Simpson-Regel (7.2; 10) mit dem Restglied (7.2; 11). Läßt man in (4) N gegen Unendlich gehen, so folgt der

Satz: *Für Funktionen $x \in C^4[a, b]$ ist die Folge der Quadraturformeln* (2) *ein Quadraturverfahren.*

Aufg. 7.21: Man integriere die in Aufg. 7.5a), b), c) angegebenen Funktionen näherungsweise mit Hilfe der verbesserten Trapezregel ($N = 4$) und schätze den Quadraturfehler ab.

7.5. *Vergleich der Quadraturverfahren*

Im Abschnitt 7.1. haben wir dargelegt, daß es keine Quadraturformel gibt, die für alle Zwecke gleich gut geeignet ist. Wir geben ein paar Hinweise für die Auswahl von Quadraturformeln. Ist ein Integrand nur in diskreten Punkten bekannt, liegt er also nur in Form einer Tabelle vor, so wird man eine Newton-Cotes-Formel wählen. Die für die Gauss-Formeln benötigten Stützwerte müßten interpoliert werden, wodurch ein zusätzlicher Fehler auftreten würde. Liegt dagegen ein analytischer Ausdruck für $x(t)$ vor und hat man einen Rechenautomaten zur Verfügung, so kann man die Gauss-Formeln verwenden. Sie liefern bei gleicher Stützstellenzahl genauere Werte, falls die Ableitungen mit wachsender Ordnung nicht zu stark zunehmen.

N	Fehlerschranken	
	Newton-Cotes	Gauss-Legendre
1	$\frac{(b-a)^3}{12} \|\|x''\|\|_\infty$	$\frac{(b-a)^5}{4320} \|\|x^{(4)}\|\|_\infty$
2	$\frac{(b-a)^5}{2880} \|\|x^{(4)}\|\|_\infty$	$\frac{(b-a)^7}{2016000} \|\|x^{(6)}\|\|_\infty$
3	$\frac{(b-a)^5}{6480} \|\|x^{(4)}\|\|_\infty$	$\frac{(b-a)^9}{762048000} \|\|x^{(7)}\|\|_\infty$

Nach Satz 7.4 kann jede stetige Funktion $x(t)$ durch Gauss-Quadraturen hinreichend hohen Grades beliebig genau integriert werden. Für die praktische Durchführung heißt das aber, daß die Stützstellen und Gewichte der Gauss-Formeln bis zu großen N-Werten im Rechenautomaten gespeichert

N	Anzahl der neu zu berechnenden Funktionswerte bei	
	Trapezregel	1. Gauss-Legendre-Formel
1	2	2
2	1	4
4	2	8
$\vdots$	$\vdots$	$\vdots$
2^n	2^{n-1}	2^{n+1}

werden müssen. Und um den Fehler abzuschätzen, benötigt man Ableitungen entsprechend hoher Ordnung von dem Integranden $x(t)$. Deshalb benutzt man in der Praxis meist zusammengesetzte Formeln, d. h., man wendet eine Formel niedrigen Grades auf Teilintervalle an, wie das in den Abschnitten 7.2. und 7.4. erläutert wurde. Für dieses Vorgehen sind die Gauss-Formeln ungünstiger als die Newton-Cotes-Formeln, denn für sie müßten bei jeder Intervallunterteilung alle Stützwerte neu berechnet werden. Bei fortlaufender Intervallhalbierung können dagegen bei den Newton-Cotes-Formeln alle bereits bekannten Stützwerte weiter verwendet werden. In den meisten Fällen wird deshalb das Romberg-Verfahren, das man ohne Mühe auch auf der verbesserten Trapezregel (7.4; 2) aufbauen kann, verwendet. Ist die zu integrierende Funktion nicht differenzierbar oder sind die Ableitungen schwer abzuschätzen, so rechnet man in der Praxis so lange, bis sich zwei aufeinanderfolgende Näherungen im Rahmen der gewünschten Stellenzahl nicht mehr unterscheiden.

7.6. *Integralgleichungen*

Integralgleichungen dienen zur Bestimmung von Funktionen $x(t)$, wobei die gesuchten Funktionen in Form von Integralausdrücken in die Gleichung eingehen. Zum Beispiel erhält man aus der allgemeinen Differentialgleichung erster Ordnung

$$x' = f(x, t) \tag{1}$$

mit der Anfangsbedingung

$$x(t_0) = x_0 \tag{2}$$

durch Integration die *nichtlineare Integralgleichung*

$$x(t) = x_0 + \int_{t_0}^{t} \mathrm{d}s\, f\big(x(s), s\big). \tag{3}$$

Sie wird im Kapitel 8 numerisch gelöst. Wir beschränken uns auf lineare Integralgleichungen der Form

$$\int_0^1 \mathrm{d}s\, K(t, s)\, x(s) = g(t), \tag{4}$$

$$x(t) + \int_0^1 \mathrm{d}s\, K(t, s)\, x(s) = g(t), \tag{5}$$

$$x(t) + \int_0^t \mathrm{d}s\, K(t, s)\, x(s) = g(t), \tag{6}$$

d. h. lineare Integralgleichungen erster Art, lineare Integralgleichungen zweiter Art (FREDHOLMsche Integralgleichungen) und VOLTERRAsche Integralgleichungen. Darin sind $g(t)$ und $K(t, s)$ für $t, s \in [0, 1]$ erklärte Funktionen. Wir setzen $g(t)$ als stetig und den *Kern* $K(t, s)$ als integrierbar voraus. Berechnet man nun das Integral z. B. in der Gleichung (5) näherungsweise mit Hilfe der Trapezregel, so folgt

$$x(t) + \frac{1}{2}\,[K(t, 0)\, x(0) + K(t, 1)\, x(1)] + R_1(K \cdot x) = g(t). \tag{7}$$

Läßt man den Quadraturfehler R_1 außer acht und schreibt Gleichung (7) für die beiden Stützstellen $t = 0$ und $t = 1$ auf, so erhält man Näherungswerte x_0, x_1 für die beiden unbekannten Stützwerte $x(0)$ und $x(1)$ aus dem linearen Gleichungssystem

$$\begin{aligned} \left[1 + \frac{1}{2}\,K(0,0)\right] x_0 + \frac{1}{2}\,K(0,1)\,x_1 &= g(0), \\ \frac{1}{2}\,K(1,0)\,x_0 + \left[1 + \frac{1}{2}\,K(1,1)\right] x_1 &= g(1). \end{aligned} \tag{8}$$

Allgemein ersetzt man das Integral durch irgendeine Quadraturformel $Q_N(K \cdot x)$ und schreibt die sich ergebende Gleichung für jede Stützstelle auf. Dadurch erhält man das folgende lineare Gleichungssystem

$$x_i + \sum_{k=0}^{N} q_k K_{ik} x_k = f_i \qquad (i = 0, 1, 2, \ldots, N) \tag{9}$$

von $N + 1$ Gleichungen für $N + 1$ Unbekannte x_k $(k = 0, 1, \ldots, N)$. Die Gewichte q_k hängen vom gewählten Quadraturverfahren ab, die Koeffizienten

$$K_{ik} .= K(t_i, t_k), \qquad f_i .= f(t_i) \tag{10}$$

können berechnet werden, da K und f vorgegebene Funktionen sind. Durch Auflösung des Gleichungssystems erhält man Näherungswerte $x_0, x_1, \ldots, x_N$ für die Funktionswerte $x(t_k)$. Wird die Funktion $x(t)$ selbst benötigt, so muß man ein Interpolationspolynom durch die Punkte (t_k, x_k) legen. — Unter welchen Voraussetzungen das System (9) eindeutig auflösbar ist und wie man den Fehler der erhaltenen Näherung abschätzt, können wir im Rahmen dieses Buches nicht untersuchen (vgl. z. B. MICHLIN-SMOLIZKI [1]).

Aufg. 7.22: Man bestimme Näherungswerte x_k für die Lösung der Integralgleichung

$$x(t) + \int_0^1 \mathrm{d}s\, 4(s^3 - t^3)\, x(s) = 1$$

(Die exakte Lösung ist, wie man durch Einsetzen leicht bestätigt, $x(t) = \frac{7}{4}\,t^3$).

8. Differentialgleichungen. Anfangswertprobleme

8.1. *Problemstellung. Geometrische Deutung*

Eine gewöhnliche Differentialgleichung enthält Ableitungen $x', x'', \ldots$ einer Funktion $x(t)$ einer unabhängigen Veränderlichen t und möglicherweise auch die Funktion $x(t)$ selbst:

$$\begin{aligned} &x' = \mathrm{e}^t, && x' = t + x, && x' = -tx, \\ &x' = t^2 + x^2, && (x')^2 + x^2 = 1, && x'' - x' + x = 0, \\ &x'' + x = \mathrm{e}^{-t^2}. \end{aligned} \tag{1}$$

Die höchste auftretende Ableitung bestimmt die Ordnung der Differentialgleichung. Ist die Gleichung nach der höchsten Ableitung aufgelöst, so heißt sie explizit.

Aufg. 8.1: Man klassifiziere die Differentialgleichungen (1).

Die allgemeine explizite gewöhnliche Differentialgleichung erster Ordnung hat die Gestalt

$$x' = f(t, x). \tag{2}$$

Wir wollen voraussetzen, daß $f(t, x)$ in der (t, x)-Ebene (oder einem Teilbereich) eindeutig erklärt und beschränkt ist und dort einer Lipschitz-Bedingung

$$|f(t, x) - f(t, \tilde{x})| \leqq K\,|x - \tilde{x}|, \quad K = \text{const}, \tag{3}$$

genügt. Dann verläuft nach dem (aus dem Analysis-Grundkurs bekannten) Existenz- und Eindeutigkeitssatz durch jeden Punkt des betrachteten Bereichs genau eine Lösungskurve. Man kann x' geometrisch als einen Kurvenanstieg deuten. Durch die Differentialgleichung (2) wird also jedem Punkt (t, x) der Ebene ein Anstieg x' zugeordnet. Zeichnet man in hinreichend vielen Punkten den Anstieg ein, so braucht man sich die sogenannten Richtungselemente (t, x, x') bloß durch Kurven verbunden zu denken, um einen ersten Überblick über die Lösungen der Differentialgleichung zu gewinnen. Am einfachsten lassen sich die Richtungselemente zeichnen, wenn man die Kurven bestimmt, in deren Punkten durch (2) der gleiche Anstieg vorgeschrieben wird, die sogenannten Kurven gleichen Anstiegs oder *Isoklinen*

$$f(t, x) = \text{const}. \tag{4}$$

Für die Differentialgleichung $x' = x^2 + t^2$ sind das z. B. konzentrische Kreise $t^2 + x^2 = c$ mit dem Radius $r = \sqrt{c} = \sqrt{x'}$, falls c positiv ist. Punkte mit negativem

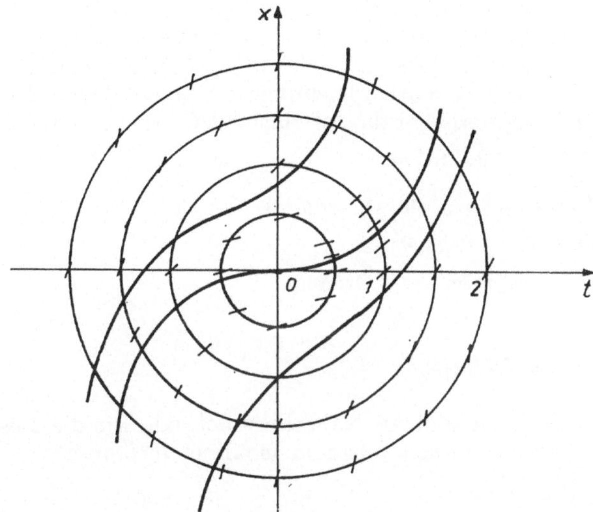

Abb. 8.1

Anstieg treten nicht auf. In Abb. 8.1 sind einige Isoklinen und Richtungselemente und der Verlauf einiger Lösungskurven angegeben.

Aufg. 8.2: Man skizziere Isoklinen und Lösungsverlauf für die unter (1) angegebenen Differentialgleichungen erster Ordnung.

Gibt man eine Anfangsbedingung

$$x(t_0) = x_0 \tag{5}$$

vor, so braucht man aus der Menge der Lösungskurven von (2) nur diejenige herauszusuchen, die durch diesen Punkt verläuft. Das *Anfangswertproblem* (2), (5) ist unter der Voraussetzung (3) eindeutig lösbar. Leider kann aber die Lösung $x(t)$ nur in Spezialfällen explizit durch elementare Funktionen ausgedrückt werden, d. h., nur wenige Differentialgleichungen können in geschlossener Form integriert werden. Eine weitere Klasse von Differentialgleichungen kann auf Quadraturen zurückgeführt werden, d. h., die Lösung läßt sich durch Auswertung von Integralen (vgl. Kap. 7) berechnen.

Aufg. 8.3: Welche der Differentialgleichungen (1) können a) in geschlossener Form integriert, b) auf Quadraturen zurückgeführt werden?

Im allgemeinen ist man auf numerische Lösungsverfahren angewiesen. Aus der Fülle der bisher entwickelten Methoden (vgl. z. B. COLLATZ [1]) können wir nur einige wichtige auswählen. Sie behalten (wenn nicht ausdrücklich etwas anderes gesagt wird) ihre Gültigkeit, wenn man x und f als Vektoren, die Gleichung (2) also als ein System von Differentialgleichungen erster Ordnung auffaßt. Damit ist die Aufgabenstellung (2), (5) sehr allgemein, denn explizite Differentialgleichungen höherer Ordnung und Systeme von solchen Differentialgleichungen können durch Einführung neuer abhängiger Veränderlicher darauf zurückgeführt werden.

Aufg. 8.4: Man schreibe das System

$$x''' = f(t, x, x', x'', y, y', z), \quad y'' = g(t, x, x', x'', y, y', z),$$
$$z' = h(t, x, x', x'', y, y', z)$$

als Differentialgleichungssystem erster Ordnung.

8.2. *Runge-Kutta-Methoden*

Die einfachste, aber auch gröbste Näherungsmethode für die Lösung des Anfangswertproblems ergibt sich aus dem Isoklinenverfahren:

8.2.1. *Euler-Cauchysches Polygonzugverfahren*

Man geht vom Anfangspunkt (t_0, x_0) in der durch die Differentialgleichung vorgeschriebenen Richtung $x_0' = f(t_0, x_0)$ bis zu einem Punkt (t_1, x_1) und bestimmt dort eine neue Richtung $x_1' = f(t_1, x_1)$, die man bis zu einem nächsten Punkt (t_2, x_2) verfolgt, usw. (Abb. 8.2). Die Lösung wird durch einen Polygonzug approximiert. Man erhält das

EULER-CAUCHY*sche Polygonzugverfahren:*

t_0, x_0, h (Anfangswerte und Schrittweite),

$n = 0, 1, 2, \ldots$ (Schrittnummer), (1)

$x_{n+1} = x_n + hf(t_n, x_n)$ (Berechnung des neuen Funktionswertes),

$t_{n+1} = t_n + h$ (Berechnung des neuen Argumentwertes).

Aufg. 8.5: Mit Hilfe von Abb. 8.2 leite man das EULER-CAUCHYsche Polygonzugverfahren her.

Eine andere, auch für Systeme gültige Herleitung ergibt sich aus der Differentialgleichung (2). Wir nehmen an, daß wir bereits bis zum Punkt $(t_n, x(t_n))$ gekommen sind, und integrieren beide Seiten von (2) über $[t_n, t_{n+1}]$:

$$\int_{t_n}^{t_{n+1}} x'(t)\,\mathrm{d}t = x(t_{n+1}) - x(t_n) = \int_{t_n}^{t_{n+1}} f(t, x(t))\,\mathrm{d}t$$

oder nach $x(t_{n+1})$ aufgelöst

$$x(t_{n+1}) = x(t_n) + \int_{t_n}^{t_{n+1}} f(t, x(t))\,\mathrm{d}t. \qquad (2)$$

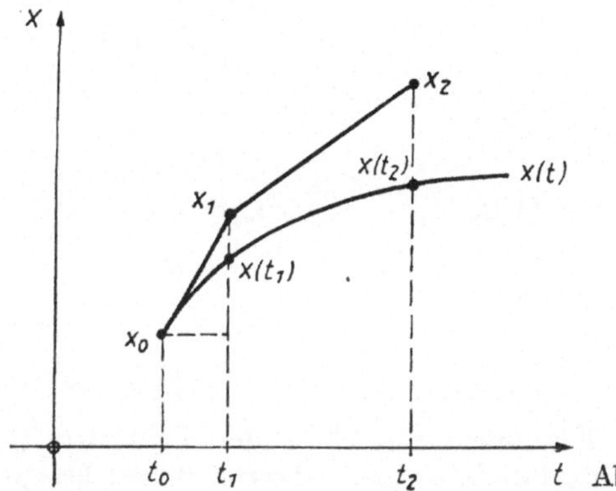

Abb. 8.2

Diese Integralgleichung ist der Ausgangspunkt für die folgenden Näherungsverfahren. Sie unterscheiden sich im wesentlichen dadurch, wie das Integral in (2) approximiert wird. Beim Polygonzugverfahren (1) wird es durch $(t_{n+1} - t_n)\, f(t_n, x(t_n))$, also durch ein Rechteck, ersetzt.

Als Beispiel berechnen wir eine Näherungslösung für das Anfangswertproblem

$$x' = -tx, \quad x(0) = 1$$

mit der Schrittweite $h := t_{n+1} - t_n = 0.1$ bis zum Zeitpunkt $t = 1.0$. Die Werte der exakten Lösung $x(t) = \exp(-t^2/2)$ sind zum Vergleich angegeben:

t_n	0.0	0.1	0.2	0.3	0.4	0.5	0.6	0.7	0.8	0.9	1.0
x_n	1.0	1.0	0.990	0.970	0.941	0.903	0.858	0.807	0.750	0.690	0.628
exakt	1.0		0.980		0.923		0.835		0.726		0.607
Fehler	0.0		0.010		0.018		0.023		0.024		0.022

Aufg. 8.6: Man schreibe die Differentialgleichung $x'' + x = 0$ als System von zwei Differentialgleichungen erster Ordnung, bestimme die Lösung mit den Anfangsbedingungen $x(0) = 1$, $x'(0) = 0$ im Intervall $[0, 1.6]$ näherungsweise mit Hilfe von (1) und vergleiche das Ergebnis mit der exakten Lösung.

Um den Fehler des Verfahrens abzuschätzen, entwickeln wir $x(t)$ an der Stelle t_n in eine TAYLOR-Reihe und erhalten

$$x(t_{n+1}) = x(t_n) + hx'(t_n) + \frac{h^2}{2} x''(t_n + \vartheta h), \quad 0 < \vartheta < 1. \tag{3}$$

Die Ableitungen können mit Hilfe der Differentialgleichung (8.1; 2) durch die rechte Seite ausgedrückt werden:

$$x'(t_n) = f(t_n, x(t_n)),$$

$$x''(t) = \frac{\mathrm{d}}{\mathrm{d}t} f(t, x(t)) = f_t(t, x(t)) + f(t, x(t))\, f_x(t, x(t)) =.\, Df.$$

Subtrahiert man (3) von (1), so folgt

$$x_{n+1} - x(t_{n+1}) = x_n - x(t_n) + h[f(t_n, x_n) - f(t_n, x(t_n))] - \frac{h^2}{2} Df\Big|_{t=t_n+\vartheta h}. \tag{4}$$

Führt man nun die Bezeichnung

$$\varepsilon_n .= |x_n - x(t_n)| \tag{5}$$

ein, schätzt die eckige Klammer mit Hilfe der LIPSCHITZ-Bedingung (8.1; 3) ab und setzt voraus, daß Df im betrachteten Gebiet beschränkt ist,

$$|Df| = |f_t + f f_x| \leqq M, \tag{6}$$

so ergibt sich schließlich aus (4) eine

rekursive Fehlerabschätzung für das Polygonzugverfahren:

$$\varepsilon_{n+1} \leqq (1 + hK)\, \varepsilon_n + \frac{h^2}{2} M, \quad \varepsilon_0 = 0 \quad (n = 0, 1, \ldots). \tag{7}$$

Aufg. 8.7: Man berechne Fehlerschranken ε_n zum Beispiel $x' = -tx$.

Aus (7) folgt mit den Abkürzungen $1 + hK =.\, A$ und $h^2M/2 =.\, B$

$$\begin{aligned}
\varepsilon_1 &\leqq B,\\
\varepsilon_2 &\leqq A\varepsilon_1 + B \leqq (A + 1)B,\\
\varepsilon_3 &\leqq A(A + 1)B + B \leqq (A^2 + A + 1)B,\\
&\vdots\\
\varepsilon_n &\leqq (A^n + A^{n-1} + \cdots + A + 1)B = \frac{A^n - 1}{A - 1} B, \quad \text{falls } A \neq 1.
\end{aligned} \tag{8}$$

Man erhält also

$$\varepsilon_n \leqq \frac{(1 + hK)^n - 1}{1 + hK - 1} \frac{h^2}{2} M = \frac{hM}{2K} [(1 + hK)^n - 1]. \tag{9}$$

Um zu zeigen, daß das Verfahren für $h \to 0$ konvergiert, also in diesem Fall $\varepsilon_n \to 0$ oder $x_n \to x(t_n)$ geht, benutzen wir die für positives hK gültige Abschätzung $1 + hK < e^{hK}$:

$$\varepsilon_n \leqq \frac{hM}{2K} (e^{nhK} - 1). \tag{10}$$

Hier ist nh das von den n Teilintervallen $[t_m, t_{m+1}]$ $(m = 0, 1, \dots, n - 1)$ gebildete Gesamtintervall der Länge $t_n - t_0$. Bezeichnet man den Endpunkt t_n mit T und verfeinert nun fortlaufend innerhalb des Intervalls $[t_0, T]$ die Schrittweite, so gilt

$$\varepsilon_n \leqq \frac{hM}{2K} (e^{(T-t_0)K} - 1) \to 0 \quad \text{für} \quad h \to 0.$$

Satz: *Das* EULER-CAUCHY*sche Polygonzugverfahren konvergiert für jedes feste $T > t_0$ linear gegen $x(T)$, wenn man die Schrittweite $h = (T - t_0)/n$ gegen Null gehen läßt.*

8.2.2. Verfahren von Euler-Heun

Ein verbessertes Polygonzugverfahren ergibt sich, wenn man nicht nur den Anstieg im Anfangspunkt, $x_n' = f(t_n, x_n) =: f_n$, sondern auch den im Endpunkt, $x'_{n+1} = f(t_{n+1}, x_{n+1}) =: f_{n+1}$, des Teilintervalls $[t_n, t_{n+1}]$ berücksichtigt und in Richtung des mittleren Anstiegs vorgeht:

$$x_{n+1} = x_n + \frac{h}{2} [f(t_n, x_n) + f(t_{n+1}, x_{n+1})]. \tag{11}$$

Das Integral in (2) wird also jetzt mit Hilfe der Trapezregel (vgl. (7.2; 3)) angenähert. Die Iterationsvorschrift (11) enthält nun aber eine (für Differentialgleichungen typische) Schwierigkeit. Der Funktionswert x_{n+1}, der durch (11) ausgerechnet werden soll, tritt auch auf der rechten Seite auf. Nur in Ausnahmefällen (z. B., wenn f linear von x abhängt), wird man nach x_{n+1} auflösen können. In der Regel muß man (11) iterativ lösen. Man bestimmt einen Ausgangswert $\bar{x}_{n+1}$ etwa mit Hilfe des einfachen Polygonzugverfahrens (Prädiktorschritt) und korrigiert dann diesen Wert durch ein- oder mehrmalige Anwendung von (11) (Korrektorschritte). In der Regel reichen ein bis zwei solcher Korrektorschritte, weil durch die Anwendung der Trapezregel bereits ein Fehler aufgetreten ist (vgl. (7.2; 5)) und man nicht mehr Stellen auszurechnen braucht, als bei Berücksichtigung dieses

Fehlers noch gesichert sind. Für nur einen Korrektorschritt ergibt sich das

Verfahren von EULER-HEUN:

$$\begin{aligned}
&t_0, x_0, h && \text{(Anfangswerte, Schrittweite)},\\
&n = 0, 1, 2, \ldots && \text{(Schrittnummer)},\\
&\tilde{x}_{n+1} = x_n + hf(t_n, x_n) && \text{(Prädiktorschritt)},\\
&x_{n+1} = \tilde{x}_{n+1} + \frac{h}{2}\,[f(t_{n+1}, \tilde{x}_{n+1}) - f(t_n, x_n)] && \text{(Korrektorschritt)}. \qquad (12)
\end{aligned}$$

Die hier benutzte Darstellung des Korrektorschritts ist rechentechnisch günstiger als die Ausgangsform (11). Zu dem bereits berechneten Wert $\tilde{x}_{n+1}$ braucht nur die Korrektur $\frac{h}{2}\,[\ldots]$ addiert zu werden.

Zur Abschätzung des Fehlers ersetzen wir das Integral in (2) durch die Trapezregel

$$x(t_{n+1}) = x(t_n) + \frac{h}{2}\,[f(t_n, x(t_n)) + f(t_{n+1}, x(t_{n+1}))] - \frac{h^3}{12}\, D^2 f\,(t, x(t))\Big|_{t=t_n+\vartheta h}$$

und subtrahieren diese Gleichung von der Iterationsvorschrift (12):

$$\begin{aligned}
x_{n+1} - x(t_{n+1}) = x_n - x(t_n) &+ \frac{h}{2}\,[f(t_n, x_n) - f(t_n, x(t_n))]\\
&+ \frac{h}{2}\,[f(t_{n+1}, \tilde{x}_{n+1}) - f(t_{n+1}, x(t_{n+1}))] + \frac{h^3}{12}\, D^2 f\Big|_{t=t_n+\vartheta h}.
\end{aligned}$$

Geht man zu Beträgen über und verwendet die LIPSCHITZ-Bedingung (8.1; 3), die Bezeichnung (5) und die Abschätzung

$$|D^2 f\,(t, x(t))| \leqq N, \qquad D := \frac{\mathrm{d}}{\mathrm{d}t}, \tag{13}$$

so folgt

$$\varepsilon_{n+1} \leqq \varepsilon_n + \frac{h}{2}\, K\varepsilon_n + \frac{h}{2}\, K\, |\tilde{x}_{n+1} - x(t_{n+1})| + \frac{h^3}{12}\, N.$$

Der verbliebene Ausdruck in Betragsstrichen ist der Fehler der Prädiktornäherung, kann also nach (7) abgeschätzt werden. Damit erhält man die

rekursive Fehlerabschätzung für das Verfahren von EULER-HEUN:

$$\varepsilon_{n+1} \leqq \left(1 + hK + \frac{h^2K^2}{2}\right) \varepsilon_n + \frac{h^3}{12}\,(3KM + N), \quad \varepsilon_0 = 0, \; n = 0, 1, \ldots. \tag{14}$$

Falls die erste Klammer verschieden von Eins ist, kann man wie in (8) aufsummieren und erhält

$${}_n \leqq \varepsilon\, \frac{\left(1 + hK + \dfrac{h^2K^2}{2}\right)^n - 1}{hK + \dfrac{h^2K^2}{2}}\, \frac{h^3}{12}\,(3KM + N), \tag{15}$$

also

$$\varepsilon_n \leqq \frac{h^2(3KM + N)}{12K\left(1 + \frac{hK}{2}\right)} (e^{nhK} - 1) = \frac{h^2(3KM + N)}{12K\left(1 + \frac{hK}{2}\right)} (e^{(T-t_0)K} - 1), \tag{16}$$

wenn man diesmal $1 + hk + \frac{h^2K^2}{2}$ durch e^{hK} abschätzt und wieder in $nh = t_n - t_0$ die Größe t_n durch einen festen Wert T ersetzt. Wegen des Faktors h^2 in (16) gilt

Satz: *Das Verfahren von* EULER-HEUN *konvergiert für jedes feste* $T > t_0$ *quadratisch gegen* $x(T)$, *wenn man die Schrittweite* $h = \frac{T - t_0}{n}$ *gegen Null gehen läßt.*

Aufg. 8.8: Mit Hilfe des EULER-HEUNschen Verfahrens (12) berechne man eine Näherungslösung für das Beispiel $x' = -tx$, $x(0) = 1$ (Schrittweite $h = 0.1$, Gesamtintervall [0, 1]) und gebe bei jedem Schritt eine Schranke für den Fehler ε_n an. Wie klein müßte die Schrittweite gewählt werden, wenn $\varepsilon_n = |x_n - x(1)| < 0.5 \cdot 10^{-5}$ werden soll?

Aufg. 8.9: Man bestimme nach (12) eine Näherungslösung für das Anfangswertproblem der Aufg. 8.6 und schätze den Fehler ab.

Die Fehlerabschätzungen behalten auch für Systeme von Differentialgleichungen erster Ordnung ihre Gültigkeit. Man muß lediglich die Beträge durch Normen ersetzen.

8.2.3. *Verfahren von Runge-Kutta*

Man kann die Genauigkeit weiter steigern, indem man statt der Trapez- die SIMPSON-Regel benutzt, um das Integral in (2) auszuwerten:

$$x_{n+1} = x_n + \frac{h}{6}\left[f(t_n, x_n) + 4f\left(t_n + \frac{h}{2}, x_{n+1/2}\right) + f(t_{n+1}, x_{n+1})\right]. \tag{21}$$

Auf der rechten Seite tritt neben dem Wert x_{n+1}, der bestimmt werden soll, auch noch ein unbekannter Wert $x_{n+1/2}$ in der Intervallmitte $t_n + \frac{h}{2}$ auf. Wir bestimmen ihn näherungsweise mit Hilfe des EULER-HEUN-Verfahrens:

$$\begin{aligned} \tilde{x}_{n+1/2} &= x_n + k_1/2, \qquad k_1 .= hf(t_n, x_n), \\ \tilde{\tilde{x}}_{n+1/2} &= x_n + (k_1 + k_2)/4, \qquad k_2 .= hf\left(t_n + \frac{h}{2}, \tilde{x}_{n+1/2}\right). \end{aligned} \tag{22}$$

Zur Bestimmung von x_{n+1} legen wir durch die beiden Punkte (t_n, x_n) und $\left(t_n + \frac{h}{2}, \tilde{\tilde{x}}_{+n1/2}\right)$ ein kubisches Polynom $p(t)$, das in den beiden Punkten den durch die Differentialgleichung vorgeschriebenen Anstieg $p'(t_n) = f(t_n, x_n)$ bzw. $p'\left(t_n + \frac{h}{2}\right) = f\left(t_n + \frac{h}{2}, \tilde{\tilde{x}}_{n+1/2}\right)$ besitzt (vgl. Abb. 8.3). Mit Hilfe

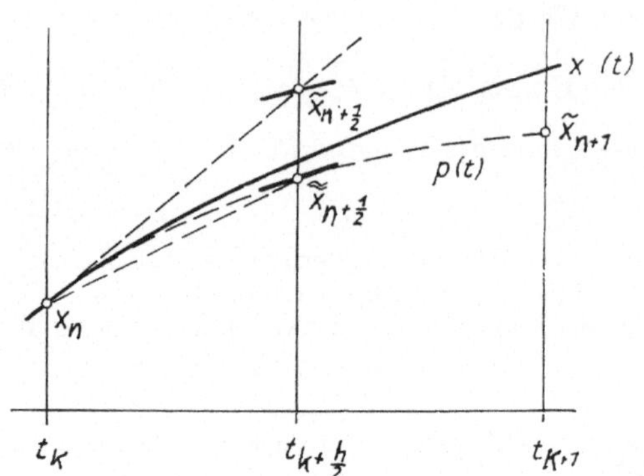

Abb. 8.3

von Intervallfunktionen erster Ordnung (vgl. 5.4; 7) kann es in der Form

$$p(t) = p\left(t_n + s\,\frac{h}{2}\right) = x_n\,(1 - 3s^2 + 2s^3) + \tilde{\tilde{x}}_{n+1/2}\,(3s^2 - 2s^3) + \frac{k_1}{2}\,(s - 2s^2 + s^3) + \frac{k_3}{2}\,(-s^2 + s^3) \tag{23}$$

angegeben werden, wenn man analog zu den k_i in (22) die Abkürzung $k_3 .= hf\left(t_n + \frac{h}{2}, \tilde{\tilde{x}}_{n+1/2}\right)$ verwendet. Für $t = t_{n+1}$, also $s = 2$, ergibt sich der gesuchte Näherungswert für x_{n+1}

$$\tilde{x}_{n+1} = p(t_{n+1}) = p(t_n + h) = 5x_n - 4\tilde{\tilde{x}}_{n+1/2} + k_1 + 2k_3$$

und mit (22) schließlich

$$\tilde{x}_{n+1} = x_n - k_2 + 2k_3\,. \tag{25}$$

Nach den beiden Prädiktorschritten (22) und (25) kann als Korrektorschritt dann (21) verwendet werden:

Runge-Kutta-*Verfahren, 1. Form:*

t_0, x_0, h (Anfangswerte, Schrittweite),

$n = 0, 1, 2, \ldots$ (Schrittnummer),

$k_1 = hf(t_n, x_n),\ \bar{x}_{n+1/2} = x_n + \frac{k_1}{2},$ (1. Prädiktorschritt)

$$k_2 = hf\left(t_n + \frac{h}{2}, \bar{x}_{n+1/2}\right), \bar{\bar{x}}_{n+1/2} = x_n + (k_1 + k_2)/4, \tag{26}$$

$k_3 = hf\left(t_n + \frac{h}{2}, \bar{\bar{x}}_{n+1/2}\right), \bar{x}_{n+1} = x_n - k_2 + 2k_3$ (2. Prädiktorschritt),

$k_4 = hf(t_{n+1}, \bar{x}_{n+1}),\ x_{n+1} = x_n + (k_1 + 4k_3 + k_4)/6$ (Korrektorschritt).

Fehlerabschätzungen für Runge-Kutta-Methoden sind sehr aufwendig (vgl. Bieberbach [1], Gautschi [1], Stetter-Zeller [1]). Sie werden in der Praxis kaum verwendet, weil die dazu benötigte Abschätzung höherer Ableitungen von f mühsam ist und die Fehlerschranken in der Regel viel zu groß ausfallen (vgl. Antosiewicz-Gautschi [1]). Statt dessen begnügt man sich mit einer Untersuchung der Größenordnung des lokalen Fehlers[1]), indem man die Näherungslösung an der Stelle $t = t_n$ in eine Taylor-Reihe entwickelt und das Ergebnis mit der Taylor-Entwicklung der exakten Lösung $x(t)$ vergleicht. Für die Vorschrift (26) ergibt sich auf diese Weise

$$x(t_{n+1}) - x_{n+1} = O(h^4). \tag{27}$$

Man sagt, (26) bewirkt einen Abgleich der ersten vier Taylor-Glieder. Man kann mit einem viergliedrigen Runge-Kutta-Verfahren (das ist ein Verfahren, bei dem für jeden Schritt viermal die Funktion f berechnet werden muß) noch eine h-Potenz mehr erreichen. Dazu setzen wir in Verallgemeinerung von (26) für die Berechnung des Zuwachses k_i (vgl. Antosiewicz-Gautschi [1], Wanner [1], Collatz [1])

$$\begin{aligned} k_1 &= hf(t_n, x_n), \\ k_i &= hf\left(t_n + a_i h,\ x_n + \sum_{j=1}^{i-1} b_{ij} k_j\right) \quad (i = 2, 3, 4) \end{aligned} \tag{28}$$

und bestimmen den endgültigen Zuwachs k als Linearkombination der k_i:

$$x_{n+1} = x_n + k = x_n + \sum_{i=1}^{4} c_i k_i. \tag{29}$$

[1]) Den Verfahrensfehler, der bei der Berechnung eines Näherungswertes x_{n+1} aus einem als exakt angenommenen Wert x_n auftritt, nennt man lokalen Fehler.

Damit haben wir insgesamt 13 unbekannte Koeffizienten:

$$\begin{array}{c|cccc} a_2 & b_{21} & & & \\ a_3 & b_{31} & b_{32} & & \\ a_4 & b_{41} & b_{42} & b_{43} & \\ \hline & c_1 & c_2 & c_3 & c_4 \end{array} \tag{30}$$

Zu ihrer Bestimmung fordern wir zunächst analog zu (26)

$$\sum_{j=1}^{i-1} b_{ij} = a_i \qquad (i = 2, 3, 4) \tag{31}$$

und entwickeln dann x_{n+1} als Funktion von h an der Stelle $h = 0$ in eine TAYLOR-Reihe:

$$\begin{aligned} x_{n+1} &= x_n + h\left\{c_1 f(t_n, x_n) + \sum_{i=2}^{4} c_i f\left(t_n + a_i h,\, x_n + \sum_{j=1}^{i-1} b_{ij} k_j\right)\right\} \\ &= x_n + hc_1 f + h\sum_{i=2}^{4} c_i \left\{f + h[f_t a_i + f_x \textstyle\sum_i{}'] \right. \\ &\quad + \frac{h^2}{2}[f_{tt} a_i^2 + 2f_{tx} a_i \textstyle\sum_i{}' + f_{xx}(\sum_i{}')^2 + f_x \sum_i{}''] \\ &\quad + \frac{h^3}{3}[f_{ttt} a_i^3 + 3f_{ttx} a_i^2 \textstyle\sum_i{}' + 3f_{txx} a_i (\sum_i{}')^2 \\ &\quad \left. + 3f_{tx} a_i \textstyle\sum_i{}'' + f_{xxx}(\sum_i{}')^3 + 3f_{xx}\sum_i{}'\sum_i{}'' + f_x \sum_i{}'''] \right\} + O(h^5). \end{aligned} \tag{32}$$

Hier sind f und die partiellen Ableitungen $f_t, f_x, \ldots$ an der Stelle $h = 0$, also $t = t_n$, zu nehmen, und die $\sum_i{}^{(r)}$ sind Ableitungen der Summen $\sum_i := \sum_{j=1}^{i-1} b_{ij} k_j$, $i = 2, 3, 4$, an der Stelle $h = 0$, also

$$\begin{aligned} \textstyle\sum_i{}' &= \sum_{j=1}^{i-1} b_{ij} \frac{\mathrm{d}k_j}{\mathrm{d}h} = f \sum_{j=1}^{i-1} b_{ij} = f a_i \quad (i = 2, 3, 4), \\ \textstyle\sum_2{}'' &= \textstyle\sum_2{}''' = 0 \quad \text{wegen} \quad \frac{\mathrm{d}^2 k_1}{\mathrm{d}h^2} = \frac{\mathrm{d}^3 k_1}{\mathrm{d}h^3} = 0, \\ \textstyle\sum_i{}'' &= \sum_{j=2}^{i-1} b_{ij} \frac{\mathrm{d}^2 k_j}{\mathrm{d}h^2} = 2\sum_{j=2}^{i-1} b_{ij} (f_t a_j + f_x \textstyle\sum_j{}') \\ &= 2(f_t + f f_x) \sum_{j=2}^{i-1} b_{ij} a_j \quad (i = 3, 4), \\ \textstyle\sum_i{}''' &= \sum_{j=2}^{i-1} b_{ij} \frac{\mathrm{d}^3 k_j}{\mathrm{d}h^3} = 3\sum_{j=2}^{i-1} b_{ij} [f_{tt} a_j^2 + 2f_{tx} a_j \textstyle\sum_j{}' + f_{xx}(\sum_j{}')^2 + f_x \sum_j{}''] \\ &= 3(f_{tt} + 2f f_{tx} + f^2 f_{xx}) \sum_{j=2}^{i-1} b_{ij} a_j^2 + 6 f_x (f_t + f f_x) \sum_{j=3}^{i-1} b_{ij} \sum_{l=2}^{j-1} b_{jl} a_l \quad (i = 3, 4). \end{aligned} \tag{33}$$

Die TAYLOR-Entwicklung der exakten Lösung durch den Punkt (t_n, x_n) hat die Gestalt

$$\begin{aligned} x(t_n + h) = x_n + hf + \frac{h^2}{2!}(f_t + ff_x) + \frac{h^3}{3!}[f_{tt} + 2ff_{tx} + f^2 f_{xx} + f_x(f_t + ff_x)] \\ + \frac{h^4}{4!}[f_{ttt} + 3ff_{ttx} + 3f^2 f_{txx} + f^3 f_{xxx} \\ + 3(f_{tx} + ff_{xx})(f_t + ff_x) + f_x(f_{tt} + 2ff_{tx} + f^2 f_{xx}) \\ + f_x^2(f_t + ff_x)] + O(h^5). \end{aligned} \tag{34}$$

Die unbekannten Größen sollen nun so bestimmt werden, daß die beiden TAYLOR-Entwicklungen (32) und (34) für jede hinreichend oft differenzierbare Funktion $f(t, x)$ bis zur Potenz h^4 einschließlich übereinstimmen. Dazu vergleichen wir die Koeffizienten in (32) und (34) und erhalten zu den bereits vorhandenen drei Gleichungen (31) noch acht weitere:

$$\begin{array}{ll} hf: & c_1 + c_2 + c_3 + c_4 = 1, \\ h^2(f_t + ff_x): & c_2a_2 + c_3a_3 + c_4a_4 = \frac{1}{2}, \\ h^3(f_{tt} + 2ff_{tx} + f^2f_{xx}): & c_2a_2^2 + c_3a_3^2 + c_4a_4^2 = \frac{1}{3}, \\ h^3f_x(f_t + ff_x): & 2(c_3b_{32}a_2 + c_4b_{42}a_2 + c_4b_{43}a_3) = \frac{1}{3}, \\ h^4(f_{ttt} + 3ff_{ttx} + 3f^2f_{txx} + f^3f_{xxx}): & c_2a_2^3 + c_3a_3^3 + c_4a_4^3 = \frac{1}{4}, \\ h^4 3(f_{tx} + ff_{xx})(f_t + ff_x): & 2[c_3a_3b_{32}a_2 + c_4a_4(b_{42}a_2 + b_{43}a_3)] = \frac{1}{4}, \\ h^4f_x(f_{tt} + 2ff_{tx} + f^2f_{xx}): & 3[c_3b_{32}a_2^2 + c_4(b_{42}a_2^2 + b_{43}a_3^2)] = \frac{1}{4}, \\ h^4f_x^2(f_t + ff_x): & 6c_4b_{43}b_{32}a_2 = \frac{1}{4}. \end{array} \tag{35}$$

Zusammen mit (31) hat man also 11 z. T. nichtlineare Gleichungen für die 13 unbekannten Koeffizienten, d. h., die Lösung ist nicht eindeutig bestimmt. Viel verwendet werden z. B. die Werte (vgl. KNAPP-WANNER [1])

$$\begin{array}{c|cccc} \frac{1}{2} & \frac{1}{2} & & & \\ \frac{1}{2} & 0 & \frac{1}{2} & & \\ 1 & 0 & 0 & 1 & \\ \hline & \frac{1}{6} & \frac{1}{3} & \frac{1}{3} & \frac{1}{6} \end{array} \qquad \begin{array}{c|cccc} \frac{1}{3} & \frac{1}{3} & & & \\ \frac{2}{3} & -\frac{1}{3} & 1 & & \\ 1 & 1 & -1 & 1 & \\ \hline & \frac{1}{8} & \frac{3}{8} & \frac{3}{8} & \frac{1}{8} \end{array} \tag{30'}$$

RUNGE-KUTTA-Verfahren, 2. Form $\qquad \frac{3}{8}$-Regel

Mitunter werden auch die bei der Bestimmung der Koeffizienten noch vorhandenen Freiheitsgrade benutzt, um wenigstens einen Teil der Glieder 5. Ordnung abzugleichen. Wir stellen die den ersten Werten in (30′) entsprechenden Formeln, die sich durch eine besonders einfache Bauart auszeichnen und deshalb für die Handrechnung viel verwendet werden, noch einmal in Gestalt eines Rechenschemas zusammen:

RUNGE-KUTTA-*Verfahren, 2. Form:*

t_0, x_0, h (Anfangswerte, Schrittweite),

$n = 0, 1, 2, \ldots$ (Schrittnummer):

t_n	x_n	$k_1 = hf(t_n, x_n)$
$t_n + \frac{h}{2}$	$x_n + \frac{k_1}{2}$	$k_2 = hf\left(t_n + \frac{h}{2}, x_n + \frac{k_1}{2}\right)$
$t_n + \frac{h}{2}$	$x_n + \frac{k_2}{2}$	$k_3 = hf\left(t_n + \frac{h}{2}, x_n + \frac{k_2}{2}\right)$
$t_n + h$	$x_n + k_3$	$k_4 = hf(t_n + h, x_n + k_3)$
$t_{n+1} = t_n + h$	$x_{n+1} = x_n + k$	$k = \frac{1}{6}(k_1 + 2k_2 + 2k_3 + k_4)$.

(36)

Zu dem schon früher verwendeten Beispiel $x' = -tx$, $x(0) = 1$ rechnen wir einen RUNGE-KUTTA-Schritt mit der relativ großen Schrittweite $h = 1.0$:

0.0	1.0	$-1.0 \cdot 0.0 \cdot 1.0 = 0$
0.5	1.0	$-1.0 \cdot 0.5 \cdot 1.0 = -0.5$
0.5	0.750	$-1.0 \cdot 0.5 \cdot 0.750 = -0.375$
1.0	0.625	$-1.0 \cdot 1.0 \cdot 0.625 = -0.625$
1.0	0.604	

$k = (1/6)\,(-1.0 - 0.75 - 0.625)$
$= -0.396.$

Der exakte Wert ist (auf vier Stellen gerundet) $x(1) = 0.6065$. Das RUNGE-KUTTA-Verfahren liefert also bei diesem Beispiel mit einem Schritt ein genaueres Ergebnis als das Polygonzugverfahren mit 10 Schritten.

Aufg. 8.10: Man zeige: Verwendet man für die SIMPSON-Regel in (21) einmal die Punkte (t_n, x_n), $\left(t_n + \frac{h}{2}, x_n + \frac{k_1}{2}\right)$, $(t_n + h, x_n + k_3)$ und einmal die Punkte (t_n, x_n), $\left(t_n + \frac{h}{2}, x_n + \frac{k_2}{2}\right)$, $(t_n + h, x_n + k_3)$ und bildet das arithmetische Mittel der zwei so erhaltenen Näherungswerte, so ergibt sich x_{n+1} wie bei den RUNGE-KUTTA-Formeln (36).

Aufg. 8.11: Man zeige, daß sich die RUNGE-KUTTA-Formeln (26) und (36) auf die SIMPSON-Regel reduzieren, wenn die rechte Seite $f(t, x)$ der Differentialgleichung nicht von der Funktion x abhängt.

Die Größenordnung des Fehlers, wenn auch keine exakte Fehlerschranke, erhält man durch dieselbe Überlegung, die der RICHARDSON-Extrapolation (vgl. 7.2, S. 178) zugrunde liegt: Man führt dieselbe Rechnung zweimal mit einfacher und einmal mit doppelter Schrittweite durch und kombiniert die Ergebnisse. Da das RUNGE-KUTTA-Verfahren (36) auf einem Abgleich der ersten vier h-Potenzen beruht, gilt

$$x(t_n + h) = x_{n+1} + \frac{x^{(5)}(t_n + \vartheta h)}{5!} h^5. \tag{38}$$

Wenn wir annehmen, daß sich die 5. Ableitung von x $\big($also die 4. Ableitung von $f\big(t, x(t)\big)\big)$ im Intervall $[t_n, t_n + 2h]$ nicht wesentlich ändert, der Quotient vor h^5 also näherungsweise gleich einer Konstanten C gesetzt werden kann, ist der Fehler nach zwei h-Schritten

$$\varepsilon_{n+2}^{(h)} = x(t_{n+2}) - x_{n+2}^{(h)} \approx 2Ch^5$$

und nach einem $2h$-Schritt

$$\varepsilon_{n+2}^{(2h)} = x(t_{n+2}) - x_{n+2}^{(2h)} \approx C(2h)^5.$$

Durch Subtraktion ergibt sich $30Ch^5 \approx x_{n+2}^{(h)} - x_{n+2}^{(2h)}$. Damit kann man den Fehler $\varepsilon_{n+2}^{(h)}$ näherungsweise durch die Differenz der beiden RUNGE-KUTTA-Werte ausdrücken:

Größenordnung des lokalen Fehlers beim RUNGE-KUTTA-*Verfahren:*

$x_{n+2}^{(h)}$ (Näherungswert nach zwei h-Schritten),

$x_{n+2}^{(2h)}$ (Näherungswert nach einem $2h$-Schritt),

$$\varepsilon_{n+2}^{(h)} := x(t_{n+2}) - x_{n+2}^{(h)} \approx \frac{1}{15} \left(x_{n+2}^{(h)} - x_{n+2}^{(2h)}\right). \tag{39}$$

Man kann diesen Fehlerausdruck (unter der oben angeführten Voraussetzung) auch zur Korrektur des berechneten Wertes $x_{n+2}^{(h)}$ benutzen:

$$x_{n+2} = x_{n+2}^{(h)} + \frac{1}{15} \left(x_{n+2}^{(h)} - x_{n+2}^{(2h)}\right) \text{(RICHARDSON-\textit{Extrapolation})}. \tag{40}$$

Genauer untersucht wurden derartige Extrapolationsverfahren von BULIRSCH und STOER [1].

Aufg. 8.12: Man bestimme Näherungswerte für die Lösung des Anfangswertproblems $x' = t^2 + x^2$, $x(0) = 0$ im Intervall $[0, 2]$ mit der Schrittweite $h = 0.4$ und berechne den Fehler näherungsweise nach (39).

Die Schrittweite braucht nicht während der gesamten Rechnung konstant gehalten zu werden. Man erhält einen etwa gleichbleibenden Verfahrensfehler, wenn man h so wählt, daß hk bei allen Schritten von gleicher Größenordnung ist (vgl. Collatz [1]). Die angegebenen Runge-Kutta-Formeln (26) und (36) beziehen sich auf Differentialgleichungen erster Ordnung, sie können aber auch ohne Mühe auf Systeme ausgedehnt werden.

Aufg. 8.13: Man schreibe die (36) entsprechenden Runge-Kutta-Formeln für ein System von zwei Differentialgleichungen erster Ordnung auf.

Differentialgleichungen höherer Ordnung kann man (vgl. 8.1) auf Systeme zurückführen. Es sind aber auch Runge-Kutta-Formeln speziell für Differentialgleichungen zweiter (Runge-Kutta-Nyström) und höherer Ordnung entwickelt worden (Collatz [1]), die man verwenden sollte, wenn man keine Maschine zur Verfügung hat.

8.2.4. Verfahren von Runge-Kutta-Fehlberg

Man kann die Genauigkeit wesentlich steigern, wenn für die Lösung des Anfangswertproblems (8.1; 2), (8.1; 5) bereits eine Näherungslösung bekannt ist, die der Gleichung

$$\tilde{x}'(t) = \tilde{f}(t, \tilde{x}), \qquad \tilde{x}(t_0) = x_0,$$

genügt und man nun lediglich die Differenz

$$y(t) .= x(t) - \tilde{x}(t) \tag{41}$$

mit Hilfe eines Näherungsverfahrens berechnen muß. Offenbar ist $y(t)$ Lösung des folgenden Anfangswertproblems

$$\begin{aligned} y'(t) &= x'(t) - \tilde{x}'(t) = f(t, x(t)) - \tilde{f}(t, \tilde{x}(t)) \\ &= f(t, y(t) + \tilde{x}(t)) - \tilde{f}(t, \tilde{x}(t)) =. g(t, y(t)), \; y(t_0) = 0. \end{aligned} \tag{42}$$

Nimmt man als Näherung die ersten m Taylor-Glieder

$$\tilde{x}(t) = \sum_{l=0}^{m} \frac{(t - t_0)^l}{l!} [D^l x]_{t=t_0}, \qquad D .= \frac{\mathrm{d}}{\mathrm{d}t}, \tag{43}$$

so stimmen die Ableitungen von $x(t)$ und $\tilde{x}(t)$ bis zur Ordnung m einschließlich überein, d. h., die Ableitungen von $y(t)$ verschwinden bis zur Ordnung m einschließlich. Für einen dreigliedrigen Runge-Kutta-Ansatz findet man bei Fehlberg [1] die folgenden

Koeffizienten:

$$
\begin{array}{l|lll}
a_1 = 1 & & & \\
a_2 = \dfrac{m+1}{m+3} & b_{21} = \dfrac{(m+1)^m}{(m+3)^{m+1}} & & \\
a_3 = 1 & b_{31} = -\dfrac{1}{m+1} & b_{32} = 2\dfrac{(m+3)^m}{(m+1)^{m+1}} & \\
\hline
 & c_1 = 0 & c_2 = \dfrac{1}{2(m+2)}\left(\dfrac{m+3}{m+1}\right)^{m+1} & c_3 = \dfrac{1}{2(m+2)}
\end{array} \tag{44}
$$

Sie liefern ein Verfahren der Ordnung $m + 3$.

Als Beispiel betrachten wir wieder $x' = -tx$, $x(0) = 1$. Durch die nach dem 5. Glied ($m = 5$) abgebrochene TAYLOR-Entwicklung an der Stelle $t_0 = 0$ erhält man die Näherung $\tilde{x}(t) = 1 - \frac{t^2}{2} + \frac{t^4}{8}$. Auf die sich daraus ergebende Differentialgleichung

$$y' = g(t, y) = -ty - \frac{t^5}{8}, \quad y(0) = 0$$

wenden wir die RUNGE-KUTTA-FEHLBERG-Methode wieder mit der schon oben benutzten sehr groben Schrittweite $h = 1.0$ an.

$$
\begin{aligned}
k_1 &= hg(t_0 + h, y_0) = -\frac{1}{8}, \\
k_2 &= hg\left(t_0 + \frac{3}{4}h, y_0 + \frac{3^5}{2^{13}}k_1\right) = -2^{-18} \cdot 3^5 \cdot 29, \\
k_3 &= hg\left(t_0 + h, y_0 - \frac{1}{6}k_1 + \frac{2^{10}}{3^6}k_2\right) = -2^{-8} \cdot 3^{-1} \cdot 83, \\
k &= \frac{2^{12}}{14 \cdot 3^6}k_2 + \frac{1}{14}k_3 = -0.01851.
\end{aligned} \tag{45}
$$

Damit ergibt sich

$$x(1) = \tilde{x}(1) + y(1) + O(h^9) = 0.60649 + O(h^9)$$

gegenüber dem auf 5 Stellen gerundeten exakten Wert 0.60653. Bei kleinerer Schrittweite h tritt der Vorteil der FEHLBERG-Formeln noch deutlicher hervor. Zum Beispiel liefert das klassische RUNGE-KUTTA-Verfahren (36) für $h = 0.2$ den Wert

$$x(0.2) = 0.980198666666,$$

die FEHLBERG-Formeln (45) dagegen

$$x(0.2) = 0.980198673305$$

gegenüber dem exakten Wert

$$x(0.2) = 0.980198673067\ldots.$$

Aufg. 8.14: Man bestätige diese Werte.

FEHLBERG hat weitere RUNGE-KUTTA-Formeln entwickelt, die die drei bzw. vier folgenden TAYLOR-Glieder abgleichen, wenn eine TAYLOR-Entwicklung bis zu einer Ordnung $m > 0$ bereits als Näherung vorliegt. Die Koeffizienten a_i, b_{ik}, c_i können dabei so bestimmt werden, daß der Koeffizient der ersten vernachlässigten h-Potenz beliebig klein wird (FEHLBERG [2]).

8.3. Taylor-Entwicklung

Ziel der RUNGE-KUTTA-Verfahren ist eine Übereinstimmung der TAYLOR-Entwicklungen von Näherungslösung und exakter Lösung bis zu einer bestimmten Ordnung (bei (8.2; 26) bis h^3, bei (8.2; 36) bis h^4, bei (8.2; 44) bis h^{m+3}). Man kann natürlich auch ein endliches Stück der TAYLOR-Reihe von $x(t)$ an der Stelle $t = t_n$ selbst als Näherungswert verwenden:

$$x_{n+1} = \sum_{l=0}^{m} (t_{n+1} - t_n)^l \frac{1}{l!} [D^l x]_{t=t_n}. \tag{1}$$

Das hat den Vorteil, daß man den Abbruchfehler leicht bestimmen kann, indem man eine der bekannten Restglieddarstellungen für TAYLOR-Reihen abschätzt (MAESS [2]). Ein Nachteil ist, daß die Koeffizienten

$$\begin{aligned}
c^0 &:= \frac{1}{0!} D^0 x = x, \\
c^1 &:= \frac{1}{1!} D^1 x = D^0 f = f, \\
c^2 &:= \frac{1}{2!} D^2 x = \frac{1}{2} D^1 f = \frac{1}{2} (f_t + f f_x) = \frac{1}{2} (c_t^1 + c^1 c_x^1), \\
&\vdots \\
c^l &:= \frac{1}{l!} D^l x = \frac{1}{l!} D^{l-1} f = \frac{1}{l} D c^{l-1} = \frac{1}{l} (c_t^{l-1} + c^1 c_x^{l-1})
\end{aligned} \tag{2}$$

für größere l sehr umfangreich werden. Wenn aber die rechte Seite f so beschaffen ist, daß sich alle partiellen Ableitungen von f nach t und x explizit angeben lassen (z. B., wenn f ein Polynom in t und x oder eine elementare transzendente Funktion oder ein algebraischer Ausdruck aus solchen Funktionen ist), so kann man die c^l und ihre partiellen Ableitungen nach t und x rekursiv mit Hilfe eines Rechenautomaten berechnen (GIBBONS [1], MAESS [1], WANNER [1]). Wir wollen die Rekursionsformeln hier nicht herleiten, sondern zeigen das Vorgehen nur am Beispiel der ersten Koeffizienten:

$$l = 1, \quad c^1 = f, c_t^1 = f_t, c_x^1 = f_x, c_{tt}^1 = f_{tt}, \ldots,$$

$$l = 2, \quad c^2 = \frac{1}{2}(c_t^1 + c^1 c_x^1), \quad c_t^2 = \frac{1}{2}(c_{tt}^1 + c_t^1 c_x^1 + c^1 c_{tx}^1), \ldots,$$

$$l = 3, \quad c^3 = \frac{1}{3}(c_t^2 + c^1 c_x^2), \ldots$$

Wegen dieser Möglichkeit der automatischen Koeffizientenberechnung hat die Methode der TAYLOR-Entwicklung (auch als LIE-Reihen-Methode bezeichnet) in letzter Zeit an Bedeutung gewonnen. Der Abbruchfehler kann in Form des LAGRANGEschen Restglieds angegeben werden:

$$R_{m+1}^{(n)} := (t_{n+1} - t_n)^{m+1} \frac{1}{(m+1)!} [D^{m+1} x]_{t = t_n + \vartheta(t_{n+1} - t_n)}, \quad 0 < \vartheta < 1.$$

Einen Näherungswert erhält man durch das erste vernachlässigte Glied:

$$R_{m+1}^{(n)} \approx (t_{n+1} - t_n)^{m+1} c^{m+1}.$$

Rechnet man es bei jedem Schritt aus, so kann man die Schrittweite leicht so steuern, daß der Abbruchfehler im Verlauf der gesamten Rechnung von etwa gleicher Größenordnung ist.

8.4. Differenzenmethoden

Bei den bisher behandelten sogenannten Einschrittmethoden werden zur Berechnung eines neuen Näherungswertes x_{n+1} für den gesuchten Wert $x(t_{n+1})$ nur Funktions- und Ableitungswerte an der zuletzt verwendeten Stelle t_n herangezogen. Bei den Differenzen- oder Mehrstellenverfahren benutzt man auch weiter zurückliegende Punkte:

1. *Prädiktorschritt (Extrapolationsschritt):* Wir gehen wieder aus von der Integraldarstellung (8.2; 2) des Anfangswertproblems, ersetzen aber jetzt den Integranden $x' = f(t, x(t))$ durch ein Interpolationspolynom (vgl. (5.2; 25)) durch die drei (oder mehr) zuletzt berechneten Punkte (t_{n-2}, x'_{n-2}), (t_{n-1}, x'_{n-1}), (t_n, x_n') (vgl. Abb. 8.4):

$$\tilde{x}'(t) = \tilde{x}'(t_n + sh) = x_n' + s\nabla^1 x_n' + \frac{1}{2}(s+1)\, s\nabla^2 x_n'. \tag{1}$$

Dabei wurde zur Abkürzung $x_n' .= f(t_n, x_n)$ geschrieben. Durch Integration ergibt sich

$$\tilde{x}_{n+1} = x_n + \int_{t_n}^{t_n+1} \tilde{x}'(t)\,dt = x_n + h \int_0^1 \tilde{x}'(t_n + sh)\,ds,$$

also

$$\tilde{x}_{n+1} = x_n + h\left(x_n' + \frac{1}{2}\nabla^1 x_n' + \frac{5}{12}\nabla^2 x_n'\right) \tag{2}$$

oder ohne Differenzen und mit der Funktion f statt x'

$$\tilde{x}_{n+1} = x_n + \frac{h}{12}[5f(t_{n-2}, x_{n-2}) - 16f(t_{n-1}, x_{n-1}) + 23f(t_n, x_n)]. \tag{3}$$

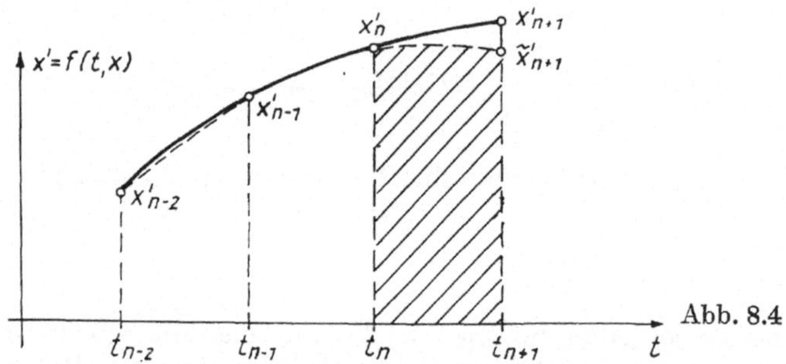

Abb. 8.4

Der durch dieses sogenannte Adams*sche Extrapolationsverfahren* (das Interpolationspolynom $\tilde{x}'(t)$ wurde außerhalb des Interpolationsintervalls $[t_{n-2}, t_n]$ im anschließenden Intervall $[t_n, t_{n+1}]$ benutzt) gewonnene Näherungswert ist im allgemeinen relativ grob. Er wird deshalb nur als Prädiktorwert verwendet.

2. *Korrektorschritt (Interpolationsschritt):* Durch (t_{n-1}, x'_{n-1}), (t_n, x_n') und den im Prädiktorschritt bestimmten Punkt $(t_{n+1}, \tilde{x}'_{n+1})$ legen wir erneut ein Interpolationspolynom $\tilde{\tilde{x}}'(t)$, das über dem Intervall $[t_n, t_{n+1}]$ integriert wird:

$$\begin{aligned}\tilde{\tilde{x}}_{n+1} &= x_n + h\int_{-1}^{0} \tilde{\tilde{x}}(t_{n+1} + sh)ds \\ &= x_n + h\left(\tilde{x}'_{n+1} - \frac{1}{2}\nabla^1 \tilde{x}'_{n+1} - \frac{1}{12}\nabla^2 x'_{n+1}\right),\end{aligned} \tag{4}$$

oder nach f-Werten geordnet (Adams*sches Interpolationsverfahren*)

$$\tilde{\tilde{x}}_{n+1} = x_n + \frac{h}{12}[-f(t_{n-1}, x_{n-1}) + 8f(t_n, x_n) + 5f(t_{n+1}, \tilde{x}_{n+1})]. \tag{5}$$

Weicht der Korrektorwert $\tilde{\tilde{x}}_{n+1}$ wesentlich von $\tilde{x}_{n+1}$ ab, so nimmt man ihn als neuen Prädiktorwert und iteriert nach (5) so lange, bis zwei aufeinanderfolgende Werte im Rahmen der mitgeführten Stellen nicht mehr voneinander abweichen. Der Fehler ergibt sich wie bei den Quadraturverfahren durch Integration des Restglieds der Polynominterpolation (vgl. COLLATZ):

$$x(t_{n+1}) = x_{n+1} + R \quad \text{mit} \quad |R| \leqq \frac{h^4}{24} \|D^3 f\|_\infty . \tag{6}$$

Wir stellen die Formeln noch einmal zusammen:

Differenzenverfahren mit drei Stützstellen:

x_0, x_1, x_2 (bereits bekannte Näherungswerte),

$n = 2, 3, \ldots$ (Schrittnummer),

$$\begin{aligned} \tilde{x}_{n+1} &= x_n + \frac{h}{12} [5f(t_{n-2}, x_{n-2}) - 16f(t_{n-1}, x_{n-1}) + 23f(t_n, x_n)] \\ &\quad \text{(Prädiktorschritt)}, \\ x_{n+1} &= x_n + \frac{h}{12} [-f(t_{n-1}, x_{n-1}) + 8f(t_n, x_n) + 5f(t_{n+1}, \tilde{x}_{n+1})] \\ &\quad \text{(Korrektorschritt)}. \end{aligned} \tag{7}$$

Es bereitet keine Schwierigkeiten, entsprechende Formeln für mehr als drei Stützstellen herzuleiten. Wir wollen darauf nicht eingehen. Will man manuell rechnen, so stellt man eine Differenzentabelle für die $x_n' = f(t_n, x_n)$ auf (vgl. Aufg. 5.12) und verwendet statt (7) die Formeln (2) und (4). Um ein Differenzenverfahren anwenden zu können, benötigt man neben dem vorgegebenen Anfangswert x_0 weitere Werte $x_1, x_2, \ldots$. Man beschafft sie sich in einer sogenannten Anlaufrechnung mit Hilfe eines anderen Verfahrens, z. B. durch einige RUNGE-KUTTA-Schritte oder durch Potenzreihenentwicklung. Dabei muß man darauf achten, daß die Ausgangswerte von mindestens derselben Genauigkeit sind, mit der man später beim Differenzenverfahren rechnen will. Die Schrittweite h wählt man so, daß höchstens zwei Korrektorschritte pro x-Wert nötig sind und daß das erste vernachlässigte Glied im Interpolationsansatz ohne Einfluß auf die Rechnung bleiben würde. In unserem Falle ist das

$$\int_{t_n}^{t_{n+1}} \binom{s+2}{3} \nabla^3 \tilde{x}'_{n+1} \, dt = h \int_{-1}^{0} \binom{s+2}{3} \nabla^3 \tilde{x}'_{n+1} \, ds = -\frac{h}{24} \nabla^3 \tilde{x}'_{n+1} .$$

Im allgemeinen muß die Schrittweite beim Differenzenverfahren etwas kleiner gewählt werden als beim RUNGE-KUTTA-Verfahren.

Differenzenverfahren sind gut geeignet, wenn die höheren Differenzen klein sind, die Lösungskurven also glatt verlaufen. Eine Schrittweitenverkleinerung ist nicht so einfach möglich wie bei den Einschrittverfahren, denn für jede neue Schrittweite ist eine neue Anlaufrechnung erforderlich (MILNE [1]).

Als Beispiel berechnen wir $x(0.6)$ für die Lösung $x(t)$ des Anfangswertproblems $x' = -tx$, $x(0) = 1$.

	t_n	x_n	$x_n' = -t_n x_n$	$\nabla x_n'$	$\nabla^2 x_n'$	$\nabla^3 x_n'$
	0.0	1.0	0.0			
vorgegeben	0.2	0.9802	−0.1960	−0.1960		
	0.4	0.9231	−0.3692	−0.1732	+0.0228	
Präd. (2)	0.6	0.8338	−0.5003	−0.1311	+0.0421	−0.0193
1. Korr. (4)	0.6	0.8355	−0.5013	−0.1321	+0.0411	
2. Korr. (4)	0.6	0.8354				

Aufg. 8.15: Man bestimme Näherungswerte für das Anfangswertproblem $x' = t^2 + x^2$, $x(0) = 0$ mit Hilfe des Differenzenverfahrens (vgl. Aufg. 8.12).

8.5. Verwendung von Ableitungen

Sind die ersten Ableitungen $f' = Df$, $f'' = D^2 f$, ... der rechten Seite der Differentialgleichung einfach zu berechnen, so kann das Integral in (8.2; 2) durch Intervallquadratur (vgl. 7.4) ausgewertet werden. Mit Intervallfunktionen erster Ordnung erhält man für $N = 1$ aus (7.4; 1) und (8.2; 2)

$$\begin{aligned} x_{n+1} &= x_n + \frac{h}{2}\,[f(t_n, x_n) + f(t_{n+1}, x_{n+1})] \\ &\quad + \frac{h^2}{12}\,[f'(t_n, x_n) - f'(t_{n+1}, x_{n+1})] \end{aligned} \tag{1}$$

mit dem Quadraturfehler R_1:

$$x(t_{n+1}) = x_{n+1} + R_1, \quad R_1 = \frac{h^5}{720}\, f^{(4)}\big(\tau, x(\tau)\big). \tag{2}$$

Da die rechte Seite von (1) die zu bestimmende Größe x_{n+1} enthält, braucht man wieder einen Prädiktorwert $\bar{x}_{n+1}$, um dann (1) als Korrektorformel verwenden zu können. Da die Ableitung von f ohnehin berechnet wird, kann man die nach der zweiten Potenz abgebrochene TAYLOR-Entwicklung

$$\bar{x}_{n+1} = x_n + hf(t_n, x_n) + \frac{h^2}{2}\, f'(t_n, x_n) \tag{3}$$

verwenden. Der Abbruchfehler ist von der Ordnung h^3, also schlechter als der Quadraturfehler R_1. Einen Prädiktorwert mit gleicher Fehlerordnung wie (1) erhält man aus (8.2; 2), wenn man den Integranden f im Intervall $[t_{n-1}, t_n]$ mit Intervallfunktionen erster Ordnung (vgl. (5.4; 7)) interpoliert.

$$f = f_{n-1}\psi_{0n} + f_n\overline{\psi}_{0n} + f'_{n-1}\psi_{1n} + f_n'\overline{\psi}_{1n}, \tag{4}$$

und dieses Polynom zur Extrapolation benutzt, es also über $[t_n, t_{n+1}]$ integriert. Dadurch ergibt sich

$$\begin{aligned}\tilde{x}_{n+1} &= x_n + \frac{h}{2}\,[3f(t_{n-1}, x_{n-1}) - f(t_n, x_n)] \\ &\quad + \frac{h^2}{12}\,[7f'(t_{n-1}, x_{n-1}) + 17f'(t_n, x_n)].\end{aligned} \tag{5}$$

Den Quadraturfehler bekommt man durch Integration von (5.4; 11):

$$R_2 = \int_{t_n}^{t_{n+1}} \frac{1}{4!}\, f^{(4)} \cdot (t - t_{n-1})^2 (t - t_n)^2 \,\mathrm{d}t = \frac{31}{720}\, h^5 f^{(4)}\bigl(\tau, x(\tau)\bigr). \tag{6}$$

Aufg. 8.16: Man leite die Formeln (5) und (6) her.

Integration mit Hilfe von Ableitungen:

t_0, x_0 (Anfangswerte),

$n = 1, 2, \ldots$ (Schrittnummer),

$$\tilde{x}_{n+1} = x_n + hf(t_n, x_n) + \frac{h^2}{2}\, f'(t_n, x_n) \quad \text{(Prädiktorschritt für } n = 1\text{)},$$

$$\begin{aligned}\tilde{x}_{n+1} &= x_n + \frac{h}{2}\,[3f(t_{n-1}, x_{n-1}) - f(t_n, x_n)] + \frac{h^2}{12}\,[7f'(t_{n-1}, x_{n-1}) \\ &\quad + 17f'(t_n, x_n)] \quad \text{(Prädiktorschritt für } n = 2, 3, \ldots\text{)},\end{aligned} \tag{7}$$

$$x_{n+1} = x_n + \frac{h}{2}\,[f(t_n, x_n) + f(t_{n+1}, \tilde{x}_{n+1})] + \frac{h^2}{12}\,[f'(t_n, x_n) - f'(t_{n+1}, \tilde{x}_{n+1})]$$

(Korrektorschritt).

Eine für die manuelle Rechnung etwas bequemere Prädiktorformel ist (Zurmühl [2], S. 399)

$$\tilde{x}_{n+1} = 3x_n - 3x_{n-1} + x_{n-2} + h^2[f'(t_n, x_n) - f'(t_{n-1}, x_{n-1})]. \tag{8}$$

Sie benötigt keine f-Werte, dafür muß aber neben x_{n-1} auch x_{n-2} bereits bekannt sein. Sie kann also erst ab $n = 2$ verwendet werden. Das zugehörige Restglied

$$R_3 = \frac{h^5}{12}\, f^{(4)}\,(\tau, x(\tau)) \tag{9}$$

ist von der gleichen Größenordnung wie R_1 und R_2. Als Beispiel berechnen wir wieder die Lösung von $x' = -tx$, $x(0) = 1$ mit der Schrittweite $h = 0.2$. Für die Ableitung f' erhält man

$$f' = Df = f_t + ff_x = -(1 - t^2)x.$$

Damit ergibt sich

Formel	t_n	x_n	$f_n = -t_n x_n$	$f_n' = -(1 - t_n^2)x_n$	$\frac{h}{2}(f_n + f_{n+1})$	$\frac{h^2}{12}(f_n' - f_{n+1}')$
	0.0	1.0	0.0	−1.0		
(3)	0.2	0.98	−0.196	−0.9408	−0.0196	−0.000197
(1)	0.2	0.980203	−0.196041	−0.940995	−0.019604	−0.000197
(1)	0.2	0.980199	−0.196040	−0.940991		
(5)	0.4	0.923147	−0.369259	−0.775443	−0.056530	−0.000552
(1)	0.4	0.923117	−0.369247	−0.775418		
(5)	0.6	0.835333	−0.501200	−0.534613	−0.087045	−0.000803
(1)	0.6	0.835269				

Abgesehen vom ersten wurden bei jedem Schritt zwei f- und zwei f'-Werte berechnet. Das entspricht dem Rechenaufwand des Runge-Kutta-Verfahrens, das pro Schritt vier f-Berechnungen erfordert. Beide Verfahren sind von der gleichen Fehlerordnung $O(h^5)$.

Aufg. 8.17: Man bestimme Näherungswerte für die Lösung des Anfangswertproblems der Aufg. 8.12 mit Hilfe des Verfahrens (7).

8.6. Stabilität

Mit Ausnahme des Euler-Cauchyschen Polygonzugverfahrens und des Verfahrens von Euler-Heun wurde für die behandelten Integrationsmethoden nur die Größenordnung des lokalen Fehlers angegeben:

$$x(t_{n+1}) = x_{n+1} + O(h^l), \quad l \geqq 2. \tag{1}$$

Für alle diese Methoden gilt also

$$\lim_{h \to 0} \left| \frac{x(t_{n+1}) - x_{n+1}}{h^{l-1}} \right| = 0, \tag{2}$$

d. h., durch Wahl einer hinreichend kleinen Schrittweite h kann aus einem exakt vorgegebenen x_n ein beliebig genaues x_{n+1} berechnet werden. Abgesehen vom Anfangspunkt x_0 sind aber die Näherungswerte mit Fehlern behaftet. Wir müssen untersuchen, wie sich der Fehler von x_n auf x_{n+1} auswirkt.

8.6.1. Instabile Lösungen

Es sei $x^*(t)$ die Lösung der Differentialgleichung $x' = f(t, x)$ mit der Anfangsbedingung $x^*(t_n) = x_n^*$ und $x(t)$ eine Lösung derselben Differentialgleichung mit dem abweichenden Anfangswert $x(t_n) = x_n$. Für die Differenz $y(t) .= x(t) - x^*(t)$ gilt dann

$$\begin{aligned} y'(t) &= x'(t) - x^{*\prime}(t) = f(t, x^*(t) + y(t)) - f(t, x^*(t)) \\ &= y(t) \frac{\partial f(t, x^*(t))}{\partial x} + \frac{y(t)^2}{2} \frac{\partial^2 f}{\partial x^2} + \cdots . \end{aligned}$$

Vernachlässigt man die Glieder von der 2. Ordnung an, so ergibt sich die *linearisierte Variationsgleichung*

$$y'(t) = y(t) f_x \tag{3}$$

zur Ausgangsdifferentialgleichung $x' = f(t, x)$. Nimmt man an, daß f_x im betrachteten Intervall $(t_n, t_n + h)$ konstant ist, so ergibt die Integration von (3)

$$y(t) = y(t_n)\, \mathrm{e}^{(t-t_n)f_x} \tag{4}$$

mit dem Anfangswert

$$y(t_n) = x(t_n) - x^*(t_n). \tag{5}$$

Ist nun f_x positiv, so nimmt die Differenz $y(t) = x(t) - x^*(t)$ offenbar mit wachsendem t exponentiell zu, d. h., eine zum Zeitpunkt t_n noch benachbarte Lösung $x(t)$ entfernt sich mit wachsendem t von der Lösung $x^*(t)$ (Abb. 8.5.). Man nennt $x^*(t)$ in diesem Fall eine ***instabile Lösung*** der Ausgangsdifferentialgleichung. Will man sie numerisch bestimmen, so muß man mit hoher Genauigkeit, also mit vielen Ziffern und einer kleinen Schrittweite rechnen. Bei sehr großem f_x wird die Näherungslösung aber selbst dann nach wenigen Schritten unbrauchbar. Glücklicherweise sind die instabilen Lösungen von Differentialgleichungen erster Ordnung in der Regel für die Praxis uninteressant. Bei Differentialgleichungssystemen treten dagegen häufig einzelne instabile Komponenten des Lösungsvektors $\boldsymbol{x}(t)$ auf.

Ist $f_x < 0$, so heißt die Lösung $x^*(t)$ *stabil*, benachbarte Lösungen $x(t)$ streben mit wachsendem t exponentiell gegen $x^*(t)$ (Abb. 8.5).

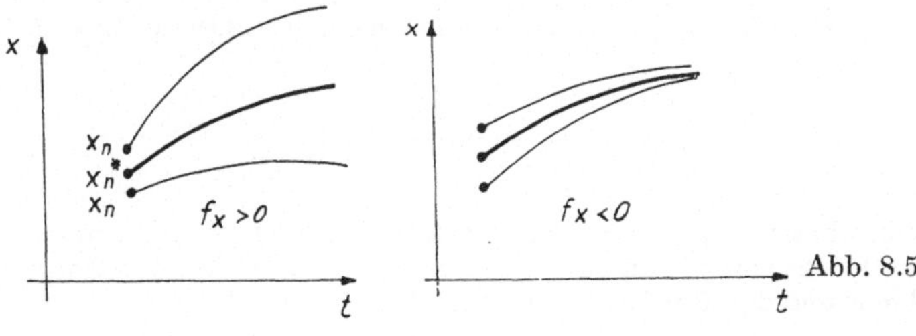

Abb. 8.5

8.6.2. *Numerische Stabilität*

Wir betrachten zunächst ein einfaches Einschrittverfahren

$$x_{n+1} = x_n + hg\,(t_n, x_n) \tag{6}$$

und vergleichen die beiden Näherungswerte x_{n+1} und x_{n+1}^*, die sich zu zwei benachbarten Ausgangswerten x_n und $x_n{}^*$ ergeben:

$$\begin{aligned} y_{n+1} :&= x_{n+1} - x_{n+1}^* = x_n - x_n{}^* + h[g(t_n, x_n{}^* + y_n) - g(t_n, x_n{}^*)] \\ &= y_n + hg_x(t_n, x_n{}^*)\, y_n + hg_{xx}\frac{y_n{}^2}{2} + \cdots. \end{aligned} \tag{7}$$

Vernachlässigen wir wieder die in y_n nichtlinearen Glieder, so ergibt sich

$$y_{n+1} = (1 + hg_x)y_n. \tag{8}$$

Ist $g_x < 0$, so kann man die Schrittweite h so wählen, daß $|1 + hg_x| < 1$ wird, der Fehler der Näherung x_n wird dann bei der Berechnung von x_{n+1} verkleinert[1]). Das Verfahren (6) heißt in diesem Fall *numerisch stabil*. Ist dagegen $g_x > 0$, so wird der Fehler von x_n durch das Verfahren vergrößert, es heißt dann *numerisch instabil*. Zum Beispiel ist beim EULER-CAUCHYschen Polygonzugverfahren $g(t, x) = f(t, x)$, und wir erhalten: Gilt für die gesuchte Lösung $f_x < 0$, ist also die Lösung stabil, so ist das Polygonzugverfahren numerisch stabil.

Untersuchungen über die numerische Stabilität des RUNGE-KUTTA-Verfahrens findet man bei RUTISHAUSER [2].

Zum Abschluß betrachten wir das Differenzenverfahren (8.4; 7). Durch iterierte Anwendung der Korrektorformel seien zu zwei benachbarten Ausgangswerten x_n und $x_n{}^*$ Näherungswerte x_{n+1} und x_{n+1}^* bestimmt worden. Für ihre Differenz gilt

$$\begin{aligned} y_{n+1} := x_{n+1} - x_{n+1}^* = x_n - x_n{}^* + \frac{h}{12}\,[&-f(t_{n-1}, x_{n-1}^* + y_{n-1}) \\ &+ 8f(t_n, x_n{}^* + y_n) + 5f(t_{n+1}, x_{n+1}^* + y_{n+1}) + f(t_{n-1}, x_{n-1}^*) \\ &- 8f(t_n, x_n{}^*) - 5f(t_{n+1}, x_{n+1}^*)], \end{aligned}$$

und durch TAYLOR-Entwicklung und Abbruch nach den linearen Gliedern näherungsweise

$$y_{n+1} = y_n + \frac{h}{12}\,f_x(-y_{n-1} + 8y_n + 5y_{n+1}). \tag{9}$$

---

[1]) Wir haben hier nur die Auswirkung des fehlerhaften Ausgangswertes x_n betrachtet. Um den Fehler von x_{n+1} zu bestimmen, muß man außerdem den Abbruchfehler des Verfahrens und den Rundungsfehler berücksichtigen.

Dabei wurde wieder vorausgesetzt, daß f_x im Intervall $[t_{n-1}, t_{n+1}]$ konstant ist. (9) ist eine lineare Differenzengleichung. Man löst sie mit Hilfe des Ansatzes

$$y_n = \lambda^n, \tag{10}$$

der (9) überführt in

$$\lambda^{n+1} = \lambda^n + \frac{h}{12} f_x [-\lambda^{n-1} + 8\lambda^n + 5\lambda^{n+1}].$$

Dividiert man durch λ^{n-1} und schreibt abkürzend $F := \frac{h}{12} f_x$, so ergibt sich die sogenannte charakteristische Gleichung der Differenzengleichung (9)

$$(1 - 5F)\lambda^2 - (1 + 8F)\lambda + F = 0 \tag{11}$$

mit den beiden charakteristischen Wurzeln

$$\lambda_{1,2} = \frac{1}{2(1 - 5F)} \left[1 + 8F \pm \sqrt{1 + 12F + 64F^2}\right].$$

Für kleine Schrittweiten h ist auch F klein, so daß man den Quotienten und die Wurzeln in Reihen entwickeln kann:

$$\lambda_1 = 1 + \frac{19}{2} F + O(F^2) = 1 + \frac{19}{24} hf_x + O(h^2),$$

$$\lambda_2 = \frac{7}{2} F + O(F^2) = \frac{7}{24} hf_x O + (h^2).$$

Die allgemeine Lösung der Differenzengleichung (9) hat damit die Gestalt

$$y_n = c_1\lambda_1{}^n + c_2\lambda_2{}^n,$$

wo c_1 und c_2 Konstanten sind. Wenn nun $f_x < 0$ ist, sind für hinreichend kleines h sowohl λ_1 als auch λ_2 betragsmäßig kleiner als Eins, d. h., mit zunehmendem n nimmt y_n ab, das Differenzenverfahren (8.4; 7) ist numerisch stabil.

Aufg. 8.18: Man zeige: 1. Durch Integration der Differentialgleichung $x' = f(t, x)$ über dem Doppelintervall $[t_{n-1}, t_{n+1}]$ und Auswertung des Integrals mit Hilfe der SIMPSON-Regel ergibt sich die Vorschrift $x_{n+1} = x_{n-1} + \frac{h}{3} [f(t_{n-1}, x_{n-1}) + 4f(t_n, x_n) + f(t_{n+1}, x_{n+1})]$. 2. Dieses Näherungsverfahren ist numerisch instabil.

9. Differentialgleichungen. Randwertprobleme

9.1. *Numerische Differentiation*

Wie das Integral kann man auch die Ableitung einer Funktion $x(t)$ näherungsweise berechnen, indem man $x(t)$ durch ein Polynom $y(t)$ interpoliert und das Interpolationspolynom anstelle von $x(t)$ differenziert. Mit Hilfe der NEWTONschen Darstellung (5.2; 20) des Interpolationspolynoms für äquidistante Stützstellen ergibt sich z. B. für $n = 1$, also mit zwei Stützwerten x_0, x_1,

$$x'(t) = \frac{\mathrm{d}}{\mathrm{d}t}\, p_1(t_0 + sh) + \frac{\mathrm{d}}{\mathrm{d}t}\, R_1(t_0 + sh) = \frac{1}{h}\, \Delta x_0 + R_1' = \frac{x_1 - x_0}{h} + R_1' \tag{1}$$

und für $n = 2$, also mit drei Stützwerten x_0, x_1, x_2,

$$x'(t) = \frac{1}{h}\left[\Delta x_0 + \left(s - \frac{1}{2}\right)\Delta^2 x_0\right] + R_2', \tag{2}$$

$$x''(t) = \frac{1}{h^2}\, \Delta^2 x_0 + R_2'' = \frac{x_2 - 2x_1 + x_0}{h^2} + R_2''. \tag{3}$$

In (1) wird $x'(t)$ im Intervall $[t_0, t_1]$ durch den ersten Differenzenquotienten $\frac{x_1 - x_0}{h}$ angenähert. Aus (2) erhält man für $t = t_1$ (also $s = 1$)

$$x'(t_1) = \frac{x_2 - x_0}{2h} + R_2'(t_1). \tag{4}$$

Es wird sich zeigen, daß der hier auftretende, bezüglich t_1 symmetrisch aufgebaute, sogenannte zentrale Differenzenquotient $\frac{x_2 - x_0}{2h}$ eine bessere Näherung ist als $\frac{x_1 - x_0}{h}$. In (3) wird $x''(t)$ durch den zweiten Differenzenquotienten $\Delta^2 x_0/h^2$ angenähert. Analog erhält man aus $n + 1$ äquidistanten Stützstellen für die n-te Ableitung $x^{(n)}(t)$ die Darstellung

$$x^{(n)}(t) = \frac{\Delta^n x_0}{h^n} + R_n^{(n)}(t). \tag{5}$$

Man kann die n-te Ableitung also durch den n-ten Differenzenquotienten annähern.

Aufg. 9.1: Man beweise (5).

Wenn die Funktion $x(t)$ hinreichend oft differenzierbar ist, läßt sich das Restglied mit Hilfe der Darstellung (5.3; 4) abschätzen. Für äquidistante Stützstellen $t_k = t_0 + kh$ ist

$$R_n(t_0 + sh) = h^{n+1} \binom{s}{n+1} x^{(n+1)}\big(t_0 + \sigma(sh)\big) \quad \text{mit} \quad 0 < \sigma(s) < n, \tag{6}$$

und daraus ergibt sich durch Differentiation

$$\frac{\mathrm{d}}{\mathrm{d}t} R_n(t_0 + sh) = h^n \left[\frac{\mathrm{d}}{\mathrm{d}s} \binom{s}{n+1} x^{(n+1)}\big(t_0 + \sigma(sh)\right. \\ \left. + \binom{s}{n+1} \frac{\mathrm{d}}{\mathrm{d}s} x^{(n+1)}\left(t_0 + \sigma(s)h\right)\right]. \tag{7}$$

Interessiert man sich nur für den Fehler der Ableitung in den Stützstellen ($s = 0, 1, 2, \ldots, n$), so verschwindet wegen $\binom{s}{n+1} = 0$ der zweite Summand. Für $n = 1$ und $n = 2$ erhält man

$$R_1'(t_0) = -\frac{h}{2} x''(t_0 + \sigma h), \quad R_1'(t_1) = \frac{h}{2} x''(t_0 + \sigma h), \quad 0 < \sigma < 1, \tag{8}$$

$$R_2'(t_0) = \frac{h^2}{3} x'''(t_0 + \sigma h), \quad R_2'(t_1) = -\frac{h^2}{6} x'''(t_0 + \sigma h), \tag{9}$$

$$R_2'(t_2) = \frac{h^2}{3} x'''(t_0 + \sigma h), \quad 0 < \sigma < 2.$$

Man kann den Fehler also abschätzen, wenn man Schranken für die Ableitungen $x''(t)$ bzw. $x'''(t)$ kennt. Der Fehler der Formel (4) ist von der Ordnung h^2, während der des einfachen Differenzenquotienten (1) nur von der Ordnung h ist.

Aufg. 9.2: Analog zu (8), (9) berechne man die Abweichung $R_2''(t_1)$ des zweiten Differenzenquotienten von der zweiten Ableitung im Punkt $t = t_1$.

Abschließend geben wir einige Formeln (vgl. KANTOROWITSCH-KRYLOW [1], S. 171) für die ersten sechs Ableitungen von $x(t)$ im Punkt $t = t_k$ an. Die Stützstellen wurden dabei äquidistant und symmetrisch zu t_k gewählt: $t_{k\pm n} .= t_k \pm nh$, $x_{k\pm n} .= x(t_k \pm nh)$, $(n = 1, 2, 3)$.

Formeln für die numerische Differentiation:

$$
\begin{aligned}
x'(t_k) &= \frac{1}{2h}(x_{k+1} - x_{k-1}) && + \frac{h^2}{6}\vartheta\|x'''\|_\infty \\
&= \frac{1}{12h}(-x_{k+2} + 8x_{k+1} - 8x_{k-1} + x_{k-2}) && + \frac{h^4}{30}\vartheta\|x^{(5)}\|_\infty \\
&= \frac{1}{60h}(x_{k+3} - 9x_{k+2} + 45x_{k+1} - 45x_{k-1} \\
&\quad + 9x_{k-2} - x_{k-3}) && + \frac{h^6}{140}\vartheta\|x^{(7)}\|_\infty, \\
x''(t_k) &= \frac{1}{h^2}(x_{k+1} - 2x_k + x_{k-1}) && + \frac{h^2}{12}\vartheta\|x^{(4)}\|_\infty \\
&= \frac{1}{12h^2}(-x_{k+2} + 16x_{k+1} - 30x_k + 16x_{k-1} \\
&\quad - x_{k-2}) && + \frac{h^4}{54}\vartheta\|x^{(6)}\|_\infty \\
&= \frac{1}{180h^2}(2x_{k+3} - 27x_{k+2} + 270x_{k+1} - 490x_k \\
&\quad + 270x_{k-1} - 27x_{k-2} + 2x_{k-3}) && + \frac{47h^6}{8480}\vartheta\|x^{(8)}\|_\infty, \\
x'''(t_k) &= \frac{1}{2h^3}(x_{k+2} - 2x_{k+1} + 2x_{k-1} - x_{k-2}) && + \frac{17h^2}{60}\vartheta\|x^{(5)}\|_\infty \\
&= \frac{1}{8h^3}(-x_{k+3} + 8x_{k+2} - 13x_{k+1} + 13x_{k-1} \\
&\quad - 8x_{k-2} + x_{k-3}) && + \frac{403h^4}{2520}\vartheta\|x^{(7)}\|_\infty, \\
x^{(4)}(t_k) &= \frac{1}{h^4}(x_{k+2} - 4x_{k+1} + 6x_k - 4x_{k-1} \\
&\quad - x_{k-2}) && + \frac{17h^2}{90}\vartheta\|x^{(6)}\|_\infty \\
&= \frac{1}{6h^4}(-x_{k+3} + 12x_{k+2} - 39x_{k+1} + 56x_k \\
&\quad - 39x_{k-1} + 12x_{k-2} - x_{k-3}) && + \frac{403h^4}{5040}\vartheta\|x^{(8)}\|_\infty, \\
x^{(5)}(t_k) &= \frac{1}{2h^5}(x_{k+3} - 4x_{k+2} + 5x_{k+1} - 5x_{k-1} \\
&\quad + 4x_{k-2} - x_{k-3}) && + \frac{169h^2}{315}\vartheta\|x^{(7)}\|_\infty, \\
x^{(6)}(t_k) &= \frac{1}{h^6}(x_{k+3} - 6x_{k+2} + 15x_{k+1} - 20x_k + 15x_{k-1} \\
&\quad - 6x_{k-2} + x_{k-3}) && + \frac{169h^2}{420}\vartheta\|x^{(8)}\|_\infty.
\end{aligned}
\tag{10}
$$

Dabei ist ϑ eine nicht näher bestimmte Zahl aus $[-1, 1]$, und die Normen der Ableitungen sind in dem von den Stützstellen gebildeten Gesamtintervall $[t_k - nh, t_k + nh]$ zu bestimmen. Man erkennt aus dieser Formelzusammenstellung: Will man die n-te Ableitung einer Funktion durch einen finiten Ausdruck ersetzen, so braucht man mindestens $n + 1$ Stützstellen. Verwendet man mehr Stellen, so ist das Restglied von höherer Ordnung in h, nimmt also bei Verkleinerung der Schrittweite h schneller ab.

Es bereitet keine prinzipiellen Schwierigkeiten, Formeln für die numerische Differentiation bei nicht äquidistanten Stützstellen herzuleiten. Wir wollen darauf nicht eingehen.

9.2. *Gewöhnliche Differentialgleichungen*

Im Kapitel 8 wurden Anfangswertprobleme betrachtet: Es wurde diejenige Lösung der Differentialgleichung $x' = f(t, x)$ gesucht, die durch den Anfangspunkt $x(t_0) = x_0$ verläuft. Sind x und f n-dimensionale Vektorfunktionen, so wird die Lösung durch die Vorgabe von n Werten eindeutig festgelegt. Beziehen sich alle n Werte auf den Anfangszeitpunkt $t = t_0$, so spricht man von Anfangswertproblemen, gibt man dagegen einen Teil der Werte in einem anderen Zeitpunkt $t = T$ vor, so spricht man von *Randwertproblemen*. Wir beschränken uns auf den einfachsten Fall einer gewöhnlichen Differentialgleichung zweiter Ordnung

$$x'' = f(t, x, x') \tag{1}$$

mit den zwei Randbedingungen[1])

$$x(t_0) = x_0, \qquad x(T) = x_T \tag{2}$$

und untersuchen zunächst ein einfaches Beispiel.

$$x'' = -x. \tag{3}$$

Hier kann man die allgemeine Lösung in geschlossener Form angeben:

$$x(t) = a \cos t + b \sin t. \tag{4}$$

Man muß nun versuchen, die noch unbekannten Koeffizienten a und b so zu bestimmen, daß die Lösung (4) den Randbedingungen (2) genügt:

$$\begin{aligned} x(t_0) &= a \cos t_0 + b \sin t_0 = x_0, \\ x(T) &= a \cos T + b \sin T = x_T. \end{aligned} \tag{5}$$

---

1) Statt (2) könnte man auch die Werte der Ableitungen $x'(t_0) = x_0'$, $x'(T) = x_T'$ (2. Randwertaufgabe) oder Linearkombinationen von Funktions- und Ableitungswerten (3. Randwertaufgabe) vorgeben.

Das ist ein lineares Gleichungssystem für a und b. Es kann, wie aus der linearen Algebra bekannt ist, genau eine, keine oder unendlich viele Lösungen besitzen.

Aufg. 9.3: Man überzeuge sich, daß die Randwertaufgabe (3), (2) im Fall 1, $t_0 = 0$, $T = \frac{\pi}{2}$, genau eine, im Fall 2a, $t_0 = 0$, $t = \pi$, $x_0 \neq -x_T$, keine und im Fall 2b, $t_0 = 0$, $T = \pi$, $x_0 = -x_T$, unendlich viele Lösungen besitzt.

Wir können auf die Frage der Existenz und Eindeutigkeit der Lösungen von Randwertaufgaben hier nicht näher eingehen und setzen im weiteren voraus, daß die betrachteten Probleme stets genau eine Lösung besitzen.

9.2.1. *Zurückführung auf ein Anfangswertproblem*

Will man die Lösungsmethoden, die wir im Kapitel 8 für Anfangswertprobleme hergeleitet haben, auf Randwertprobleme anwenden, so muß man, um die Rechnung beginnen zu können, die fehlenden Anfangsbedingungen zunächst durch willkürliche Werte ersetzen. Im Fall der Differentialgleichung (1) müßte man also

$$x'(t_0) = v_0 \tag{6}$$

vorgeben. Berechnet man dann mit einem der behandelten Verfahren eine Näherungslösung $x(t; t_0, x_0, v_0)$, so wird sie im allgemeinen an der Stelle $t = T$ nicht den von der Randbedingung vorgegebenen Wert x_T annehmen:

$$x(T; t_0, x_0, v_0) =. w_0 \neq x_T. \tag{7}$$

Man muß also mit einem neuen, wieder willkürlich gewählten Anfangswert

$$x'(t_0) = v_1 \tag{8}$$

erneut eine Näherungslösung $x(t; t_0, x_0, v_1)$ berechnen. Auch sie wird an der Stelle $t = T$ einen von x_T verschiedenen Wert w_1 besitzen. Wir fassen

$$x(T; t_0, x_0, v) =. w(v)$$

als eine Funktion des letzten Arguments v auf, von der wir jetzt die beiden Werte $w_n .= w(v_n)$, $n = 0, 1$, kennen. Durch lineare Interpolation ergibt sich eine Näherung für den v-Wert, in dem $w(v)$ den von der Randbedingung vorgeschriebenen Wert x_T annimmt (Abb. 9.1)

$$v_{n+2} = v_{n+1} - (w_{n+1} - x_T) \frac{v_{n+1} - v_n}{w_{n+1} - w_n}, \qquad n = 0. \tag{9}$$

Ist die Differentialgleichung linear, also f eine in x und x' lineare Funktion, so ist (vom Fehler des Integrationsverfahrens abgesehen) v_2 der gesuchte Anfangswert $v_2 = x'(t_0)$ und $x(t; t_0, x_0, v_2)$ die gesuchte Lösung, die im Zeitpunkt $t = T$ den geforderten Wert x_T annimmt. Man bestimmt sie durch erneute Integration. Ist die Differentialgleichung dagegen nichtlinear, so

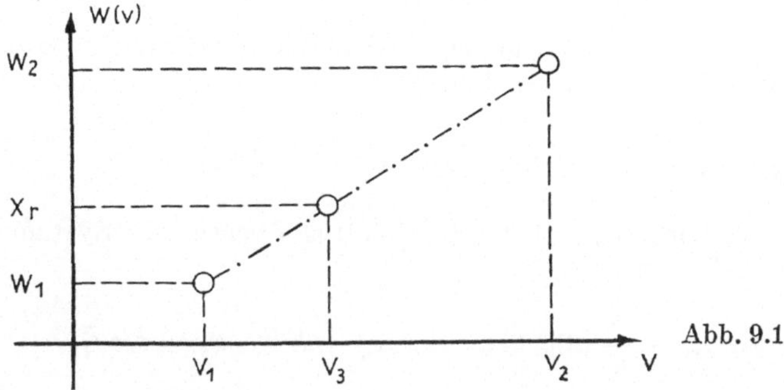

Abb. 9.1

wird auch $w(v_2) = x(T; t_0, x_0, v_2)$ noch verschieden von x_T sein, so daß man nach der Regula falsi (9) einen weiteren Näherungswert berechnen muß. Damit wird das Verfahren fortgesetzt, bis man einen Anfangswert v_k gefunden hat, dessen zugehöriger w-Wert (im Rahmen der gewünschten Genauigkeit) mit x_T übereinstimmt. Falls viele Iterationsschritte erforderlich sind, ist das Verfahren sehr aufwendig, denn jeder Iterationsschritt erfordert eine erneute numerische Integration der Ausgangsdifferentialgleichung.

Aufg. 9.4: Man bestimme mit Hilfe des RUNGE-KUTTA-Verfahrens eine Näherungslösung für die Differentialgleichung $x'' + (1 + t^2)x = -1$ mit den Randbedingungen $x(-1) = x(1) = 0$. Als Näherungswerte für $x'(-1)$ verwende man $v_1 = 0.5$ und $v_2 = 1.0$. (Das Randwertproblem beschreibt die Durchbiegung eines Balkens (vgl. COLLATZ [1], S. 143.)

Das Verfahren ist auch auf Differentialgleichungen höherer Ordnung bzw. auf Systeme anwendbar. In diesem Falle sind im allgemeinen mehrere Anfangswerte zunächst vorzugeben und dann schrittweise mit Hilfe der Regula falsi für Systeme (vgl. (3.4; 7)) zu verbessern. Es bleibt offen, unter welchen Bedingungen das Verfahren konvergiert. Hier liegen auch die wesentlichen Schwierigkeiten bei der Anwendung dieser Methode.

9.2.2. *Differenzenverfahren*

Die Differentialgleichung (1) sei linear, also von der Gestalt

$$x'' + a(t)x' + b(t)x = c(t). \tag{11}$$

Wir unterteilen das Intervall $[t_0, T]$ in N Teilintervalle der Länge $h .= \frac{1}{N}(T - t_0)$ und bezeichnen die Teilpunkte und die zugehörigen x-Werte wie früher mit

$$t_n .= t_0 + nh, \qquad x_n .= x(t_n). \tag{12}$$

Dann ersetzen wir die Ableitungen $x'(t_k)$ und $x''(t_k)$ durch finite Ausdrücke (vgl. (9.1; 10)), im einfachsten Fall durch

$$\frac{1}{2h}(x_{k+1} - x_{k-1}) \text{ bzw. } \frac{1}{h^2}(x_{k+1} - 2x_k + x_{k-1}). \tag{13}$$

Die Differentialgleichung (11) geht dadurch über in ein System von *diskretisierten Gleichungen*:

$$\begin{aligned} &x_{k+1} - 2x_k + x_{k-1} + \frac{h}{2}a(t_k)(x_{k+1} - x_{k-1}) + h^2 b(t_k)x_k = h^2 c(t_k), \\ &\qquad k = 1, 2, \ldots, N - 1. \end{aligned} \tag{14}$$

Berücksichtigt man die Randbedingungen

$$x(t_0) = x_0 \quad \text{und} \quad x(T) = x(t_N) = x_N = x_T \tag{15}$$

und verwendet die Abkürzungen

$$a(t_k) =. a_k, \qquad b(t_k) =. b_k, \qquad c(t_k) =. c_k, \tag{16}$$

so ergibt sich das folgende lineare Gleichungssystem für die unbekannten Funktionswerte x_k, $k = 1, 2, \ldots, N - 1$:

$$\begin{aligned} &(h^2 b_1 - 2)x_1 + \left(\frac{h}{2}a_1 + 1\right)x_2 = h^2 c_1 - \left(-\frac{h}{2}a_1 + 1\right)x_0, \\ &\left(-\frac{h}{2}a_2 + 1\right)x_1 + (h^2 b_2 - 2)x_2 + \left(\frac{h}{2}a_2 + 1\right)x_3 = h^2 c_2, \\ &\left(-\frac{h}{2}a_3 + 1\right)x_2 + (h^2 b_3 - 2)x_3 + \left(\frac{h}{2}a_3 + 1\right)x_4 = h^2 c_3, \\ &\left(-\frac{h}{2}a_{N-1} + 1\right)x_{N-2} + (h^2 b_{N-1} - 2)x_{N-1} = h^2 c_{N-1} \\ &\quad - \left(\frac{h}{2}a_{N-1} + 1\right)x_T. \end{aligned} \tag{17}$$

Die Koeffizienten dieses Gleichungssystems sind nur längs eines Bandes parallel zur Hauptdiagonalen verschieden von Null. Solche *Bandmatrizen* sind typisch für Differenzenverfahren. Für große N verwendet man zur

Lösung von (17) am besten Iterationsmethoden (vgl. 2.4, 2.5 und 2.6). Der Diskretisierungsfehler, der bei der Ersetzung von x' und x'' durch die Differenzenquotienten (13) auftritt, ist von der Ordnung h^2 (vgl. (9.1; 10)). Will man die Genauigkeit erhöhen, so kann man die Schrittweite h verkleinern, also eine größere Anzahl von Teilpunkten verwenden. Das führt zu einem großen linearen Gleichungssystem, also einem großen Rechenaufwand.

Aufg. 9.5: Man bestimme mit Hilfe des Differenzenverfahrens mit den Schrittweiten $h = 1$ und $h = \frac{1}{2}$ Näherungswerte x_k für die Lösung des Randwertproblems von Aufg. 9.4.

Zweckmäßiger ist deshalb die Verwendung von finiten Ausdrücken mit höherer Fehlerordnung, also z. B. der zweiten Formel (9.1; 10)

$$x'(t_k) = \frac{1}{12h}(-x_{k+2} + 8x_{k+1} - 8x_{k-1} + 8x_{k-2}) + O(h^4)$$

und der zweiten Formel für $x''(t_k)$, deren Fehler ebenfalls von der Ordnung h^4 ist. Dabei ergibt sich aber eine neue Schwierigkeit: Die finite Gleichung für die Stelle $t = t_1$ enthält den Wert $x_{-1} = x(t_0 - h)$ und die Gleichung für $t = t_{N-1}$ den Wert $x_{N+1} = x\big(t_0 + (N + 1)h\big)$, das sind Funktionswerte, die außerhalb des uns interessierenden t-Intervalls $[t_0, T]$ liegen. Um die zusätzlichen Unbekannten zu bestimmen, muß man sich zusätzliche Gleichungen verschaffen (Kantorowitsch-Krylow [1], S. 187, Collatz [1], S. 163). Diese Schwierigkeit wird umgangen, wenn man sogenannte *Mehrstellenformeln* benutzt. Sie verwenden außer Funktionswerten auch Werte der Ableitungen an mehreren Stellen. Wir geben ohne Herleitung einige Mehrstellenformeln für die Ableitungen x', x'', x''' und $x^{(4)}$ an (Collatz [1], S. 538):

Mehrstellenformeln für x', x'', x''', $x^{(4)}$:

$$\begin{aligned}
&\frac{3}{h}(-x_{k-1} + x_{k+1}) = x'_{k-1} + 4x'_k + x'_{k+1} - \frac{1}{30}h^4 x_k^{(5)} + \cdots,\\
&\frac{12}{h^2}(x_{k-1} - 2x_k + x_{k+1}) = x''_{k-1} + 10x''_k + x''_{k+1} - \frac{1}{20}h^4 x_k^{(6)} + \cdots,\\
&\frac{2}{h^3}(-x_{k-2} + 2x_{k-1} - 2x_{k+1} + x_{k+2}) = x'''_{k-1} + 2x'''_k + x'''_{k+1}\\
&\qquad\qquad + \frac{1}{60}h^4 x_k^{(7)} + \cdots,\\
&\frac{6}{h^4}(x_{k-2} - 4x_{k-1} + 6x_k - 4x_{k+1} + x_{k+2}) = x^{(4)}_{k-1} + 4x_k^{(4)} + x^{(4)}_{k+1}\\
&\qquad\qquad - \frac{1}{120}h^4 x_k^{(8)} + \cdots.
\end{aligned} \tag{18}$$

Im Beispiel der Aufg. 9.4 gilt für $t = t_k$

$$x_k'' + (1 + t_k^2)x_k = -1.$$

Damit können wir alle zweiten Ableitungen in der zweiten Mehrstellenformel eliminieren,

$$\begin{aligned} x_{k-1}'' + 10x_k'' + x_{k+1}'' &= -12 - (1 - t_{k-1}^2)x_{k-1} - 10(1 - t_k^2)x_k - (1 - t_{k+1}^2 x_{k+1}) \\ &= \frac{12}{h^2}(x_{k-1} - 2x_k + x_{k+1}) + O(h^4), \end{aligned}$$

und erhalten unter Vernachlässigung der Glieder von 4. und höherer Ordnung in h und Verwendung der Randbedingungen $x_0 = x(-1) = 0$ und $x_N = x(1) = 0$ das lineare Gleichungssystem

$$\begin{aligned} -a_1x_1 + b_2x_2 \qquad\qquad\qquad\qquad &= -12, \\ b_1x_1 \quad - a_2x_2 + b_3x_3 \qquad\qquad &= -12, \\ b_{N-3}x_{N-3} - a_{N-2}x_{N-2} + b_{N-1}x_{N-1} &= -12, \\ b_{N-2}x_{N-2} - a_{N-1}x_{N-1} &= -12, \end{aligned} \tag{19}$$

wo zur Abkürzung

$$a_k := \frac{24}{h^2} - 10(1 - t_k^2) \quad \text{und} \quad b_k := \frac{12}{h^2} + 1 - t_k^2 \tag{20}$$

gesetzt wurde. Es ergibt sich wieder eine Koeffizientenmatrix mit Bandstruktur.

Aufg. 9.6: Man löse das System (19) für $h = 1$, $h = \frac{1}{2}$ und $h = \frac{1}{4}$ und vergleiche die Ergebnisse mit denen von Aufg. 9.4 und Aufg. 9.5. (Hinweis: Wenn man die Symmetrie der Aufgabe verwendet, kann man die Anzahl der unbekannten Funktionswerte auf fast die Hälfte reduzieren: $x_k = x_{N-k}$, $\left(k = 1, 2, \ldots, \left[\frac{N-1}{2}\right]\right)$[1].)

Wir haben die Verwendung von Mehrstellenformeln nur an einem einfachen Beispiel erläutert. Bei der allgemeinen linearen Differentialgleichung ist die Elimination der Ableitungen x_k', x_k'', ... etwas komplizierter (vgl. SASSENFELD [2], ZURMÜHL [2], S. 477, COLLATZ [1], S. 171).

---

[1] $\left[\frac{N-1}{2}\right]$ bezeichnet die größte ganze Zahl $\leqq \frac{N-1}{2}$, also z. B. $[1/2] = 0$, $[1] = 1$.

Um einen Eindruck von der Größenordnung des Fehlers zu bekommen, kann man (sowohl beim einfachen Differenzenverfahren als auch beim Mehrstellenverfahren) wie früher (vgl. (8.2; 39)) die Rechnung mit zwei verschiedenen Schrittweiten h und h^* durchführen und für denselben t-Wert zwei Näherungswerte x und x^* berechnen:

$$x(t) - x = Ch^n, \quad x(t) - x^* = C^* h^{*n}. \tag{21}$$

C und C^* sind bis auf einen Zahlenfaktor gleich der $(n+1)$-ten Ableitung der Lösung an gewissen Zwischenstellen τ, τ^* des zugrunde liegenden t-Intervalls. Nimmt man an, daß sich die $(n+1)$-te Ableitung in diesem Intervall nur wenig ändert, so kann man $C \approx C^*$ setzen und erhält durch Elimination von C und C^*

$$\frac{1}{h^n}\,[x(t) - x] \approx \frac{1}{h^{*n}}\,[x(t) - x^*]$$

und Auflösung nach $x(t)$

$$x(t) \approx x + \frac{h^n}{h^{*n} - h^n}\,(x - x^*). \tag{22}$$

Der Diskretisierungsfehler ist bei Verwendung der Differenzenquotienten (13) von der Ordnung h^2 und bei den Mehrstellenformeln (18) von der Ordnung h^4 (vgl. Fehlerabschätzungen bei Collatz [1], S. 177). Man erhält also aus (22) für $n = 2$ bzw. $n = 4$ bei Schrittverdoppelung ($h^* = 2h$) für den Fehler der Näherung x

$$\varepsilon := x(t) - x \approx \begin{cases} \dfrac{1}{3}\,(x - x^*) & \text{beim Differenzenverfahren,} \\[2ex] \dfrac{1}{15}\,(x - x^*) & \text{beim Mehrstellenverfahren.} \end{cases} \tag{23}$$

Man kann ε wieder zur Korrektur von x benutzen (Richardson-Extrapolation).

Aufg. 9.7: Man berechne Korrekturen zu den in Aufg. 9.5 und Aufg. 9.6 mit den Schrittweiten $h = 1$, $h = \dfrac{1}{2}$ bzw. $h = \dfrac{1}{2}$, $h = \dfrac{1}{4}$ bestimmten Näherungswerten für $x(0)$ bzw. $x\left(-\dfrac{1}{2}\right)$, $x(0)$ und $x\left(\dfrac{1}{2}\right)$.

9.3. *Partielle Differentialgleichungen*

Lineare partielle Differentialgleichungen zweiter Ordnung für eine Funktion $u(x, y)$ zweier unabhängiger Veränderlicher x und y haben die allgemeine Gestalt

$$a\,\frac{\partial^2 u}{\partial x^2} + b\,\frac{\partial^2 u}{\partial x\,\partial y} + c\,\frac{\partial^2 u}{\partial y^2} + d\,\frac{\partial u}{\partial x} + e\,\frac{\partial u}{\partial y} + fu + g = 0. \tag{1}$$

Hierbei sind $a, b, c, \ldots, g$ Konstanten oder Funktionen von x und y. Wir beschränken uns im folgenden auf diesen einfachen, aber für die Anwendungen besonders wichtigen Fall.

Man klassifiziert partielle Differentialgleichungen der Gestalt (1) wie quadratische Formen

$$ax^2 + bxy + cy^2$$

nach dem Vorzeichen der Diskriminante $D .= b^2 - 4ac$. Gleichung (1) heißt elliptisch für $D < 0$, parabolisch für $D = 0$ und hyperbolisch für $D > 0$. So ist die Poissonsche *Differentialgleichung*[1])

$$\Delta u .= \frac{\partial^2 u}{\partial x^2} + \frac{\partial^2 u}{\partial y^2} = f(x, y) \tag{2}$$

elliptisch, die *Wärmeleitungsgleichung*

$$\frac{\partial^2 u}{\partial x^2} - \alpha^2 \frac{\partial u}{\partial y} = 0 \tag{3}$$

parabolisch und die *Wellengleichung*

$$\frac{\partial^2 u}{\partial x^2} - \alpha^2 \frac{\partial^2 u}{\partial y^2} = 0 \tag{4}$$

hyperbolisch.

Lösungen in geschlossener Form können nur für einige spezielle partielle Differentialgleichungsprobleme angegeben werden. In der Regel ist man wie schon bei den gewöhnlichen Differentialgleichungen auf Näherungsverfahren angewiesen. Erschwerend kommt jetzt hinzu, daß die bisher entwickelte Theorie (vgl. z. B. Petrowski [1], Miranda [1]) in vielen Fällen nicht zu entscheiden erlaubt, ob ein gestelltes Problem überhaupt eine Lösung besitzt oder ob diese Lösung eindeutig ist. Verwendet man Näherungsmethoden, so ist die Frage der Konvergenz der Näherungen häufig ein schwieriges Problem. Es gibt sogar Fälle, in denen Konvergenz vorliegt, das Ergebnis aber nicht mit der gesuchten Lösung übereinstimmt (Collatz [1], S. 261).

Randwertaufgaben sind typisch für *elliptische partielle Differentialgleichungen.*

In einem Gebiet G der x, y-Ebene, das von der geschlossenen Kurve C berandet wird, soll diejenige Lösung der Poisson-Gleichung (2) bestimmt werden, die auf dem Rand vorgegebene Werte annimmt:

$$u(x, y) = g(x, y), \quad (x, y) \in C. \tag{5}$$

---

[1]) Die zugehörige homogene Gleichung $\left(f(x, y) \equiv 0\right)$ heißt Laplacesche Differentialgleichung, der Differentialoperator $\Delta = \frac{\partial^2}{\partial x^2} + \frac{\partial^2}{\partial y^2}$ heißt Laplacescher Operator.

Diese sogenannte *1. Randwertaufgabe*[1]) (DIRICHLET*sches Problem*) hat eine eindeutige Lösung. Um die Differentialgleichung zu diskretisieren, d. h. in finite Form überzuführen, unterteilen wir das Gebiet G, das wir der Einfachheit halber als rechteckig annehmen,

$$G .= \{x, y \; ; a \leqq x \leqq b, c \leqq y \leqq d\}, \tag{6}$$

in $M \cdot N$ Teilrechtecke (vgl. Abb. 9.2)

$$\begin{aligned} G_{m,n} = \{x, y \; ; x_{m-1} \leqq x \leqq x_m, y_{n-1} \leqq y \leqq y_n, \\ m = 1, 2, \ldots, M, \quad n = 1, 2, \ldots, N\} \end{aligned} \tag{7}$$

mit den Seiten

$$h = \frac{b-a}{M}, k = \frac{d-c}{N} \tag{8}$$

und ersetzen die zweiten partiellen Ableitungen $u_{xx} = \dfrac{\partial^2 u}{\partial x^2}$ und $u_{yy} = \dfrac{\partial^2 u}{\partial y^2}$ in den inneren Gitterpunkten (x_m, y_n) $(m = 1, \ldots, M-1; n = 1, \ldots, N-1)$ durch finite Ausdrücke, die man aus den Formeln (9.1; 10) herleiten kann,

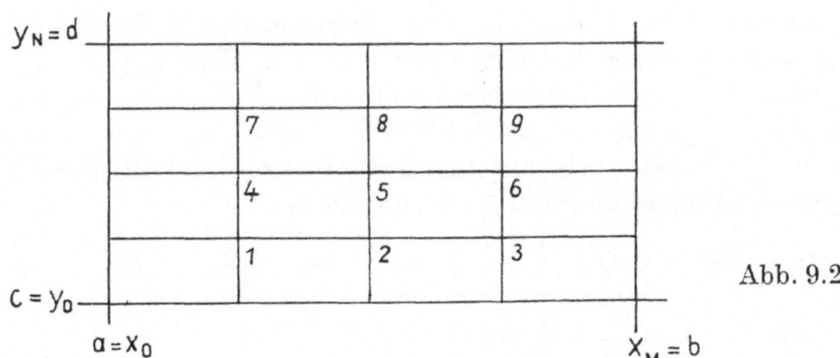

Abb. 9.2

indem man $u(x, y)$ als Funktion einer Variablen auffaßt und die andere Variable festhält:

$$\begin{aligned} u_{xx}(x_m, y_n) &= \frac{1}{h^2}\,[u(x_{m-1}, y_n) - 2u(x_m, y_n) + u(x_{m+1}, y_n)] + O(h^2), \\ u_{yy}(x_m, y_n) &= \frac{1}{k^2}\,[u(x_m, y_{n-1}) - 2u(x_m, y_n) + u(x_m, y_{n+1})] + O(k^2). \end{aligned} \tag{9}$$

[1]) Statt der Funktionswerte u kann man auch die Werte der Normalableitung $\partial u/\partial n$ (2. Randwertaufgabe oder NEUMANNsches Problem) oder eine Linearkombination von u und $\partial u/\partial n$ (3. Randwertaufgabe oder gemischtes Problem) längs des Randes C vorgeben.

Mit den Abkürzungen

$$u_{m,n} .= u(x_m, y_n), \qquad f_{m,n} .= f(x_m, y_n) \tag{10}$$

ergibt sich für jeden inneren Gitterpunkt bis auf Glieder der Ordnung h^2 bzw. k^2 eine lineare Gleichung der Gestalt

$$\begin{gathered}\frac{1}{h^2}(u_{m-1,n} + u_{m+1,n}) - 2\left(\frac{1}{h^2} + \frac{1}{k^2}\right)u_{m,n} + \frac{1}{k^2}(u_{m,n-1} + u_{m,n+1}) = f_{m,n}, \\ (m = 1, 2, \ldots, M-1; \quad n = 1, 2, \ldots, N-1).\end{gathered} \tag{11}$$

Das ist ein lineares Gleichungssystem von $(M-1)\cdot(N-1)$ Gleichungen für ebensoviel Unbekannte $u_{m,n}$. Die Werte von u in den Randgitterpunkten sind durch die Randbedingung (5) vorgegeben:

$$u_{0,n} = g_{0,n}, \quad u_{M,n} = g_{M,n}, \quad u_{m,0} = g_{m,0}, \quad u_{m,N} = g_{m,N}. \tag{12}$$

Die Gleichungen vereinfachen sich noch etwas, wenn man ein quadratisches Gitter ($h = k$) wählt. Dann gilt

$$\Delta u|_{x=x_m, y=y_n} = \frac{1}{h^2}(u_{m-1,n} + u_{m,n-1} + u_{m+1,n} + u_{m,n+1} - 4u_{m,n}) + O(h^2). \tag{13}$$

Der LAPLACE-Operator Δ wird in jedem inneren Punkt durch einen finiten Ausdruck ersetzt, dessen Koeffizienten man am übersichtlichsten in Form eines sogenannten *Differenzensterns* schreibt (Abb. 9.3). Numerieren wir die inneren Gitterpunkte fortlaufend wie in Abb. 9.2 und bezeichnen die zugehörigen Funktionswerte mit u_i, so ergibt sich im Fall $M = N = 4$ ein System mit der folgenden Koeffizientenmatrix:

u_1	u_2	u_3	u_4	u_5	u_6	u_7	u_8	u_9
−4	1		1					
1	−4	1		1				
	1	−4			1			
1			−4	1		1		
	1		1	−4	1		1	
		1		1	−4			1
			1			−4	1	
				1		1	−4	1
					1		1	−4

also wieder eine Matrix mit Bandstruktur, genauer eine blockweise tridiagonale Matrix.

Aufg. 9.8: Wie muß man die inneren Gitterpunkte numerieren, damit die Koeffizientenmatrix diagonal blockweise tridiagonal (vgl. (2.4; 28)) wird?

In diesem Fall kann man also für große Systeme das Relaxationsverfahren (2.4; 9) mit optimalem ω verwenden.

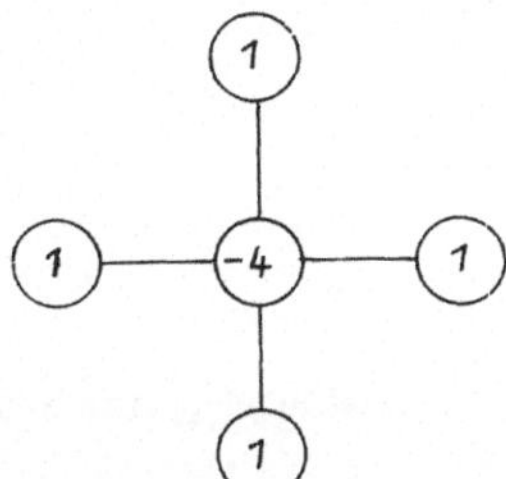

Abb. 9.3

Aufg. 9.9: Man bestimme Näherungswerte für die Lösung des Randwertproblems $\Delta u = -1$, $u|_C = 0$ in dem Gebiet $G = \{x, y; -1 \leqq x, y \leqq 1\}$ mit den Schrittweiten $h = 1$, $h = 1/2$ und $h = 1/4$. (Hinweis: Die Lösung ist symmetrisch zu den Koordinatenachsen und zu den Geraden $y = \pm x$).

Hat man für denselben Punkt (x, y) Näherungswerte u und u^* mit verschiedenen Schrittweiten h und h^* berechnet, so kann man daraus wieder durch RICHARDSON-Extrapolation eine Korrektur ε bestimmen (vgl. (9.2; 22—23)). Da das verwendete Differenzenverfahren von der Ordnung h^2 ist (COLLATZ [1], S. 348), gilt wie in (9.2; 23) für $h^* = 2h$

$$\varepsilon \approx \frac{1}{3}(u - u^*). \tag{14}$$

Aufg. 9.10: Man berechne Korrekturen zu den in Aufg. 9.9 bestimmten Näherungswerten für $u(0, 0)$ und $u\left(\pm \frac{1}{2}, \pm \frac{1}{2}\right)$.

Wir können im Rahmen dieses Buches auf die numerische Behandlung partieller Differentialgleichungsprobleme nicht ausführlicher eingehen und verweisen auf die Spezialliteratur (vgl. z. B. COLLATZ [1], MICHLIN-SMOLIZKI [1], POLOSHI [2])

10. Literatur

ACHIESER, N. I., [1] Vorlesungen über Approximationstheorie, Akademie-Verlag, 2. Aufl., Berlin 1967 (Übers. a. d. Russischen).

AHLBERG, J. H., E. N. NILSON and J. L. WALSH, [1] The theory of splines and their applications, Ac. Press, New York—London 1967.

ALBRECHT, J., [1] Fehlerabschätzungen bei Relaxationsverfahren zur numerischen Auflösung linearer Gleichungssysteme, Num. Math. **3**, 188—201 (1961).

ANTOSIEWICZ, H. A., and W. GAUTSCHI, [1] Numerical methods in ordinary differential equations, in "A survey of numerical analysis" ed. by J. Todd, McGraw-Hill, New York 1962.

Березин, И. С., и Н. П. Жидков, [1] Методы вычислений, изд. третье, Наука, Москва 1966.

[2] Numerische Methoden, DVW, Berlin, Band 1 (1970), Band 2 (1971).

BIEBERBACH, L., [1] On the remainder of the Runge-Kutta Formula in the theory of ordinary differential equations, ZAMP **2**, 233—248 (1951).

BULIRSCH, R., and J. STOER, [1] Numerical treatment of ordinary differential equations, Num. Math. **8**, 1—13 (1966).

[2] Asymptotic upper and lower bounds for results of extrapolation methods, Num. Math. **8**, 93—104 (1966).

CHENEY, E. W., [1] Introduction to Approximation Theory, McGraw-Hill, New York 1966.

COLLATZ, L., [1] Numerische Behandlung von Differentialgleichungen, Springer, Berlin—Göttingen—Heidelberg, 2. Aufl. 1955, 3. Aufl. (engl.) 1966.

[2] Funktionalanalysis und numerische Mathematik, Springer, Berlin—Heidelberg—New York 1968.

[3] Natürliche Schrittweite bei numerischer Integration von Differentialgleichungssystemen, ZAMM **22**, 216—225 (1942).

DEMIDOWITSCH, B. P., I. A. MARON und E. S. SCHUWALOWA, [1] Numerische Methoden der Analysis, DVW, Berlin 1968 (Übers. a. d. Russischen).

FADDEJEW, D. K., und W. N. FADDEJEWA, [1] Numerische Methoden der Linearen Algebra, DVW, Berlin 1964 (Übers. a. d. Russischen).

FEHLBERG, E., [1] New high-order Runge-Kutta formulas with step size control for systems of first- and second-order differential equations, ZAMM **44**, T17—T29 (1964).

[2] New high-order Runge-Kutta formulas with an arbitrary small truncation error, ZAMM **46**, 1—16 (1966).

GAUTSCHI, W., [1] Über den Fehler des Runge-Kutta-Verfahrens für die numerische Integration gewöhnlicher Differentialgleichungen n-ter Ordnung, ZAMP **6**, 456—461 (1955).

GIBBONS, A., [1] A program for the automatic integration of differential equations using the method of Taylor series, Computer J. **3**, 108—111 (1960).

HENRICI, P., [1] On the speed of convergence of cyclic and quasicyclic Jacobi methods for computing eigenvalues of Hermitean matrices, J. Soc. Industr. Appl. Math. **6**, 144—162 (1958).

[2] Elements of numerical analysis, John Wiley, New York—London—Sydney 1964, Deutsche Übers. BI-Hochschultaschenbücher 551 und 562, Mannheim 1972.

HOUSEHOLDER, A. S. [1] Principles of numerical analysis, McGraw-Hill, New York—Toronto—London 1953.

JAHNKE, E., und F. EMDE, [1] Tafeln höherer Funktionen, Teubner, Leipzig 1952.

KANTOROWITSCH, L. W., und W. I. KRYLOW, [1] Näherungsmethoden der höheren Analysis, DVW, Berlin 1956 (Übers. a. d. Russischen).

Кармазина, Л. Н., [1] Таблицы полиномов Якоби, Издат. Акад. Наук СССР, Москва 1954.

Кармазина, Л. Н., и Л. В. Курочкина, [1] Таблицы интерполяционных коэффициентов, Издат. Акад. Наук СССР, Москва 1956.

KERNER, I. O., [1] Numerische Mathematik und Rechentechnik, Teubner, Leipzig, Teil I, 1970, Teil II im Druck.

[2] Ein Gesamtschrittverfahren zur Berechnung der Nullstellen von Polynomen, Num. Math. **8**, 290—294 (1966).

KIESEWETTER, H., [1] Vorlesungen über lineare Approximation, DVW, Berlin 1973.

KNAPP, H., und G. WANNER, [1] Numerische Integration gewöhnlicher Differentialgleichungen, Einschrittverfahren, Überblicke Mathematik, Band I, BI-Hochschultaschenbücher 161/161a, Mannheim 1968.

Кронрод А. С., [1] Узлы и веса квадратурных формул, Издат. Наука, Москва 1964.

Крылов, В. И., [1] Приближенное вычисление интегралов, Гос. Изд. физ. мат. Лит., Москва 1959.

Крылов, В. И., и Л. Т. Шульгина, [1] Справочная книга по численному интегрированию, Изд. Наука, Москва 1966.

MAESS, G., [1] Quantitative Verfahren zur Bestimmung periodischer Lösungen autonomer nichtlinearer Differentialgleichungen, Abhandl. Dt. Akad. Wiss., Kl. Math. Phys. Techn. 1965, **3**, Akademie-Verlag, Berlin 1965.

[2] Zur Bestimmung des Restglieds von Lie-Reihen, Wiss. Zeitschr. Friedrich-Schiller-Univ. Jena, Math.-Nat. Reihe, **14**, 423—425 (1965).

MANGOLDT, H. v., und K. KNOPP, [1] Einführung in die höhere Mathematik, Band 3, 10. Aufl., Hirzel, Leipzig 1957.

MEINARDUS, G., [1] Approximation von Funktionen und ihre numerische Behandlung, Springer, Berlin 1964.

MICHLIN, S. G., und CH. L. SMOLIZKI, [1] Näherungsmethoden zur Lösung von Differential- und Integralgleichungen, Teubner, Leipzig 1969 (Übers. a. d. Russischen).

MILNE, W. E., [1] Numerical solution of differential equations, Dover Publ., New York 1970.

MIRANDA, C., [1] Partial differential equations of elliptic type, Springer, Berlin—Heidelberg—New York 1970.

MOORE, R., [1] Interval analysis, Prentice-Hall, Englewood Cliffs 1966.

NATANSON, I. P., [1] Konstruktive Funktionentheorie, Akademie-Verlag, Berlin 1955 (Übers. a. d. Russischen).

NICKEL, K., [1] Über die Notwendigkeit einer Fehlerschranken-Arithmetik für Rechenautomaten, Num. Math. **9**, 69—79 (1966).

NITSCHE, J., [1] Praktische Mathematik, BI-Hochschulskripten 812, Mannheim 1968,

ORTEGA, J. M., and W. C. RHEINBOLDT, [1] Iterative solution of nonlinear equations in several variables, Academic Press, New York—London 1970.

OSTROWSKI, A., [1] Solution of equations and systems of equations, Academie Press, New York 1966.

PETROWSKI, I. G., [1] Vorlesungen über partielle Differentialgleichungen, Teubner, Leipzig 1955 (Übers. a. d. Russischen).

POLOSHI, G. N., [1] Mathematisches Praktikum, Teubner, Leipzig 1963 (Übers. a. d. Russischen).
[2] Numerische Lösung von Randwertproblemen der mathematischen Physik, Teubner, Leipzig 1966 (Übers. a. d. Russischen).

RALSTON, A., [1] A first course in numerical analysis, McGraw-Hill, New York 1965.

RICE, J. R., [1] The approximation of functions, Vol. I, II, Addison-Wesley, Reading (Mass.)—London—Don Mills (Ont.) 1964.

RUTISHAUSER, H. [1] Der Quotienten-Differenzen-Algorithmus, Mitt. Inst. f. angew. Math., ETH Zürich, Nr. 7, Basel und Stuttgart 1957.
[2] Über die Instabilität von Methoden zur Integration gewöhnlicher Differentialgleichungen, ZAMP **3**, 65—74 (1952).

RYSHIK, I. M., und I. S. GRADSTEIN, [1] Summen-, Produkt- und Integraltafeln, DVW, Berlin, 2. Aufl. 1963 (Übers. a. d. Russischen).

SASSENFELD, H., [1] Ein hinreichendes Konvergenzkriterium und eine Fehlerabschätzung für die Iteration in Einzelschritten bei linearen Gleichungen, ZAMM **31**, 92—94 (1951).
[2] Ein Summenverfahren für Rand- und Eigenwertaufgaben linearer Differentialgleichungen, ZAMM **31**, 240—241 (1951).

Завьялов Ю. С., [1] Интермолирование кубическими многозвенниками, вычислит. системы, 38, 23—73 (1970), [2] Интерполирование бикубическими многозвенниками, вычислит. Системы, 38, 74—101 (1970).

SCHÄFKE, F. W., [1] Zum Zeilensummenkriterium, Num. Math. **12**, 448—453 (1968).

SCHWARZ, H. R., H. RUTISHAUSER und E. STIEFEL, [1] Numerik symmetrischer Matrizen, Teubner, Leipzig 1968.

SINGER, I., [1] Best Approximation in Normed Linear Spaces by Elements of Linear Subspaces, Springer, Berlin 1970.

STETTER, F., und K. ZELLER, [1] Fehleruntersuchungen für das gewöhnliche Runge-Kutta-Verfahren, Math. Zeitschr. **98**, 179—184 (1967).

STIEFEL, E., [1] Einführung in die numerische Mathematik, Teubner, Stuttgart 1965.
[2] Altes und Neues über numerische Quadratur, ZAMM **41**, 408—413 (1961).

Tables of Lagrangian Interpolation Coefficients [1] Columbia University Press, New York 1944.

TRAUB, J. F., [1] Iterative methods for the solution of equations, Prentice Hall, Englewood Cliffs, N. J., 1964.

VARGA, R. S., [1] Matrix iterative analysis, Prentice Hall, Englewood Cliffs, N. J., 1963.

WALTER, W., [1] Bemerkungen zu Iterationsverfahren bei linearen Gleichungssystemen, Num. Math. **10**, 80—85 (1967).

WANNER, G., [1] Integration gewöhnlicher Differentialgleichungen, BI-Hochschultaschenbücher 831/831a, Mannheim 1969.

WILKINSON, J. H., [1] The evaluation of zeros of ill-conditioned polynomials, Num. Math. **1**, 150—180 (1959).

[2] Note on the quadratic convergence of the cyclic Jacobi process, Num. Math. 296—300 (1962).

WILKINSON, J. H., and C. REINSCH, [1] Linear Algebra, Handbook for automatic computation, Vol. II, Springer, Berlin—Heidelberg—New York 1971.

WILLERS, F. A., [1] Methoden der praktischen Analysis, de Gruyter, Berlin—New York 1971.

YOUNG, D. M., [1] Iterative solution of large linear systems, Academic Press, New York—London 1971.

ZURMÜHL, R., [1] Matrizen, Springer, Berlin—Göttingen—Heidelberg 1950.

[2] Praktische Mathematik für Ingenieure und Physiker, Springer, Berlin—Göttingen—Heidelberg, 4. Aufl. 1963.

11. Namen- und Sachverzeichnis